2級ボイラー技士模擬問題集

藤井 照重 著

電気書院

はじめに

　ボイラーとは、一般に熱源を用いて蒸気や温水をつくる装置であるが、法的な区分としてはボイラー、小規模ボイラー、小型ボイラー、簡易ボイラーがあります。製造者や使用者側の基準や取扱う資格者などの関係から、伝熱面積、圧力などの大きさによって区分されています。取り扱う資格の不要な簡易ボイラーを除くと、何らかの取り扱い資格が必要とされます。ボイラーにはボイラー技士（特級、1級、2級）、小規模ボイラーにはボイラー取扱技能講習修了者、さらに小型ボイラーでは、特別の教育が義務づけられています。この内、2級ボイラー技士は、伝熱面積の合計が25m²未満のボイラー取扱作業主任者になることが出来ます。

　労働安全衛生法に基づく国家資格（免許）であるボイラー技士の受験者は、年間約4万人（2級ボイラー技士の受験者はそのうち約3万人強）の多くに上っています。2級ボイラー技士には受験資格が不要となり、さらに上の1級、特級への登竜門となっています。ボイラー技士免許は、熱・燃料・燃焼に関する知識を保有している証であり、ボイラーに限らずほかの熱源機器操作に十分対応できるので、ビル管理会社などの設備管理などの求人条件に指定されています。

　本書は、実際の試験科目と同じように、①「ボイラーの構造」、②「ボイラーの取り扱い」、③「燃料及び燃焼」、④「関係法令」の4科目から構成されています。各科目にはNo.1〜No.6までの6回分、各10問、計60問から成っています。したがって、本書の全問題数は、各科目で60問、4科目から合計240問用意されています。各問の内容は、過去に出題された頻度の高い問題を選ぶとともに新しい問題を付けくわえています。特に重要なものはNo.毎に繰り返し、問題にし、確実に理解、解答できるようにしています。各問は、解答と解説から成り、解説を繰り返し、よく読むことで理解できるようにしています。

　なお、解説のなかで（参考）として補足説明しているものは、上級を目指してより理解して頂く意図で加えられたものです。

　本書が、各位の学習や実際の受験に少しでも役立つことを心から願うとともに更なるレベル・アップへの途に就かれる事を願っております。

　最後に、本書の出版にあたり、機会を与えて頂くなど大変お世話になった株式会社電気書院　近藤知之氏に厚く御礼申し上げる次第です。

2015年3月

藤井　照重

目 次

2級ボイラー技士免許試験　受験ガイダンス……………………………………… i

1章　ボイラーの構造に関する知識………………………………… 1

　模擬問題No.1 …………………………………………………………………… 2
　模擬問題No.2 …………………………………………………………………… 7
　模擬問題No.3 ………………………………………………………………… 12
　模擬問題No.4 ………………………………………………………………… 17
　模擬問題No.5 ………………………………………………………………… 22
　模擬問題No.6 ………………………………………………………………… 27
　模擬問題No.1〈解答・解説〉………………………………………………… 32
　模擬問題No.2〈解答・解説〉………………………………………………… 41
　模擬問題No.3〈解答・解説〉………………………………………………… 52
　模擬問題No.4〈解答・解説〉………………………………………………… 60
　模擬問題No.5〈解答・解説〉………………………………………………… 68
　模擬問題No.6〈解答・解説〉………………………………………………… 74

2章　ボイラーの取扱いに関する知識……………………………… 83

　模擬問題No.1 ………………………………………………………………… 84
　模擬問題No.2 ………………………………………………………………… 89
　模擬問題No.3 ………………………………………………………………… 94
　模擬問題No.4 ………………………………………………………………… 99
　模擬問題No.5 ……………………………………………………………… 104
　模擬問題No.6 ……………………………………………………………… 109
　模擬問題No.1〈解答・解説〉……………………………………………… 114
　模擬問題No.2〈解答・解説〉……………………………………………… 121
　模擬問題No.3〈解答・解説〉……………………………………………… 128
　模擬問題No.4〈解答・解説〉……………………………………………… 135
　模擬問題No.5〈解答・解説〉……………………………………………… 140
　模擬問題No.6〈解答・解説〉……………………………………………… 148

3章　燃料及び燃焼に関する知識　　155

- 模擬問題No.1　　156
- 模擬問題No.2　　161
- 模擬問題No.3　　166
- 模擬問題No.4　　171
- 模擬問題No.5　　176
- 模擬問題No.6　　181
- 模擬問題No.1〈解答・解説〉　　186
- 模擬問題No.2〈解答・解説〉　　193
- 模擬問題No.3〈解答・解説〉　　201
- 模擬問題No.4〈解答・解説〉　　208
- 模擬問題No.5〈解答・解説〉　　215
- 模擬問題No.6〈解答・解説〉　　222

4章　関 係 法 令　　227

- 模擬問題No.1　　228
- 模擬問題No.2　　233
- 模擬問題No.3　　238
- 模擬問題No.4　　243
- 模擬問題No.5　　248
- 模擬問題No.6　　253
- 模擬問題No.1〈解答・解説〉　　258
- 模擬問題No.2〈解答・解説〉　　266
- 模擬問題No.3〈解答・解説〉　　271
- 模擬問題No.4〈解答・解説〉　　276
- 模擬問題No.5〈解答・解説〉　　280
- 模擬問題No.6〈解答・解説〉　　286

参考文献・著者略歴　　292

2級ボイラー技士免許試験 受験ガイダンス

　「2級ボイラー技士」は、労働安全衛生法に基づいたボイラーの取扱いに必要な国家資格で、1級ボイラー技士への受験資格の一つとなり得ます。

1．受験資格

　不要（年齢、経験、学歴などを問わず、受験可能）。
　ただし、本人確認証明書＊（氏名、生年月日、及び住所を確認できる書類）として次の①～⑤の書類のいずれか一つの添付が必要です。
①住民票記載事項証明書又は住民票（写は不可）
②健康保険被保険者証の写（表裏）
③労働安全衛生法関係各種免許証の写（表裏）
④自動車運転免許証の写（表裏）
⑤その他氏名、生年月日及び住所が記載されている身分証明書等の写
＊この本人確認証明書に限り、写しには「原本と相違ないことを証明する。」との事業者の証明は不要です。

2．免許試験の実施

　2級ボイラー技士免許試験は、毎月1回又は2回、全国7か所にある次の安全技術センターで行われます。さらに遠方に住む人のために、年に数回、出張特別試験が実施されています。日程や開催地の詳細は、（財）安全衛生技術試験協会のホームページ（http://www.exam.or.jp/）をご覧ください。

	各機関名称	所在地	電話番号
本部	(財)安全衛生技術試験協会	〒101-0065　東京都千代田区西神田3-8-1　千代田ファーストビル東館9階	03-5275-1088
試験場	北海道安全衛生技術センター	〒061-1407　北海道恵庭市黄金北3-13	0123-34-1171
	東北安全衛生技術センター	〒989-2427　宮城県岩沼市里の杜1-1-15	0223-23-3181
	関東安全衛生技術センター	〒290-0011　千葉県市原市能満2089	0436-75-1141
	中部安全衛生技術センター	〒477-0032　愛知県東海市加木屋町丑寅海戸51-5	0562-33-1161
	近畿安全衛生技術センター	〒675-0007　兵庫県加古川市神野町西之山字迎野	079-438-8481
	中国四国安全衛生技術センター	〒721-0955　広島県福山市新涯町2-29-36	084-954-4661
	九州安全衛生技術センター	〒839-0809　福岡県久留米市東合川5-9-3	0942-43-3381

3．試験科目と配点、試験時間及び範囲

試験科目、出題数、試験時間及び範囲は、次の通りです。

試験科目	出題数（配点）	試験時間
ボイラーの構造に関する知識	10問（100点）	13：30～16：30 3時間
ボイラーの取扱いに関する知識	10問（100点）	
燃料および燃焼に関する知識	10問（100点）	
関係法令	10問（100点）	

試験科目	範囲
ボイラーの構造に関する知識	熱および蒸気、種類および型式、主要部分の構造、附属設備および附属品の構造、自動制御装置
ボイラーの取扱いに関する知識	点火、使用中の留意事項、埋火、附属装置および附属品の取扱い、ボイラー用水およびその処理、吹出し、清浄作業、点検
燃料および燃焼に関する知識	燃料の種類、燃焼方式、通風および通風装置
関係法令	労働安全衛生法、労働安全衛生法施行令および労働安全衛生規則中の関係条項、ボイラーおよび圧力容器安全規則、ボイラー構造規格中の附属設備および附属品に関する条項

〈なお、表中の埋火（うずみび、うずめび、まいか）とは、灰の中に埋めた炭火のことで、石炭ボイラー、炉などを一時的に休止する場合、次の点火がしやすいように火格子上の隅に火種を埋めて保存しておくことをいう〉

　どの試験科目も10問からなります。各１問につき、５つの選択項目の中から一つを選び、マークシート式筆記試験で行われます。合格基準は、４科目（各科目10問）のいずれもが４割以上の正解で、かつ計40問の合計点が６割以上の正解が必要となります。

４．受験の申し込み方法と受付期間

　受験希望する安全衛生技術センターの窓口に次の①〜④を直接提出するか、現金書留で郵送します。
①「免許試験受験申請書」（公益財団法人　安全衛生技術試験協会の本部及び各センターなどで無料配布されています。）
②本人確認証明書（氏名、生年月日及び住所を確認できるもの）
③証明写真（サイズ縦36 mm×横24 mm）
④試験手数料　6,800円

　受付期間は次の通りです。

	郵送の場合	持参の場合
受付開始	第１受験希望日の２ケ月前から	
受付締切	第１受験希望日の 14日前の郵便局の消印まで 【簡易書留郵便により送付】	第１受験希望日の センターの休日を除く前々日まで 【時間：9:00〜12:00、13:00〜16:00】
	受付期間内であっても定員に達したときには締め切られます。	

5．試験合格通知書と免許申請

　免許試験合格者には「免許試験合格通知書」が送られてきます。都道府県労働局及び各労働基準監督署にある免許申請書に必要事項等を記入（貼付）し、合格通知書及び必要書類を添付のうえ、東京労働局長｛〒108-0014　東京都港区芝5-35-1　東京労働局免許証発行センター｝に申請をします。この申請手続きをしないと免許証は交付されません。また、満18歳に満たない者は免許交付がなされないので、満18歳になってから免許申請して下さい。なお、2級ボイラー技士の免許試験を受験した者は、免許申請の際に、実務経験等を証する書類の添付が必要です。ただし、合格通知書に「法令改正前の受験資格を有することを確認済み」と印書された場合は、実務経験などを証する書類は省略できます。

　この実務経験等を証する書類の添付の条件とは、次の通りです。

①大学、高等専門学校、高等学校、中等教育学校においてボイラーに関する学科を修めて卒業した者で、ボイラーの取扱いについて3ヶ月以上の実地習得を経た者
②ボイラーの取り扱いについて6ヶ月以上の実地習得を経た者
③都道府県労働局長又は登録教習期間が行ったボイラー取扱技能講習を修了した者で、その後4ヶ月以上ボイラーを取扱った者
④都道府県労働局長の登録を受けた者が行うボイラーの実技講習(20時間)を終了した者（免許試験の受験前でも受験後でも受講可能）
⑤厚生労働大臣が定める者

6．試験の実施結果

　平成25年度（25年4月～26年3月）の全国7ヶ所の安全衛生技術センターで行われた労働安全衛生法に基づく2級ボイラー技士試験の受験者数は、32,634人で合格者数18,927人（合格率58.0％）です。また平成26年1月～12月までの受験者数は30,194人で合格者数17,190人（合格率56.9％）となっています。

1章

ボイラーの構造に関する知識
（問1〜問10）

- ◆模擬問題No.1　（10問）
- ◆模擬問題No.2　（10問）
- ◆模擬問題No.3　（10問）　計60問
- ◆模擬問題No.4　（10問）
- ◆模擬問題No.5　（10問）
- ◆模擬問題No.6　（10問）

◆模擬問題No.1〜No.6の解答解説

ボイラーの構造に関する知識（問1～問10）

模擬問題No.1

問1

熱の性質について、誤っているものは次のうちどれか。

(1) 水の蒸発熱は、圧力が高くなるとともに大きくなり、臨界点に達すると最大になる。
(2) 標準大気圧における水の蒸発熱は、水の質量1kg当たり約2257 kJである。
(3) 物体に熱を伝えると温度上昇に費やされる場合の熱を顕熱、温度変化を伴わない熱を潜熱という。
(4) 臨界圧力では潜熱は0で存在しない。
(5) 高山など圧力の低い場所では、開放容器でお湯を沸かしても100℃は得られない。

問2

伝熱に関して、次のうち誤っているものはどれか。

(1) 伝熱の形態としては、大きく分けて伝導伝熱、対流熱伝達、ふく射伝熱に分かれる。
(2) 熱伝導は、不均一な温度勾配のある物体内で高温部分から低温部分へ熱が伝わる現象である。
(3) 熱伝導は固体内だけで気体や液体などの流体内では生じない。
(4) 流れている流体が固体壁に接触して、その間に熱の移動が行われることを対流熱伝達という。
(5) ふく射伝熱は物体表面からの電磁波を介して高温物体から低温物体に熱が移動する現象である。

問3

ボイラーの概要に関して、誤っているものは次のうちどれか。

(1) 低（位）発熱量とは、燃料中の水素から生成する水及び燃料に含まれている水分の蒸発熱を高（位）発熱量から差し引いたものである。
(2) 火炉は、燃料を燃焼し、火気を発生する部分で燃焼室ともいわれる。
(3) 蒸気の発生に要する熱量は、蒸気量、蒸気の圧力、温度及び給水の温度によって異なる。
(4) 換算蒸発量G_eとは、Gを実際蒸発量、h_1, h_2をそれぞれ給水及び発生蒸気の比エンタルピ（kJ/kg）とすると、$G_e = \dfrac{G(h_1 + h_2)}{2257}$ [kg/h] で表される。
(5) ボイラーの効率悪化の最も大きい熱損失は、煙突に逃げる排ガスの保有熱量によるものである。

問4

ボイラーの特徴について、誤っているものは次のうちどれか。

(1) 丸ボイラーは、構造によって立てボイラー、立て煙管ボイラー、炉筒ボイラー、煙管ボイラー、炉筒煙管ボイラーに分類できる。
(2) 丸ボイラーは、主に圧力1MPa程度以下で、蒸発量10［t/h］程度までで用いられる。
(3) 立てボイラーは、狭い場所での設置が容易で、据え付けも簡単である。
(4) 煙管ボイラーは、容量当たりの伝熱面積が大きく、効率も良い。
(5) 炉筒煙管ボイラーは、据え付けが困難であるが、効率は高い。

問5

水管ボイラーに関する記述につき、誤っているものは次のうちどれか。

(1) 比較的小径のドラムと多数の水管で構成されているので、高圧に適している。
(2) ボイラー水の流動方式によって、自然循環式、強制循環式、貫流式の三つに分類される。
(3) 自由に水管を増やすことによって伝熱面を大きくすることができるので、大容量に適している。
(4) 伝熱の形態は、火室（燃焼室）でのふく射伝熱と燃焼室出口以降の接触伝熱による。
(5) 降水管は一般に火炉内に設けられる。

問6

炉筒煙管ボイラーについて、誤っているものは次のうちどれか。

(1) 炉筒煙管ボイラーは、径の大きい円筒形の胴の内部に炉筒、燃焼室、煙管を備えている。
(2) 水管ボイラーに比べて、伝熱面積当たりの保有水量が少ないので、起動から所要の蒸気発生までの時間が短い。
(3) 戻り燃焼方式を採用して、燃焼効率を高めているものがある。
(4) 煙管ボイラーに比べて効率が良く、85〜90％に及ぶ。
(5) 炉筒煙管ボイラーは、構造が複雑で内部が狭いので、掃除や点検が難しい。

問7

ボイラーに使用するブルドン管圧力計について、誤っているものは次のうちどれか。

(1) ブルドン管圧力計は、原則、胴または蒸気ドラムの一番高い所に設置する。
(2) ブルドン管圧力計は、水を入れたサイホン管などを用いて取り付ける。
(3) ブルドン管圧力計は、ブルドン管とダイヤフラムを組み合わせたもので、管が圧力によって伸縮することを利用している。
(4) ブルドン管圧力計は、断面が扁平な管を円弧状に曲げ、その一端を固定し他端を閉じたものである。
(5) ブルドン管圧力計のコックは、ハンドルが管軸方向と同一方向になった場合に開くように取り付ける。

問8

ボイラーの主蒸気弁について、誤っているものは次のうちどれか。

(1) 主蒸気弁は、ボイラーの蒸気取出し口又は過熱器の蒸気取出し口に取り付けられる。
(2) 主蒸気弁として、アングル弁、玉形弁及び仕切弁などが用いられる。
(3) アングル弁は、蒸気の入口と出口が直角になったもので、一般に蒸気は弁体の下方から入り横から出る。
(4) 玉形弁は、蒸気が弁内を直線状に流れ、全開時の抵抗が小さい。
(5) 2基以上のボイラーが蒸気出口で同一管係に連絡している場合は、主蒸気弁の後に蒸気逆止め弁を設置する。

問9

ボイラーの送気系統装置について、誤っているものは次のうちどれか。

(1) 過熱器は、乾き度の高い飽和蒸気を得るため、ボイラー胴又はドラム内に設けられる装置である。
(2) 減圧装置は、発生蒸気の圧力と使用箇所での蒸気圧力の差が大きいとき又は使用箇所での蒸気圧力を一定に保つときに用いられる装置である。
(3) 蒸気トラップは、蒸気の使用設備中にたまったドレンを自動的に排出する装置である。
(4) 減圧装置は、オリフィスだけの簡単なものもあるが、一般に減圧弁が用いられる。
(5) バケット式蒸気トラップは、蒸気とドレンの密度差を利用してドレンを自動的に排出するのに用いられる。

問10

ボイラーの付属設備のうち、燃焼室から煙突に至るまでの設備の配置順序として、正しいものは次のうちどれか。

(1) エコノマイザ → 過熱器 → 空気予熱器
(2) エコノマイザ → 空気予熱器 → 過熱器
(3) 過熱器 → エコノマイザ → 空気予熱器
(4) 過熱器 → 空気予熱器 → エコノマイザ
(5) 空気予熱器 → エコノマイザ → 過熱器

模擬問題No.2

問1

　蒸気について、誤っているものは次のうちどれか。

(1) 蒸気圧力が高くなると、水の飽和温度は高くなる。
(2) 蒸気圧力が高くなると、水の蒸発の潜熱は増す。
(3) 蒸気圧力が高くなると、飽和水の顕熱は増す。
(4) 乾き飽和蒸気の比体積は、圧力が増すと小さくなる。
(5) 乾き飽和蒸気は、乾き度が1の飽和蒸気である。

問2

　丸ボイラーと比較した水管ボイラーの特徴として、誤っているものは次のうちどれか。

(1) 構造上、低圧小容量から高圧、大容量用に適する。
(2) 伝熱面積を大きく取れるので、一般に熱効率は高い。
(3) 伝熱面積当たりの保有水量が大きいので、起動から所要蒸気発生までの時間が短い。
(4) 負荷変動によって圧力及び水位が変動しやすい。
(5) 給水及びボイラー水の処理に注意を要し、高圧ボイラーでは厳密な水管理を行う必要がある。

問3

鋳鉄製ボイラーの記述について、誤っているものは次のうちどれか。

(1) 鋳鉄製ボイラーは、熱の不同膨張により割れを生じやすいので、低圧ボイラーに用いられる。
(2) 鋳鉄製ボイラーは、セクションの増減によって能力を変えることができる。
(3) 暖房用の鋳鉄製蒸気ボイラーでは、原則として復水を循環利用するために、返り管を備えている。
(4) ドライボトム形は、ボイラー底部にも水を循環させる構造で、伝熱面積を増すことができる。
(5) 鋼製ボイラーに比べ、強度が弱く、高圧、大容量に適さないが、腐食には強い。

問4

鏡板および胴板の説明について、誤っているものは次のうちどれか。

(1) 半楕円形鏡板は、皿形鏡板より強度が強い。
(2) 水管ボイラーのドラムの鏡板は、普通皿形鏡板が用いられる。
(3) 高圧ボイラーには、全半球形又は半だ円体形鏡板が用いられる。
(4) 鏡板の中で最も強度があるのは、全半球形鏡板である。
(5) ボイラーの胴板の周継手の強さは、長手継手の強さの2倍必要である。

問 5

水管の説明について、次のうち誤っているものはどれか。

(1) 水管には直管や曲管のものがある。
(2) 自然循環ボイラーでは管内の水の流れ方向によって、下降管（降水管）と上昇管（蒸発管）がある。
(3) 管内部に水が流れ、管外部が燃焼ガスに接触している。
(4) 普通、外径100〜150 mmのものが用いられる。
(5) 貫流ボイラーには、水管が用いられる。

問 6

ボイラーに使用される次の管類のうち、伝熱管に分類されないものはどれか。

(1) エコノマイザ管
(2) 水管
(3) 煙管
(4) 過熱管
(5) 蒸気管

ボイラーの構造に関する知識（問1〜問10）

問7

ボイラーの送気系統装置について、誤っているものは次のうちどれか。

(1) 主蒸気弁には、アングル弁、玉形弁または仕切り弁などが用いられる。
(2) 低圧ボイラーの胴又はドラム内には、蒸気と水滴を分離するために沸水防止管が設けられる。
(3) バケット式蒸気トラップは、蒸気とドレンの温度差を利用してドレンを自動的に排出するのに用いられる。
(4) バイパス弁は、1次側の蒸気圧力及び蒸気流量にかかわらず、2次側の蒸気圧力をほぼ一定に保つときに用いる。
(5) 2基以上のボイラーが蒸気出口で同一管系に連絡している場合には、主蒸気弁の後に蒸気逆止め弁を設置する。

問8

ボイラーの給水系統装置について、誤っているものは次のうちどれか。

(1) ボイラーに給水するポンプは、主に遠心ポンプが使用される。
(2) 渦巻ポンプは、羽根車の周辺に案内羽根がなく、一般に低圧のボイラーに使用される。
(3) インゼクタは、空気の噴射力を利用して給水する装置で圧力の高いボイラーに使用される。
(4) 給水弁にはアングル弁又は玉形弁が、給水逆止め弁にはスイング式又はリフト式の弁が使用される。
(5) 給水弁と給水逆止め弁をボイラーに取り付ける場合には、給水弁をボイラーに近い側に取り付ける。

問9

ボイラーに空気予熱器を設置した場合の利点として、誤っているものは次のうちどれか。

(1) ボイラーの効率が上昇する。
(2) 燃焼状態が良好になる。
(3) 燃焼室内温度が上昇し、炉内伝熱管の熱吸収量が多くなる。
(4) 水分の多い低品位燃料の燃焼に有効である。
(5) ガス式空気予熱器は、蒸気式空気予熱器に比べて低温腐食防止に有効である。

問10

ボイラーの自動制御について、誤っているものは次のうちどれか。

(1) シーケンス制御は、あらかじめ定められた順序に従って、制御の各段階を順次進めていく制御である。
(2) オンオフ動作による蒸気圧力制御は、蒸気圧力の変動によって、燃焼、燃焼停止のいずれかの状態をとる。
(3) 比例動作による制御は、偏差の大きさに比例して操作量を増減するように動作し制御を行う。
(4) ハイ・ロー・オフ動作による蒸気圧力制御は、蒸気圧力の変動によって、高燃焼、低燃焼、燃焼停止のいずれかの状態をとる。
(5) 微分動作による制御は、制御偏差量に比例した速度で操作量を増減するように動作し制御を行う。

ボイラーの構造に関する知識（問１～問10）

模擬問題No.3

問1

熱及び蒸気について、誤っているものは次のうちどれか。

(1) 飽和蒸気の比エンタルピは、その飽和水の比エンタルピ（顕熱）に潜熱を加えた値である。
(2) 過熱蒸気の温度と同一圧力での飽和蒸気温度との差を過熱度と呼ぶ。
(3) 1 kgの湿り蒸気中に、x kgの乾き飽和蒸気と（$1-x$）の水分がある場合に、xをその湿り蒸気の乾き度という。
(4) 圧力一定の下では水が沸騰を開始してから全部の水が蒸気になるまで、水の温度は一定である。
(5) 飽和水の比エンタルピは、圧力が高くなるに従って小さくなる。

問2

次の文中の 　　 内に入れるＡ、Ｂ及びＣの語句の組み合わせとして、正しいものは(1)～(5)のうちどれか。

「固体壁を通して高温流体から低温流体に熱が伝わる程度を表す　Ａ　率は、両側の流体と壁面との間の　Ｂ　率及び固体壁の　Ｃ　率と壁厚さによって決まる。」

	A	B	C
(1)	熱貫流	熱伝達	熱伝導
(2)	熱貫流	熱伝導	熱伝達
(3)	熱伝達	熱貫流	熱伝導
(4)	熱伝達	熱伝導	熱貫流
(5)	熱伝導	熱伝達	熱貫流

問 3

水管ボイラーと比較した丸ボイラーの特徴として、誤っているものは次のうちどれか。

(1) 伝熱面積当たりの保有水量が大きく、破裂の際の被害が大きい。
(2) 構造が簡単で、取り扱いも容易で、故障が少なく、設備費も安い。
(3) 負荷変動によって、圧力が変動しやすい。
(4) 高圧のもの及び大容量のものには適さない。
(5) 起動から所要蒸気圧力の蒸気が発生するまでに時間を要する。

問 4

鋳鉄製ボイラーの記述につき、誤っているものは次のうちどれか。

(1) 各セクションは、蒸気部連絡口及び水部連絡口の部分でニップルにより結合されている。
(2) 重力式蒸気暖房返り管の取付けには、ハートフォード式連結法が多く用いられる。
(3) 給水管は、安全低水面の位置でボイラーに直接取り付ける。
(4) 暖房用蒸気ボイラーでは、原則として復水を循環使用する。
(5) 鋳鉄製蒸気ボイラーは、主にウエットボトム形とドライボトム形がある。

問5

鏡板および胴板の説明につき、誤っているものは次のうちどれか。

(1) 皿形鏡板は、同一材料、同一寸法の場合、半だ円方形鏡板より強度は小さい。
(2) 皿形鏡板は、球面殻部、環状殻部及び円筒殻部から成っている。
(3) 皿形鏡板の球面殻部は、すみの丸みをなす部分である。
(4) 平鏡板には、内部の圧力によって曲げ応力が生じる。
(5) 管板には、管のころ広げに要する厚さを確保するため、一般に平管板が用いられる。

問6

ガセットステーが設けられているものは、次のうちどれか。

(1) 立てボイラーの焚き口付近
(2) スコッチボイラーの燃焼室
(3) 炉筒ボイラーの平鏡板
(4) 炉筒煙管ボイラーの管群部
(5) 水管ボイラーの胴下部

問7

ボイラーに使用する計器について、誤っているものは次のうちどれか。

(1) ブルドン管圧力計は、断面がへん平な管を円弧状に曲げたブルドン管に圧力が作用すると、その圧力に応じて円弧が広がることを利用している。
(2) 差圧式流量計は、オリフィスなどの絞りの入口と出口との間に流量の二乗に比例する圧力差が生じることを利用している。
(3) 容積式流量計は、だ円形のケーシングの中でだ円形歯車を2個組み合わせて回転させると、流量が歯車の回転数の二乗に比例することを利用して計る。
(4) ガラス水面計は、そのガラス管の最下部がボイラーの安全低水面と同じ高さになるように取り付けなければならない。
(5) U字管式通風計は、計測場所の空気やガスの圧力を大気圧力と比較して、その差を水中で計る。

問8

ばね安全弁及び安全弁の排気管について、誤っているものは次のうちどれか。

(1) 安全弁の吹出し圧力は、ばねの調整ボルトによって、ばねが弁座を押し付ける力を変えることによって調整する。
(2) ばね安全弁には、蒸気流量を制限する構造によって、揚程式と全量式がある。
(3) 全量式安全弁は、のど部の面積で吹出し面積が決定される。
(4) 安全弁の排気管中心と安全弁軸心との距離は、なるべく長くする。
(5) 安全弁の取付管台の内径は、安全弁入口径と同径以上とする。

問9

蒸気管の伸縮継手について、誤っているものは次のうちどれか。

(1) 長い主蒸気管には、温度の変化による伸縮を自由にするため、エキスパンションジョイントを設ける。
(2) 伸縮継手の種類としては、ベント（湾曲）形、U字管形、ベローズ（蛇腹）形、すべり形がある。
(3) すべり形は、内管と外管からなっていて、伸縮が生じると内管が外管に対してスライドするようになっている。
(4) 配管内の蒸気圧力が下がった場合は、温度が下がっても伸縮継手は作動しない。
(5) 配管の長さが短い時には、使用する必要はない。

問10

インゼクタについて給水機能が悪くなる原因として、誤っているものは次のうちどれか。

(1) 蒸気の溜まりすぎ
(2) 蒸気の湿り度が高い
(3) 給水温度が高い
(4) 蒸気の過熱しすぎ
(5) 蒸気圧力が高い

模擬問題No.4

問1

熱及び蒸気について、誤っているものは次のうちどれか。

(1) 圧力の増加とともに水の飽和温度は高くなるが、標準大気圧下では、ほぼ100℃である。
(2) 飽和水の比体積は圧力の増加とともに大きくなっていく。
(3) 標準大気圧のときの水の蒸発熱は、水の質量1kg当たり約2257 kJである。
(4) 飽和水の顕熱は、蒸気圧力が高くなると増す。
(5) 高山など圧力の低い場所での水の沸騰温度は、100℃以上である。

問2

ボイラーの水循環について、誤っているものは次のうちどれか。

(1) 水循環が良いと熱が水に十分に伝わり、伝熱面温度は水温に近い温度に保たれる。
(2) 丸ボイラーは、伝熱面の多くが水部中に設けられ、水の対流が容易なので、特別な水循環の系路を要しない。
(3) 水管ボイラーは、水循環を良くするために、水と気泡の混合体が上昇する管と、水が下降する管を区別して設けているものが多い。
(4) 水管ボイラーは、高圧になるほど蒸気と水との密度差が大きくなり、水の循環力が増す。
(5) 水循環が不良になると気泡が停滞したりして、伝熱面の焼損、膨出などの原因となる。

問3

水管ボイラーの記述について、誤っているものは次のうちどれか。

(1) 水管ボイラーは、直管式と曲管式とある。
(2) 水管ボイラーは、伝熱面積があまり大きく取れないので、熱効率はそれほど高くない。
(3) 水管ボイラーは、水の処理には特に注意を払うべきボイラーである。
(4) 水管ボイラーは、起動から安定的に蒸気を取り出すまでの時間が短い。
(5) 水管ボイラーは、高圧蒸気発生用又は大容量用のボイラーとしても適している。

問4

波形炉筒に関する説明のうち、誤っているものは次のうちどれか。

(1) 平形炉筒より、熱による伸縮が自由である。
(2) 平形炉筒に比べ、伝熱面積を大きくすることができる。
(3) 平形炉筒に比べ、外圧に対する強度が小さい。
(4) 波形には、モリソン形、フォックス形、ブラウン形がある。
(5) 炉筒が燃焼ガスによって加熱されると、炉筒板内部に圧縮応力が生じる。

問 5

暖房用鋳鉄製蒸気ボイラーにハートフォード式連結法により、返り管を取り付ける目的は、次のうちどれか。

(1) 蒸気圧力の異常な昇圧を防止する。
(2) 湿り蒸気を乾き度の高い飽和蒸気とする。
(3) 不純物のボイラーへの混入を防止する。
(4) 低水位事故を防止する。
(5) 燃焼効率を向上させる。

問 6

ボイラーの主蒸気弁について、誤っているものは次のうちどれか。

(1) 玉形弁は、蒸気の流れが弁内でS字形になり、抵抗が大きいが、主蒸気弁として用いられる。
(2) 仕切弁は、蒸気が直線状に流れるが、抵抗が大きい。
(3) アングル弁は、蒸気の入口と出口が直角になっている。
(4) 弁箱としては、低圧大口径のものには砲金と呼ばれる青銅材料が、高圧用の弁には鋳鋼材料がそれぞれ用いられる。
(5) 主蒸気弁の弁箱の材料としては、高圧用には鋳鋼、高温蒸気用には特殊合金が用いられる。

ボイラーの構造に関する知識（問1〜問10）

問7

ボイラーの吹出し装置について、誤っているものは次のうちどれか。

(1) 吹出し管は、ボイラー水の濃度を下げたり、沈殿物を排出するため、胴またはドラムに設けられる。
(2) 吹出し弁には、スラッジなどによる故障を避けるため、玉形弁又はアングル弁が用いられる。
(3) 小容量の低圧ボイラーの場合には、吹出し弁の代わりに吹出しコックを用いることが多い。
(4) 大型ボイラー及び高圧ボイラーでは、2個の吹出し弁を直列に設け、ボイラーに近い方を急開弁、遠い方を漸開弁とする。
(5) 連続運転するボイラーには、ボイラー水の濃度を一定に保つよう調節弁によって吹出し量を加減し、少量ずつ連続的に吹出す連続吹出し装置が用いられる。

問8

ボイラーの自動制御における制御量の対象と操作量の組み合わせとして、誤っているものは(1)〜(5)のうちどれか。

	制御量の対象	操作量
(1)	蒸気圧力	燃料量及び燃焼空気量
(2)	蒸気温度	燃料量及び給水量
(3)	水位	給水量
(4)	炉内圧力	排出ガス量
(5)	空燃比	燃料量及び燃焼空気量

問9

ボイラーの給水系統装置について、誤っているものは次のうちどれか。

(1) 遠心ポンプは、案内羽根を有する渦巻ポンプと案内羽根を有しないディフューザポンプに分類される。
(2) 渦流ポンプは、円周流ポンプともいい、小さい駆動動力で高い揚程が得られる。
(3) ボイラー又はエコノマイザの入口近くには、給水弁と給水逆止め弁を備える。
(4) 給水弁にはアングル弁又は玉形弁が、給水逆止め弁にはスイング式又はリフト式の弁が用いられる。
(5) 給水弁と給水逆止め弁をボイラーに取り付ける場合には、給水弁をボイラーに近い側に取り付ける。

問10

燃料安全装置の火炎検出器について、誤っているものは次のうちどれか。

(1) 硫化カドミウムセルは、イオン化現象を利用したもので、ガス燃焼炎の検出に適している。
(2) 硫化鉛セルは、硫化鉛の抵抗が火炎のフリッカ（ちらつき）によって変化する電気的特性を利用したもので、主に蒸気噴霧式バーナなどの用いられる。
(3) 紫外線光電管は、光電子放出現象を利用したもので、感度がよく、安定していて、炉壁の放射による誤作動もなく、すべての燃料の燃焼炎の検出に用いられる。
(4) フレームロッドは、火炎の導電作用を利用したもので、主にガス燃料炎の検出に使用され、点火用のガスバーナに多く用いられる。
(5) 整流式光電管は、光電子放出現象を利用したもので、油燃焼炎の検出に適している。

模擬問題No.5

問1

圧力の説明について、誤っているものは次のうちどれか。

(1) 圧力には、ゲージ圧力と絶対圧力がある。
(2) 絶対圧力はゲージ圧力に大気圧を加えたものである。
(3) 水柱10 mの高さが底面に及ぼす圧力は、約0.1 MPaである。
(4) 760 mm高さの水銀柱が底面に及ぼす圧力（760 mmHg）は、標準大気圧1 atmといい、1013 hPaに相当する。
(5) 蒸気表中の物性を表す圧力は、一般にゲージ圧力で示す。

問2

温度の説明について、誤っているものは次のうちどれか。

(1) セルシウス（摂氏）温度［℃］は、標準大気圧（760 mmHg）における水の氷点を0℃、沸点を100℃として100等分したものを1℃とする。
(2) 絶対零度は、最低極限の温度といわれ、－273.15℃で気体の分子運動は停止し、気体の圧力も0になる。
(3) 絶対温度T［K］とセルシウス温度t［℃］の間には、$t = T + 273.15$の関係がある。
(4) イギリスやアメリカで用いられているのは華氏（ファレンハイト、℉）温度である。
(5) 華氏の目盛は氷点を32°、蒸気点を212°としてその間を180等分したもので、℉で表す。

問3

ボイラーの燃焼室及び燃焼装置について、誤っているものは次のうちどれか。

(1) 燃焼室は、燃料を燃焼し熱を発生する部分で、火炉ともいわれる。
(2) 燃焼装置は、燃料の種類によって異なり、液体燃料及び気体燃料にはバーナが、一般固体燃料及び微粉炭には火格子が用いられる。
(3) 燃焼室は、供給された燃料を速やかに着火、燃焼させ、発生する可燃ガスと空気との混合接触を良好にして完全燃焼を行わせる部分である。
(4) 燃焼室は、加圧燃焼方式の場合は気密構造になっている。
(5) 燃焼室に直面して火炎などからの熱を水や蒸気に伝える伝熱面は、放射伝熱面といわれる。

問4

降水管の記述について、誤っているものは次のうちどれか。

(1) 降水管は、燃焼ガスに直接触れない場所に設けられる。
(2) 降水管内では、蒸気ドラムで凝縮された水が上部から下方へ流れる。
(3) 降水管内の水は、高温にしない方が良い。
(4) 降水管は、管水の循環を良くするために用いる。
(5) 降水管は、給水中の不純物を下部ドラムに集めるために用いる。

問 5

貫流ボイラーについて、誤っているものは次のうちどれか。

(1) 貫流ボイラーは、蒸気ドラムや水ドラムもなく、基本的に管系のみから構成される。
(2) 貫流ボイラーは、超臨界圧力用ボイラーとしては適していない。
(3) 給水ポンプによって管の一端から押し込まれた水が、エコノマイザ、蒸発部、過熱部を経て、他端から蒸気となって排出される。
(4) 負荷の変動によって大きい圧力変動が生じるので、応答の速い給水量及び燃料量の自動制御装置が必要となる。
(5) 管を自由に配置できるので、全体をコンパクトな構造にすることができる。

問 6

鏡板の種類を強度の大きい順に並べたもののうち、正しいものは次のうちどれか。ただし、直径や板厚は同一とする。

(1) 皿形　　　　全半球形　　半だ円形　　平
(2) 半だ円形　　全半球形　　皿形　　　　平
(3) 全半球形　　半だ円形　　皿形　　　　平
(4) 全半球形　　皿形　　　　半だ円形　　平
(5) 全半球形　　平　　　　　半だ円形　　皿形

問7

　炉筒煙管ボイラーの火炎に触れる管ステーの端部を縁曲げする理由として、正しいものは次のうちどれか。

(1)　ころ広げを強化するため
(2)　燃焼ガスを通りやすくするため
(3)　水漏れを防ぐため
(4)　管板を補強するため
(5)　焼損を防ぐため

問8

　ばね安全弁について、誤っているものは次のうちどれか。

(1)　全量式安全弁の吹出し面積は、弁座流路面積で決められる。
(2)　安全弁箱又は排気管の底部には、弁を有しないドレン抜きを設ける。
(3)　弁体が弁座から上がる距離を、揚程（リフト）という。
(4)　揚程式は、弁座通路面積が最小となる安全弁である。
(5)　安全弁の弁棒は、ばねの力で押し下げられ、弁体は弁座に密着している。

問9

空気予熱器の利点について、誤っているものは次のうちどれか。

(1) 燃焼状態が良好になる。
(2) 燃焼室内温度が上昇し、炉内伝熱管の吸収熱量が多くなる。
(3) ボイラー効率が上昇する。
(4) 窒素酸化物（NO_X）の発生量が減少する。
(5) 水分の多い低品位燃料の燃焼に有効である。

問10

温水ボイラーの逃がし管及び逃がし弁について、誤っているものは次のうちどれか。

(1) 逃がし管は、内部の水が凍結しないように保温その他の措置を講じる。
(2) 逃がし管は、ボイラーの水部に直接取り付けて、高所に設けた開放形膨張タンクに連結させる。
(3) 逃がし管には、ボイラーに近い側に弁又はコックを取り付ける。
(4) 逃がし弁は、逃がし管を設けない場合又は密閉形膨張タンクの場合に用いられる。
(5) 逃がし弁は、設定した圧力を超えると水の膨張によって弁体を押し上げ、水を逃がすものである。

模擬問題No.6

問1

熱及び蒸気について、誤っているものは次のうちどれか。

(1) 1kgの水を1℃高めるのに必要な熱量は、4.187 kJで、水の比熱と呼ばれる。
(2) 同じ熱量を加えた時、比熱の小さい物体の方が温度の上昇は小さい。
(3) 水が沸騰し始める温度は、圧力によって変わる。
(4) 同じ圧力のもと沸騰している間は、水の温度は一定である。
(5) 臨界圧力では、潜熱は存在せず、0である。

問2

ボイラーの概要に関して、誤っているものは次のうちどれか。

(1) 蒸気ボイラーの容量（能力）は、最大連続負荷時の状態で1時間に発生する蒸発量［kg/h又はt/h］で示される。
(2) 燃焼室内の伝熱面は、対流伝熱面といわれる。
(3) 燃焼室を出た高温ガス通路に配置される伝熱面は、接触又は対流伝熱面といわれる。
(4) 換算蒸発量とは、実際に給水から所要蒸気を発生させるのに要した熱量を基準状態の熱量（2257 kJ/kg）で除したものである。
(5) ボイラー効率とは、全供給熱量に対する発生蒸気の吸収熱量の割合をいう。

問3

水管ボイラーについて、誤っているものは次のうちどれか。

(1) 自然循環式水管ボイラーは、高圧になるほど、蒸気と水との密度差が小さくなるので、ボイラー水の循環力は弱くなる。
(2) 強制循環式水管ボイラーは、ボイラー水の循環系路中にポンプを設け、強制的にボイラー水を循環させるものである。
(3) 曲管式水管ボイラーは、一般に水冷壁と上下ドラムを連絡する水管群を組み合わせたものである。
(4) 放射形ボイラーは、熱効率が高くなるため、超臨界圧力用ボイラーに多く用いられる。
(5) 貫流ボイラーは、負荷の変動によって大きな圧力変動が生じるので、対応できる給水量や燃焼量の自動制御装置を必要とする。

問4

鋳鉄製ボイラーの記述について、誤っているものは次のうちどれか。

(1) 構造が複雑なために、内部掃除や検査が困難である。
(2) 鋳鉄製ボイラーは、高圧、大容量用に適している。
(3) 暖房用の鋳鉄製蒸気ボイラーには復水を循環使用するために返り管を備えている。
(4) 鋳鉄製ボイラーを温水ボイラーとして用いるのは、圧力0.5 MPa以下で、温水温度120℃以下である。
(5) 鋳鉄製ボイラーは、一般に加圧燃焼方式が採用される。

問5

炉筒煙管ボイラーの記述について、誤っているものは次のうちどれか。

(1) 炉筒煙管ボイラーは、外だき式ボイラーのため、戻りの燃焼方式は採用されない。
(2) 伝熱面積当たりの保有水量が多いので、破裂の際の被害は大きい。
(3) 加圧燃焼方式を採用し、燃焼室熱負荷を高くして燃焼効率を高めているものがある。
(4) 煙管の伝熱効果を高めるために、スパイラル管を採用しているものが多い。
(5) 据え付けにれんが積みを必要としないので、完成状態で搬入、据え付けできるパッケージ形式としたものが多い。

問6

ボイラー各部の構造と強さについて、誤っているものは次のうちどれか。

(1) 胴板には、内部の圧力によって周方向と軸方向に引っ張り応力が生じる。
(2) 胴板の周継手の強さは、長手継手に求められる強さの2倍必要である。
(3) 炉筒は、燃焼ガスによって加熱されると、鏡板の拘束によって炉筒板内部に圧縮応力が生じる。
(4) ガセットステーの鏡板との取り付け部の下端と炉筒との間には、ブリージングスペースを設ける。
(5) だ円形のマンホールの穴を胴に設ける場合、短径部を胴の軸方向に配置する。

問7

超臨界圧力用のボイラーとして採用される構造のボイラーは、次のうちどれか。

(1) 熱媒ボイラー
(2) 貫流ボイラー
(3) 放射形ボイラー
(4) 強制循環式水管ボイラー
(5) 流動層燃焼ボイラー

問8

ボイラーに使用する計測器について、誤っているものは次のうちどれか。

(1) 二色水面計は、光線の屈折率の相違を利用したもので、蒸気部は赤に、水部は緑に見える。
(2) ブルドン管圧力計は、水を入れたサイホン管などを用いて胴又は蒸気ドラムに取り付ける。
(3) 差圧式流量計は、ベンチュリ管などの絞りの入口と出口との間に流量の二乗に比例する圧力差が生じることを利用して計る。
(4) 容積式流量計は、だ円形のケーシングの中でだ円形歯車を2個組み合わせて回転させると、流量が歯車の回転数の二乗に比例することを利用して計る。
(5) U字管式通風計は、計測する場所の空気又はガスの圧力を大気の圧力と比較して、その差を水柱で計る。

問9

給水弁及び給水逆止め弁に関する次の文中で、誤っているものは次のうちどれか。

(1) ボイラー又はエコノマイザの給水管入口に、給水弁と給水逆止め弁を設ける。
(2) 給水弁は給水停止用として用い、給水逆止め弁はボイラー水の逆流を防止するものである。
(3) 給水弁と給水逆止め弁を組み合わせたものもある。
(4) 給水弁と給水逆止め弁を別個に取り付ける場合は、給水弁をボイラーに近い側に設ける。この理由は、逆止め弁が故障の場合に給水弁を閉じることによって、蒸気圧力のあるままでも修理できるようにするためである。
(5) 給水逆止め弁には、ばね式、てこ式、おもり式の3種類がある。

問10

管寄せに関する記述として、誤っているものは次のうちどれか。

(1) 管寄せの断面形状としては、一般に円形あるいは長方形である。
(2) 管寄せは、主に水管ボイラーに用いられる。
(3) 管寄せは、ボイラー水あるいは蒸気を複数の水管や過熱管などに分配する。
(4) 管寄せの材質は、一般に鋳鉄が用いられるが、エコノマイザ用には鋼製のものもある。
(5) 管寄せには、その必要性に合わせて、検査口、掃除口が設けられ、また、排水弁や空気弁も取り付けられる。

ボイラーの構造に関する知識（問1～問10）〈解答・解説〉
模擬問題No.1

問1

[解答(1)] 水の蒸発熱は、圧力が高くなるとともに小さくなり、臨界点に達すると0となる]

[解説]

例えば、**大気圧下**で0℃の水1kgを加熱し蒸発させていくと、図1の太線のように温度変化する。0℃の水を100℃の飽和水に温度上昇させるに必要な熱（温度計で計られ、**顕熱**という、418.7〔kJ/kg〕）と**100℃**一定で飽和水から乾き飽和水蒸気まで変化させる熱（温度は変化せず、**潜熱**という、2257〔kJ/kg〕）が必要である。

次に、蒸気の T-s（温度-比エントロピ）線図を示すと、図2の通りである。等圧のもとで液を加熱していくと、飽和液の状態になり、さらに加熱していくと**温度一定**（飽和温度）で液と蒸気の混在した**湿り蒸気域**に入り、ついには液がすべて蒸気となった**乾き飽和蒸気**に至る。さらに加熱していくと、**過熱蒸気**となり、飽和温度以上に温度は上昇していく。

飽和水を蒸気にする熱を**潜熱（蒸発熱）**といい、その値は圧力が**上昇**するに従って**減少**し、22.1 MPaの圧力に達すると、**0**となる。この時の状態点を**臨界点**といい、その圧力、温度をそれぞれ**臨界圧力**（22.1 MPa）、**臨界温度**（374.0℃）と呼んでいる。ある圧力の水が沸騰する温度をその圧力の**飽和温度**といい、圧力が高くなるほど、飽和温度は上昇する。したがって、高山など圧力が大気圧より低い場所では、大気圧下の飽和温度100℃より**低い**温度で沸騰する。

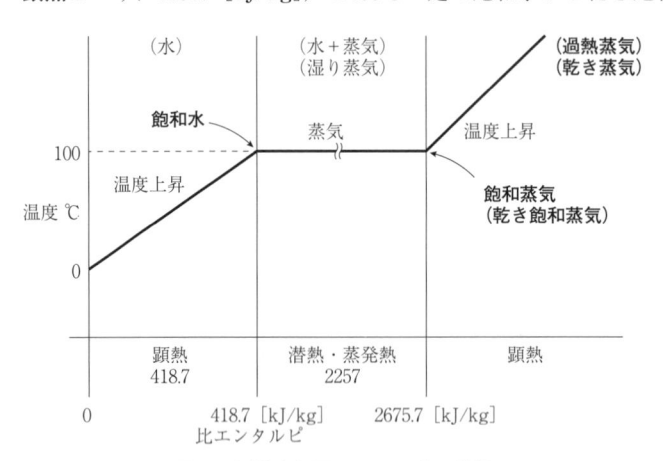

図1　標準大気圧における水の状態

図2　蒸気のT-s線図

問2

[解答(3) 熱伝導は、固体内だけでなく、気体や液体内などでも生じる]

[解説]
　熱の移動または熱の伝達は、熱が空間の一つの場所から他の場所に移ることである。これには**熱伝導**、**熱対流**、**熱ふく射**の三つの異なる過程がある。物体内で温度差がある時、高温の部分から低温の部分へ熱が移動する場合には、**熱伝導**が生じる。**熱対流**は主として流れている**液体**や**気体**の内部で生じる。しかし、対流には必ず**熱伝導**が付随して起こる。すなわち、相隣る物質部分に温度差があれば必ず熱伝導が生じるからである。**熱ふく射（熱放射）**は、放射面でふく射（放射）エネルギー（**電磁波エネルギー**）を放出して空間を進み、受熱面に達して再び熱エネルギーに変わるもので、前の二つと違い、途中に物質の存在を必要とせず、**真空中**でも伝わる。工業上、用いられる伝熱装置ではこの三つの過程で熱が移動している。例えば、実際の装置でよく起こる伝熱過程は、図のように固体壁の両側に温度の異なる流体があって、高温側の流体から固体壁を通して低温側流体に伝わる熱交換である。この過程では、(i)固体壁内の伝熱、(ii)固体壁面とそれに接する流体の間の伝熱からなる。前者は熱伝導であるが、後者は熱伝導、熱対流、熱ふく射の過程が同時に起こるもので**対流伝熱**と呼ばれる。

　図のような伝熱の場合に、固体壁内の熱伝導と流体側の二つの熱伝達をまとめて、固体壁を介して高温流体から低温流体への伝熱を一つの過程として扱うと便利なため、これを**熱貫流**（熱通過ともいう）と呼んでいる。

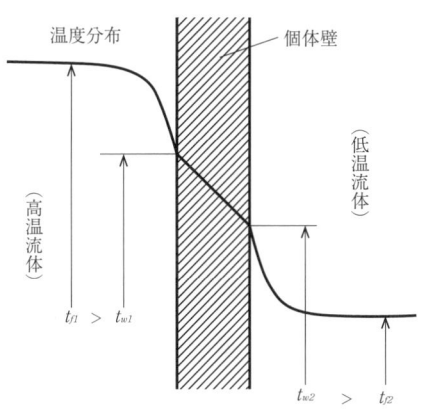

固体壁を介して高温流体から低温流体への伝熱（熱貫流）

問3

[解答(4)　換算蒸発量 $G_e = \dfrac{G(h_2 - h_1)}{2257}$ である]

[解説]
(1)　**高（位）発熱量**と**低（位）発熱量**の差は、生じた水蒸気の蒸発熱量（凝縮潜熱）を含むか含まないかの違いである。実際のボイラーでは一般に排ガス温度が100℃以上なので、生成水蒸気の蒸発（凝縮）潜熱分は利用できず廃棄していた。したがって、この凝縮潜熱熱量を高（位）発熱量から差し引いたものが**低（位）発熱量**でありボイラー効率など一般にこの値を用いている。しかし、最近潜熱回収ボイラーとして水蒸気を凝縮させて、その潜熱分を回収する方式によってボイラー効率が100％を超えるものが出現し

ている。これはボイラー効率として従来通りの低(位)発熱量を分母に使用しているためである。

(2) **火炉**は、燃料を燃焼させるバーナや火格子などの燃焼装置が取り付けられ、火層を発生させ、**燃焼室**ともいわれる。

(3) 蒸気の発生に要する**熱量** Q [kW] は、$Q = G \cdot (h_2 - h_1)$(ここで、G:蒸気量 [kg/s]、h_2, h_1:蒸気及び給水の比エンタルピ [kJ/kg])と表される。すなわち、蒸気流量、蒸気の圧力、温度及び給水の温度によって異なる。

(4) ボイラー容量を示す蒸発量は、**同一熱量**であっても蒸気の圧力、温度及び給水温度によって異なるので、**換算蒸発量**を用いてボイラー容量(蒸発量)を示す場合がある。これは給水から発生蒸気に要した熱量を基準状態の一定熱量(大気圧下100℃の蒸発潜熱2257 [kJ/kg])で除したものである。

すなわち、換算蒸発量 G_e [kg/h] は、G を実際蒸発量 [kg/h]、h_1, h_2をそれぞれ給水及び発生蒸気の比エンタルピ(kJ/kg)とすると、$G_e = \dfrac{G(h_2 - h_1)}{2257}$ [kg/h] で表される。

(5) 一般にボイラーの熱量損失の主要なものは、①煙突に逃げる**排ガス**の保有熱量による損失(**排ガス損失**)、②燃料の一部が燃えかす中に混入したり、不完全燃焼の結果燃焼ガス中にCOやH₂が現れることによる損失(**未燃損失**)、③ボイラー表面から周囲へのふく射や対流による放熱(ふく射対流損失)、④その他(保有水の吹き出し、すす吹きに蒸気を使う雑損失などに区分できる。このうち、熱量損失のほとんどを占めるのが、①の**排ガス損失**である。

問4

[解答(5) 炉筒煙管ボイラーは、効率が高く、パッケージ方式で据え付けも容易である]

[解説]
(1) 丸ボイラーは、構造によって**立てボイラー、立て煙管ボイラー、炉筒ボイラー、煙管ボイラー、炉筒煙管ボイラー**に大きく分けられる(次表参照)。

(2) 丸ボイラーは、径の大きい円筒形の胴を用い、その内部に炉筒、火室、煙管などを設けたもので、高圧や大容量のものには適していない。主に圧力**1 MPa程度以下、蒸発量10 [t/h]** 程度までである。

(3) 立てボイラーは、胴を**直立**させ、火室(燃焼室)を底部においたもので、床面積が少なくてすむので、**狭い場所**に設置でき、**据え付け**が**簡単**である。ただ、伝熱面積は小さく、効率も低く、小容量に限られる。

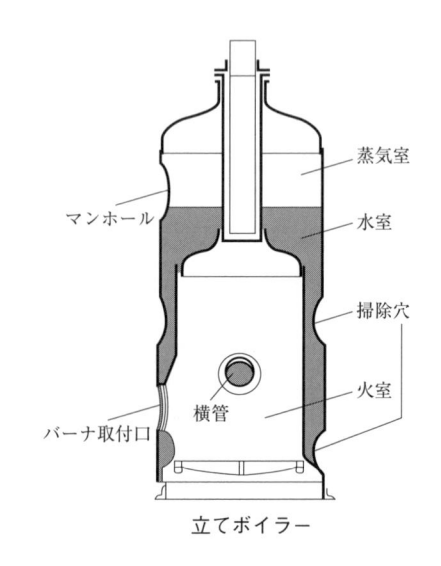

立てボイラー
(蒸気室、マンホール、水室、掃除穴、火室、バーナ取付口、横管)

ボイラーの構造による分類

種類	形式
丸ボイラー	・立てボイラー、立て煙管ボイラー ・炉筒ボイラー ・煙管ボイラー ・炉筒煙管ボイラー
水管ボイラー	・自然循環式水管ボイラー ・強制循環式水管ボイラー ・貫流ボイラー
鋳鉄製ボイラー	・鋳鉄製組合せボイラー
特殊ボイラー	・廃熱ボイラー ・特殊燃料ボイラー ・熱媒ボイラー ・その他（電気ボイラーなど）

(4) 煙管ボイラーは、水室内に多数配置した煙管に燃焼室の燃焼ガスを通すことにより蒸気を発生させるもので、代表例が**蒸気機関車**のボイラーである。したがって、容量当たりの**伝熱面積**が**大きく**、**効率**も比較的**良い**。水管ボイラーとの違いは、水管ボイラーが管の中を水が流れて、外から燃焼ガスで加熱するのに対して、煙管ボイラーでは管の中を燃焼ガスが流れて外部の水を加熱する。

(5) 炉筒煙管ボイラーは、炉筒と煙管があるもので、炉筒ボイラーと煙管ボイラーの長所を生かし、丸ボイラーとしては最も**効率**が**高く**、**コンパクト**なパッケージ形式にしたものが多く、据え付けも**容易**である。

問5

［解答(5)　降水管は火炉内には設けない。非加熱とする］

［解説］
(1)～(5) 水管ボイラーは、一般に比較的**小径**のドラムと多数の**水管**で構成され、水管内で蒸発が行われる。ボイラー水の流動方式によって**自然循環式**、**強制循環式**、**貫流式**の三つに分類される（次頁図参照）。

自然循環ボイラーは、外部からの燃焼ガスによって水管内の水が加熱され、蒸発し、**非加熱**の**降水管**（火炉内には設けない）内の水との**密度差**によって**循環**が生じ、汽水ドラム→降水管→水ドラム→蒸発管→汽水ドラムと**水循環**する。**強制循環ボイラー**は、高圧になってくると蒸気と水との**密度差**が**小さく**なって自然循環力が不足してくるので、**循環ポンプ**を用いて強制的に**水循環**させる。循環ボイラーの**伝熱形態**は、火炉（燃焼室）ではふく射（放射）**伝熱**と火炉（燃焼室）出口以降の**接触伝熱**による。

貫流ボイラーは、**亜臨界**や**超臨界圧**になると、自然循環力が利用できなくなるので、水

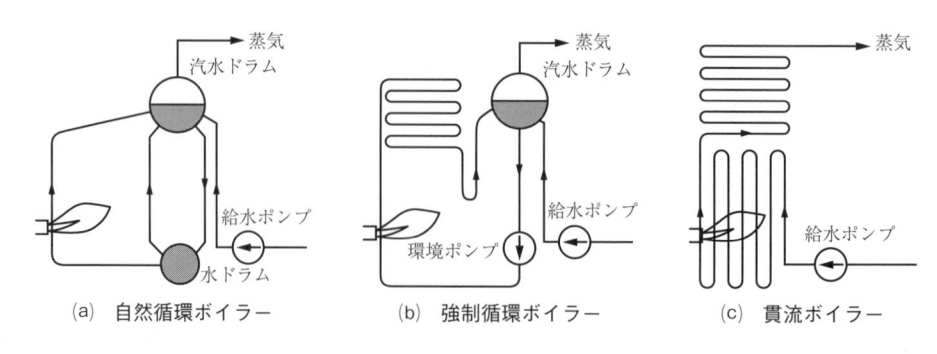

ボイラーの構造に関する知識（問１～問10）〈解答・解説〉模擬問題No.1

| (a) 自然循環ボイラー | (b) 強制循環ボイラー | (c) 貫流ボイラー |

管系だけ（ドラムはない）から構成される。給水ポンプから送られるボイラーへの供給水はすべて管出口で蒸気になるので、水中に**不純物**が存在すると、管壁に残留し、管を**閉塞**させる危険があるので、他より**給水管理**を厳しくする必要がある。

水管ボイラーの特徴は、次の通りである。
|長所|：①構造上、低圧小容量から**高圧、大容量**にも適している。②**伝熱面積**を大きくすることができ、**熱効率**を上げることができる。③伝熱面積当たりの保有水量が**少ない**ので、**起動時間**が短い。④燃焼室を自由に構築でき、燃料の種類、燃料方式に適応性が高い。
|短所|：①保有水量が少ないので、負荷変動により**圧力**や**水位**が**変動**しやすく、きめ細かな燃焼や給水の**制御**が必要である。②水管内部の点検・清掃が困難なので、厳密な**水質管理**が必要である。

なお、**放射形ボイラー**とは、ボイラー本体の蒸発伝熱面がすべて**水冷炉壁**で構成される**水管ボイラー**で、接触伝熱面が少なく、ふく射（放射）伝熱のみで蒸発を行わせ、**大規模な火力発電用**など大容量高温高圧蒸気発生用ボイラーに用いられる。**超臨界圧力ボイラー**では沸騰現象がなく、水の状態から直接蒸気が発生し、圧力が非常に高いため、管系のみの構造となり、密度差による水循環が必要ないことからも**貫流ボイラー**が適切である。

問6

[解答(2)　伝熱面積当たりの保有水量が多いので、起動から所要蒸気発生までの時間が長い]

[解説]
　炉筒煙管ボイラーは、**炉筒**と**煙管群**を組み合わせたボイラーで、炉筒と煙管の両方で熱を吸収する。したがって、煙管だけが組みこまれている煙管ボイラーに比べて効率が良く、**85～90％**に及ぶものがある。その特徴は次のようである。①すべての組み立てを製造工場で行って、完成状態で運搬できる**パッケージ形式**のものが多い。②自動発信及び自動制御装置を設けて**自動化**されたものが多い。③**加圧燃焼方式**（燃焼室熱負荷を高くし、燃焼効率をあげる）や**戻り燃焼方式**（燃焼室の一端を閉じ、燃焼室内の火炎が終端で反転して煙管内を通過する）にして、燃焼効率を高める、戻り燃焼方式では、次図のように後部煙室→前部煙室→後部煙室と往復し、煙突に排出される）、さらに煙管に伝熱効果の大きい特

殊管（**スパイラル管**、管に渦巻状（スパイラル状）の凹凸をつけて伝熱面積を増す）を採用する場合がある。④水管ボイラーに比べて、伝熱面積当たりの**保有水量**が**多い**ので、起動から所要蒸気発生までの時間が長い。⑤複雑な構造なので、**掃除**や**点検**が**困難**である。⑥内部清掃が困難なので、**良質**の給水が必要である。

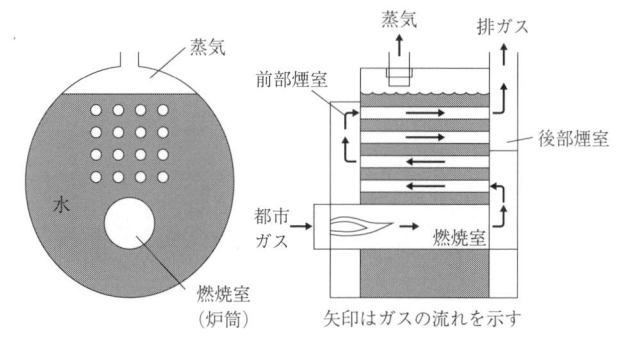

炉筒煙管ボイラーの基本構造

問7

［解答(3)　ブルドン管と扇状歯車を組み合わせた構造］

［解説］
　ボイラー内の圧力を測るのに、ブルドン管式圧力計が用いられ、原則、胴または気水ドラムの**一番高い所**に取り付けられる。圧力計を直接取り付けると、蒸気がブルドン管に入って熱せられて誤差を生じるので、通常**サイホン管**を圧力計の前に取り付け、水を入れてブルドン管に蒸気が直接入らないようにする。ブルドン管は、楕円形状の**扁平な管**を円

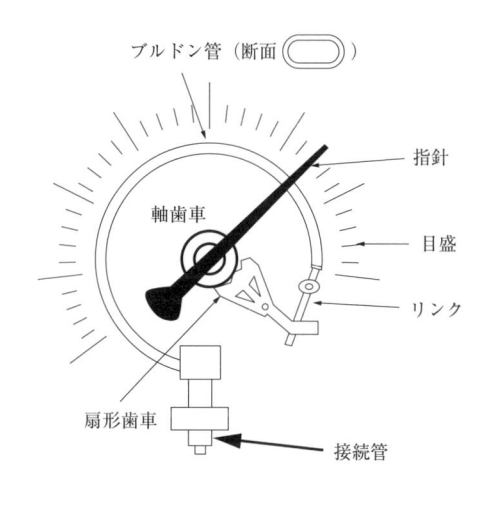

(a)　ブルドン管式圧力計

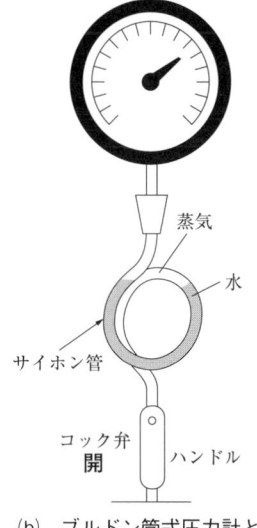

(b)　ブルドン管式圧力計とサイホン管

ボイラーの構造に関する知識（問1～問10）〈解答・解説〉模擬問題No.1

弧状に曲げ、一端を固定し、他端を閉じ、先に**歯付扇形片**を噛み合わせる。圧力がかかると、扁平な円弧が拡がり、**歯付扇形片**が動き、これに噛み合った小歯車が回転し、軸に取り付けた**指針**が振れる構造である。

圧力計のすぐ下にコックを取り付けるが、ハンドルが管軸と同一になったときに開くようにしておく（図参照）。

問8

[解答(4)　玉形弁は、弁内で流れがS字状になるので、抵抗は大きい]

[解説]

　主蒸気弁（メーンストップバルブ）は、送気の開始や停止をするためにボイラーの**蒸気取出し口**又は**過熱器の出口**に取り付られる弁である。種類としては下図に示す様に**玉形弁**（グローブバルブ）、**アングル弁**、**仕切弁**（ゲートバルブ又はスルースバルブ）がある。構造上の特徴としては、

　①玉形弁は、流れの入口と出口が一直線上になっているが、弁内で流れがS字形になっているので、**抵抗が大きい**。②アングル弁は、ボイラー管台などに取り付けられ、入口と出口が**直角**になったもので、**下方から入り、横から出る**。③仕切弁は、流体が**直線状**に流れるので、**抵抗が小さく**、径の大きい給水、給湯用の弁として広く使用されている。

　逆止め弁は、2基以上のボイラーが蒸気出口で同一管系に連絡している場合、**逆流防止**のために用いられ、各ボイラー毎に主蒸気弁の後に逆止め弁を設ける。逆止め弁は流体を**一方向しか流さない**機構であり、ボイラーの**給水管系統**にも設けるように規定されている。

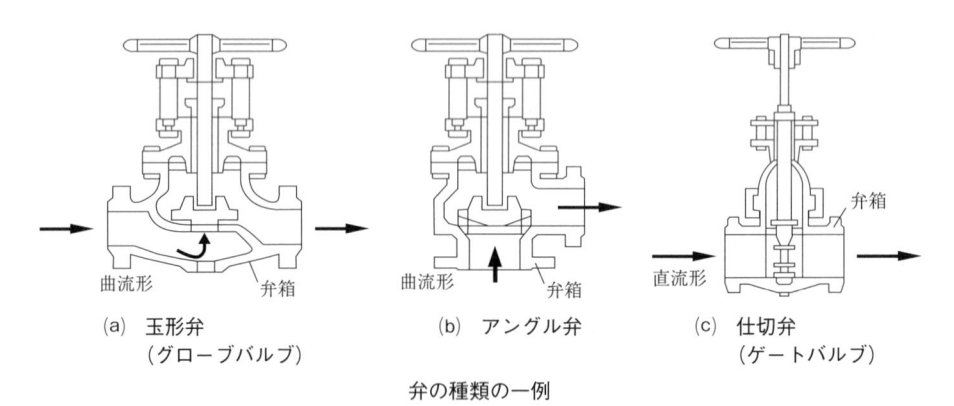

(a) 玉形弁（グローブバルブ）　　(b) アングル弁　　(c) 仕切弁（ゲートバルブ）

弁の種類の一例

(a) スイング式　　　　　　(b) リフト式

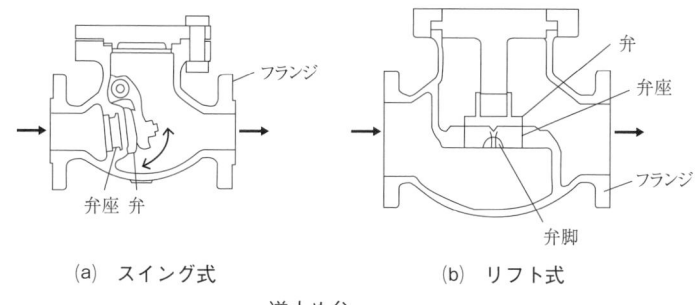

逆止め弁

問 9

[解答(1)　過熱器は、過熱度の高い過熱蒸気をえるために、ドラムを出た後に設けられる]

[解説]

　減圧装置は、発生蒸気の圧力と使用箇所での蒸気圧力の差が大きいときに使用箇所での蒸気圧力を一定に保持するために用いられる。オリフィスだけの簡単なものもあるが、一般には**減圧弁**が使用される。

　蒸気トラップは蒸気使用中にたまったドレン（復水）を自動的に排出するもので、動作原理によって下表のものがある。**バケット式**蒸気トラップは、蒸気とドレンの密度差を利用してドレンを自動的に排出するものである。

　また、**過熱器**は飽和蒸気をさらに温度の高い（過熱度をもつ）過熱蒸気を得るための装置であり、ボイラー胴又はドラム内に設けられるものでなく、出た後に設けられるものである。

蒸気トラップの方式と特徴

動作原理	方式	特徴
蒸気とドレンの**密度差**を利用	バケット式	動作が迅速確実で信頼性も高い。
	フロート式	
蒸気とドレンの**温度差**を利用	ベローズ式	応答が遅いが、空気の排出能力は大きい。
	バイメタル式	
蒸気とドレンの**熱力学的性質の差**を利用	ディスク式	小型軽量で、ウォータハンマに強いが、圧力の影響を受けやすい。
	オリフィス式	
	インパル式	

問10

　［解答(3)　燃焼室から煙突に至るまでの設備の配置順序は、**過熱器→エコノマイザ→空気予熱器**である］

［解説］

　主要なボイラーの**熱損失**は、①煙突へ逃げる排ガスの保有熱量による**排ガス損失**、②不完全燃焼などによる**未燃損失**、③周囲に放熱する**放射対流損失**、④その他雑損失（保有水の吹き出しなど）がある。この内、排ガスが持ち出す熱量（排ガス損失）が**最大**である。これを有効に回収することは、ボイラー効率の**向上**に大きくつながる。

　過熱器はボイラーからの飽和蒸気を過熱蒸気にするもので、**エコノマイザ**（節炭器）は過熱器から出た排ガスで給水を加熱し、さらにその出口で燃焼室に供給する空気を**空気予熱器**を設けて予熱する。したがって、燃焼室から煙突に至るまでの排ガスの流れに沿って、機器の取り付け順序は、ボイラー本体→過熱器→エコノマイザ（節炭器）→空気予熱器→煙突となる。

模擬問題No.2

問1

[解答(2)　蒸気圧力が高くなると、水の蒸発潜熱は減少し、臨界点に達すると0になる]

[解説]

蒸気圧力を横軸に、水の飽和温度と蒸発潜熱を図に示す。蒸気圧力が高くなると、水の飽和温度（図中、太破線）は**高く**なり、水の蒸発潜熱（図中、太実線）は**小さく**なる。また、臨界点（水：臨界圧力22.1 MPa、臨界温度374.0℃）に至ると、**蒸発潜熱は0**となる。

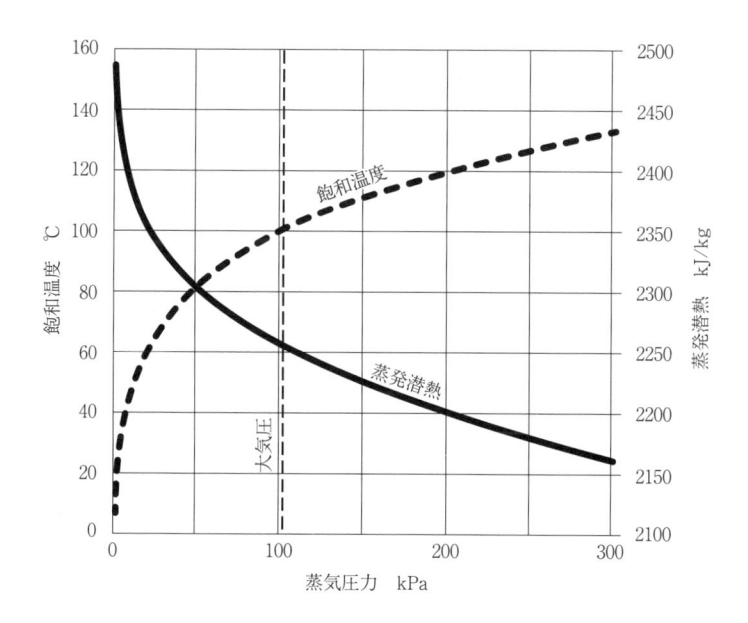

乾き飽和蒸気の比体積（m^3/kg）は、圧力が増すと、圧縮されて体積が減少するので、小さくなる。また、**乾き飽和蒸気**とは湿りがなくなった**乾き度 $x=1$** の蒸気のみの場合をいい、蒸気のない液のみの飽和水は**乾き度 $x=0$** である。ここで、**乾き度 x** とは、1 kgの物質があり、**蒸発**した物質の割合を x kgとすれば、1 kgの湿り蒸気は、x kgの**乾き飽和蒸気**と $(1-x)$ kgの**液体**から成っている。この x を湿り蒸気の乾き度、$(1-x)$ を**湿り度**と呼ぶ。

問2

[解答(3)　伝熱面積当たりの保有水量が少ないので、起動時間が短い]

[解説]
　水管ボイラーは、一般に比較的**小径**の**ドラム**と多数の**水管**で構成され、水管の中で蒸発が行われる。ボイラー水の流動方式によって**自然循環式**、**強制循環式**、**貫流式**の三つに分類される。

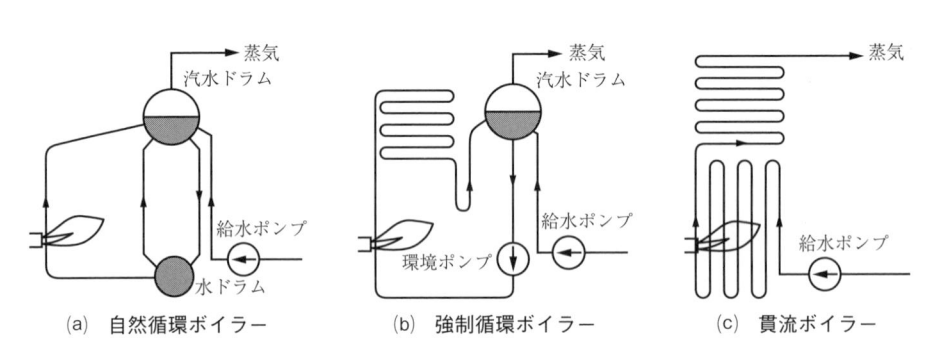

| (a) 自然循環ボイラー | (b) 強制循環ボイラー | (c) 貫流ボイラー |

　自然循環ボイラーでは、外部からの燃焼ガスによって水が加熱され、蒸発し、**非加熱**の**降水管**（火炉内には設けない）内の水との**密度差**によって**循環**が生じ、汽水ドラム→降水管→水ドラム→蒸発管→汽水ドラムと水循環する。**降水管**は、水循環をよくするために火炉内には設けず、出来るだけ温度の低い場所に設けられる。**強制循環ボイラー**は、高圧になってくると蒸気と水との密度差が小さくなって自然循環力が不足してくるので、**循環ポンプ**を用いて強制的に**水循環**させるものである。**貫流ボイラー**は、亜臨界や超臨界圧になり、自然循環力が利用できなくなり、ドラムがなく、水管系だけから構成される。ボイラーへの供給水はすべて管出口で蒸気になるので、水中に**不純物**が存在すると、管壁に残留し、管を**閉塞**させる危険があるので、他より**給水管理**をきびしくする必要がある。超臨界圧力ボイラーでは沸騰現象がなく、水の状態から直接蒸気が発生し、**貫流ボイラー**が用いられる。圧力が非常に高いため、管系のみの構造となり、水循環の必要がないことからも貫流ボイラーが適切である。
　自然循環ボイラーの**伝熱形態**は、火炉（燃焼室）では**ふく射（放射）伝熱**と火炉（燃焼室）出口以降の**接触伝熱**による。水管ボイラーの特徴は、次のようである。
(1)　構造上、低圧小容量から**高圧**、**大容量**にも適している。
(2)　伝熱面積を大きくすることができ、**熱効率**を上げることができる。
(3)　伝熱面積当たりの保有水量が**少ない**ので、**起動時間**が短い。
(4)　保有水量が少ないので、負荷変動により**圧力**や**水位**が**変動**しやすく、きめ細かな燃焼や給水の**制御**が必要である。
(5)　給水及びボイラー水の処理に注意を要し、水管内部の点検・清掃が困難なので、特に高圧ボイラーでは厳密な**水質管理**が必要である。

問3

[解答(4)　ウエットボトム形が、ボイラー底部に水を循環させる構造で、伝熱面積を増すことができる]

[解説]
　鋳鉄製ボイラーとは、**鋳鉄製**のセクションを前後に並べて組み合わせた構造になっている（下図参照）。構成は下方に**燃焼室**、上方が煙道で、各セクションの上部に**蒸気部連絡口**又は**温水取出し口**が、下部には**水部連絡口**が左右に設置され、この穴部分で勾配のついた**ニップル**をはめて結合、ボルトで締め付け、組み立てられる。このセクションの増減によって能力を変えることができる。一般にセクション数は**20程度**まで、伝熱面積は**50 m²程度**まで構成される。主に**暖房用**の低圧蒸気発生用（**0.1 MPa以下**）あるいは温水ボイラー（**0.5 MPa以下かつ120℃まで**）として使用される。鋳鉄製ボイラーには、れんがを用いて燃焼室の上部にセクションを組み合わせた**ドライボトム形**が一般的であったが、最近では伝熱面積を増加させて、ボイラー効率を上げるために、ボイラー底部に水を循環させる**ウエットボトム形**が多くなっている。

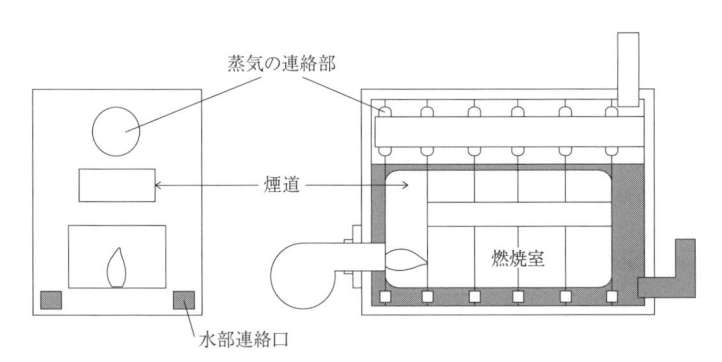

ウェットボトム形

　鋳鉄製ボイラーの特徴は、①組み立て、解体、搬入が容易なため、地下室などへの**搬出入**に**適している**。②鋳鉄製なので、鋼製に比べて**腐食に強い**が、**強度が低い**。③高圧や大容量には適さない。④構造が複雑なため、**内部掃除及び検査**が難しい。
　鋳鉄製ボイラーは、ボイラー効率を上げるために一般に**加圧燃焼方式**が用いられる。
　暖房用の鋳鉄製ボイラーでは、復水を循環使用するために、**返り管**を設置し、返り管が空になっても、安全低水面までボイラー水が残るように**ハートフォード式連結法**（次図参照）が用いられる。

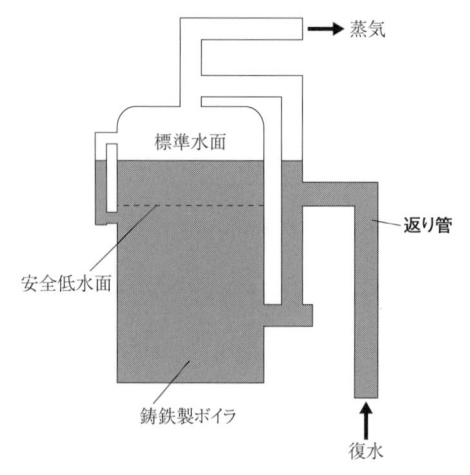

ボイラーの構造に関する知識（問1〜問10）〈解答・解説〉模擬問題No.2

ハートフォード式連結法

問4

[解答(5)　胴板の周継手の強さは、長手継手の強さの$\frac{1}{2}$でよい]

[解説]
　胴又はドラムの両端を覆っている部分を**鏡板**（かがみいた）という。煙管ボイラーなどではこの鏡板に穴をあけて**煙管**及び**管ステー**を取り付けるので、特に**管板**（くだいた）という。鏡板の形状によって、(a)**全半球形鏡板**、(b)**半だ円体形鏡板**、(c)**皿形鏡板**、(d)**平鏡板**に分類できる。

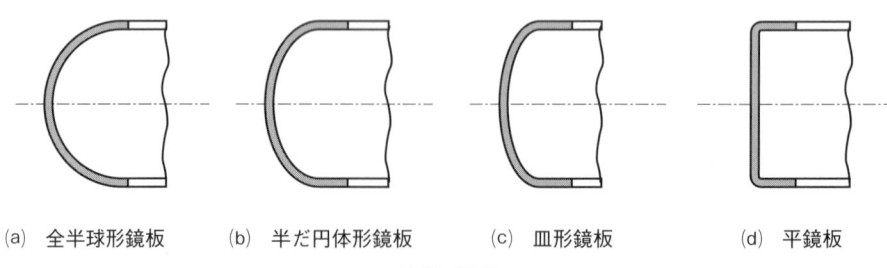

(a) 全半球形鏡板　　(b) 半だ円体形鏡板　　(c) 皿形鏡板　　(d) 平鏡板

鏡板の形状

　同一の材料、同一寸法の場合、強度の大きさの順序は、次のようになる。
　　　　全半球形鏡板　＞　半だ円体形鏡板　＞　皿形鏡板　＞　平鏡板
　ボイラーの胴板には、内部の圧力によって押し広げられようとする力が働くので、周方向と軸方向の二つの**引張応力**が作用する。胴の**長手継手**の強さは、**周継手**の強さの2倍以上必要となる。

すなわち、胴内に内圧Pがかかった場合、胴板に生じる長手方向と周方向の応力σ_θ, σ_Zは、次のように表される。

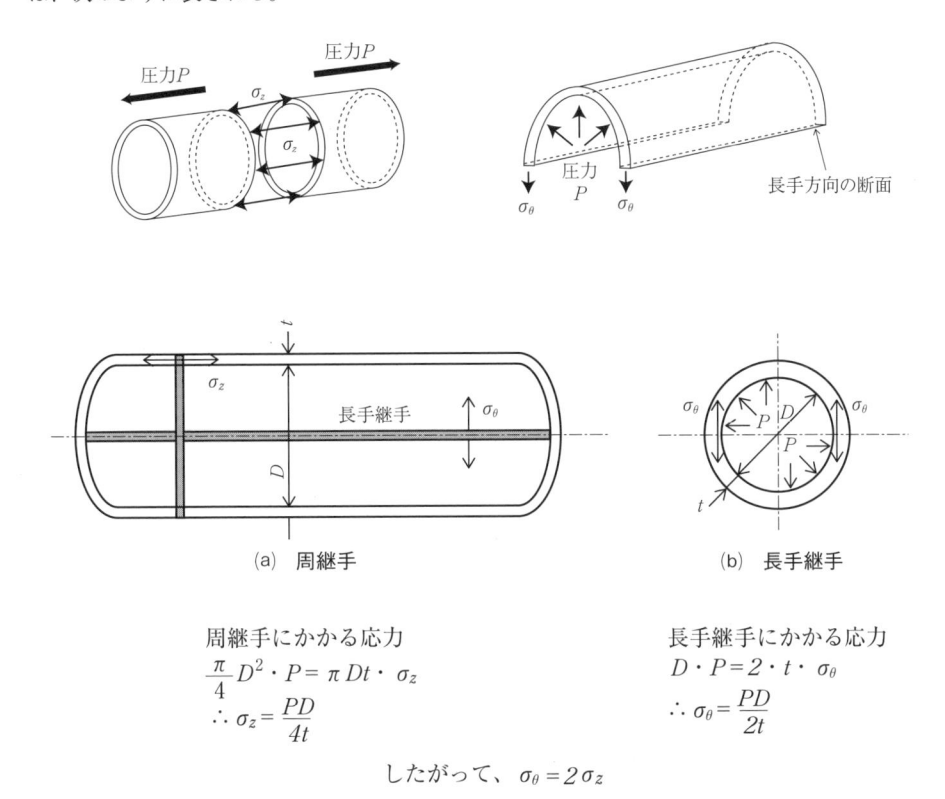

周継手にかかる応力
$\frac{\pi}{4}D^2 \cdot P = \pi Dt \cdot \sigma_z$
$\therefore \sigma_z = \frac{PD}{4t}$

長手継手にかかる応力
$D \cdot P = 2 \cdot t \cdot \sigma_\theta$
$\therefore \sigma_\theta = \frac{PD}{2t}$

したがって、$\sigma_\theta = 2\sigma_z$

ここで、σ_θ：周方向の応力、σ_Z：軸方向の応力、D：胴の内径、P：ドラム内圧力、t：板厚さ

したがって、同一圧力、径に対して、**長手継手**の応力σ_θは、**周継手**の応力σ_Zより2倍大きいことになり、**2倍の強度**が必要となる。すなわち内部に圧力がかかると、周方向は軸方向の2倍の力で引っ張られるので、継手の強度も軸（長手）継手が周継手の強度の2倍必要となる。

問5

［解答(4)　普通、外径は38〜65 mmである］

［解説］
(1) 曲管式は、熱による伸縮に順応性があり、またコンパクトにできる利点もあり、現在製造されている水管ボイラーでは、立て水管ボイラーを除いて多くが**曲管式**水管ボイ

45

ボイラーの構造に関する知識（問1〜問10）〈解答・解説〉模擬問題No.2

ラーである。
(2) 自然循環ボイラーでは、ボイラー水の水循環のために**下降管（降水管）**と**上昇管（蒸発管）**があり、両管内での流体の密度差によって**水循環**が生じる。したがって、降水管は火炉内の炎に直接触れず、耐火れんがで覆われた水冷壁によって保護し、両管内の流体に密度差を付けて**水循環**を良くする。
(3) 炉筒煙管ボイラーは、**管内**を高温の**燃焼ガス**が、管外に水があるが、水管ボイラーでは逆に管内部を水が流れ、**管外部**が**燃焼ガス**に接触している。
(4) 普通、外形は**38〜65 mm**である。
(5) **貫流ボイラー**は、一連の長い管系（水管）だけから構成され、蒸気ドラムや水ドラムは組み込まれない。給水ポンプによって管系の一端から押し込まれ、水管内で、予熱、蒸発、過熱され、過熱蒸気となって取出される。

問6

［解答(5) 蒸気管は燃焼ガスに触れず伝熱管に分類されない］

［解説］
　ボイラーに使用される配管には、用途によって**伝熱管**、**配管**（給水管、蒸気管）の呼び名がある。ボイラーの伝熱管とは、**燃焼ガス**から水や水蒸気に熱が伝えられる管をいい、**煙管**、**水管**、**エコノマイザ管**、**過熱管**が該当する。給水管や蒸気管はボイラーへの給水やボイラーから他の需要先に蒸気を送る配管で、燃焼ガスに触れず、伝熱管に**分類されない**。

問7

［解答(3) バケット式蒸気トラップは、蒸気とドレンによる密度差（バケットの浮力の差）を利用してドレンを自動的に排出する］

［解説］
　送気系統装置は、ボイラーで発生した蒸気を需要側の機器に供給するための装置で、主蒸気管、主蒸気弁、気水分離器、蒸気トラップ、減圧装置などで構成される。
(1) **主蒸気弁**（メーンストップバルブ）は、送気の開始や停止をするためにボイラーの**蒸気取出し口又は過熱器出口**に取り付ける弁である。種類としては次図に示す様に**玉形弁**（グローブバルブ）、**アングル弁**、**仕切弁**（ゲートバルブ又はスルースバルブ）がある。構造上の特徴としては、
(a)**玉形弁**は、流れの入口と出口が一直線上になっているが、弁内で流れがS字状になっているので、**抵抗が大きい**。(b)**アングル弁**は、ボイラー管台などに取り付けられ、入口と出口が**直角**になったもので、**下方から入り**、**横から出る**。(c)**仕切弁**は、流体が**直線状**に流れるので、**抵抗が小さく**、径の大きい給水、給湯用の弁として広く使用されている。
(2) 低圧ボイラーの胴又はドラム内には蒸気と水を分離するために**沸水防止管**（アンチプライミングパイプ、次図参照）が設けられる。**水滴（ドレン）**は下部にあけた**穴**から下に落ちる。

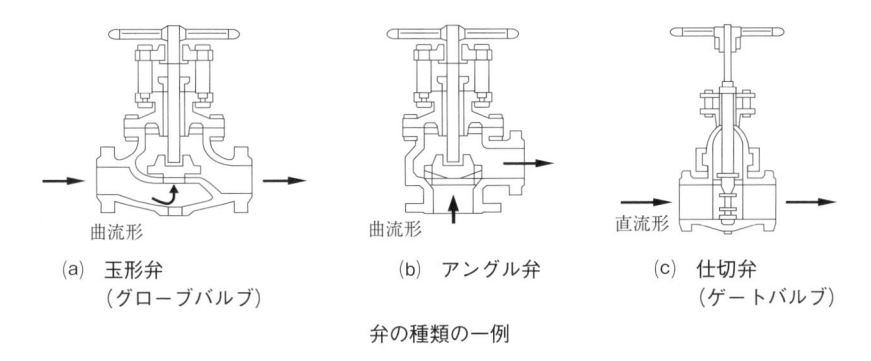

(a) 玉形弁　　　　　　(b) アングル弁　　　　　(c) 仕切弁
（グローブバルブ）　　　　　　　　　　　　　　　（ゲートバルブ）

弁の種類の一例

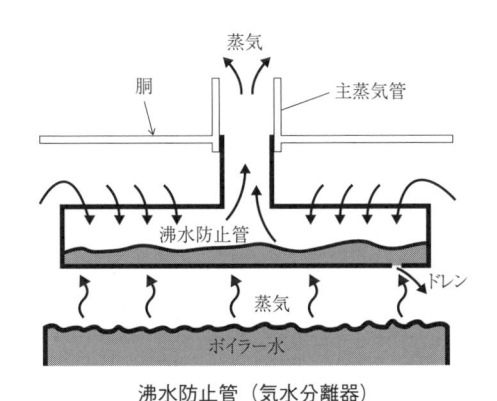

沸水防止管（気水分離器）

(3) **蒸気トラップ**（スチームトラップ）は、蒸気使用中配管などの設備に溜まった復水（ドレン）を自動的に排出する装置で、蒸気とドレンの密度差や温度差などを利用したものがある。蒸気とドレンの密度差を利用した下向きバケット式トラップとフリーフロート式トラップの作動について説明する。図に示すように、**下向きバケット式トラップ**は、最初バケットは底に位置し、上部の弁は全開している。ドレンが流入すると、バケット内部を満たし、下部から外側へ出て、上部の弁口から排出される。ベント穴はバ

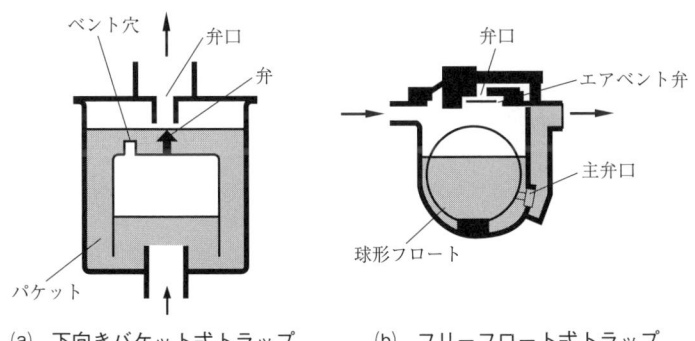

(a) 下向きバケット式トラップ　　(b) フリーフロート式トラップ

ケット内の空気を排出するためのものである。ドレン排出後蒸気が入ってくると、バケットは蒸気によって**浮力**を得て浮上し、**閉弁**する。その後、バケット内の蒸気はベント穴からゆっくり外に出て凝縮し、ドレンとなる。バケットも**浮力**を失い沈下し、弁は開口してドレンを排出し、排出が終わって、蒸気が入ってくると、バケットが浮上して閉弁する。このように**間欠作動**を行う。次に、**フリーフロート式トラップ**は、フロート自体が**主弁口**を開閉するようになっていて、ドレン流入量が増えればフロート外側の本体内の水面の上昇によって**浮力**からフロートは上昇し、主弁口の開度から排出量が増加する。フロートは常にドレン流入量と排出量が平衡する位置を保つので、ドレンは連続して排出される。構造が簡単で、**連続排出**することが長所である。

(4) 1次側の蒸気圧力及び流量に関わらず、2次側の蒸気圧力をほぼ一定に保つときに用いられるのは、バイパス弁でなく**減圧弁**である。

(5) **逆止め弁**は、2基以上のボイラーが蒸気出口で同一管係に連絡している場合に**逆流防止**のために用い、各ボイラー毎に主蒸気弁の後に逆止め弁を設ける。逆止め弁は流体を**一方向しか流さない機構**であり、ボイラーの**給水管系統**にも設けるように規定されている。

問8

[解答(3) インゼクタは、蒸気の噴射力を利用して給水を吸い込み、給水する装置で低圧ボイラー用である]

[解説]
- 遠心ポンプは、案内羽根を有しない**渦巻ポンプ**と案内羽根を有する**ディフューザポンプ**（商品名でタービンポンプ）に分類できる（次図(a)・(b)参照）。ディフューザポンプは、羽根車外周の案内羽根で水の速度エネルギーを圧力エネルギーに変えて、圧力を高める。高圧のボイラーにはその段数を増した多段ディフューザポンプが使用される。
- インゼクタは、ボイラーに給水するための蒸気噴射式ポンプで、ボイラーで発生した**蒸気**をノズルを通して高速度の流れとして、低圧の給水を吸い込み、混合して蒸気は復水し、混合水がディフューザを通る間に圧力を回復し、逆止め弁を押開いてボイラーに給水される。一般に、低圧用である（次図(c)参照）。
- **給水逆止め弁**は、ボイラーの圧力より給水ポンプ側の圧力が低いときに、**逆止め弁**によって給水ポンプ側に逆流するのを自動的的防止するものである。逆止め弁には**リフト式**と**スイング式**がある。給水弁と逆止め弁を取り付ける場合には、逆止め弁が故障の場合に給水弁を閉止することによって、蒸気圧力をボイラーに残したまま修理できるように**給水弁**をボイラーに近い側に取り付ける。給水弁には、流れや抵抗の大きい**アングル弁**又は**玉形弁**が使用される。

模擬問題No.2

(a) 渦巻ポンプ
(b) ディフューザポンプ
(c) インゼクタ
遠心ポンプの種類

問9

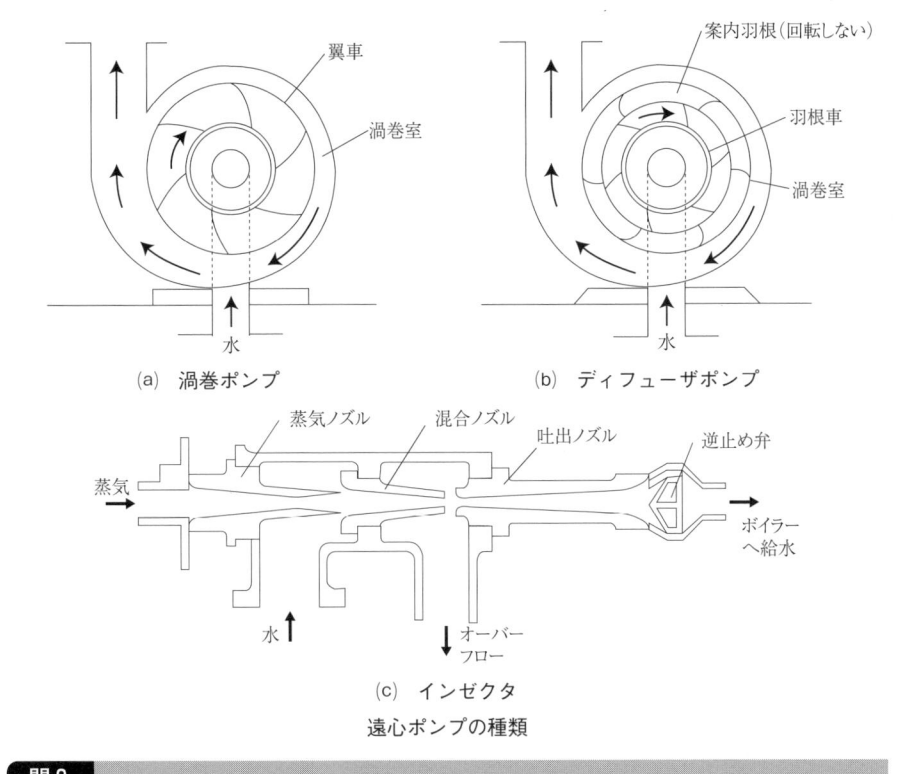

[解答(5) ガス式空気予熱器は、蒸気式に比べ、低温腐食の危険性がある]

[解説]
　空気予熱器（エアーヒータ）とは、送風機からの燃焼用空気をボイラーから出た煙道ガスの余熱（**ガス式**空気予熱器）あるいは他の蒸気を熱源として用いて暖め（**蒸気式**空気予熱器）て、給気としてボイラーの燃焼室に送るものである。ガス式空気予熱器では煙道ガス中の硫黄分が低温になると凝縮して硫黄酸化物になって予熱器のエレメントを**低温腐食**させるので、温度の低下に注意が必要であるが、他の熱源として蒸気を用いる蒸気式では排ガスを用いないので、その心配はない。空気予熱器を使用して給気温度を上げることによって、

(1) ボイラー効率が**上昇**する。
(2) **良好**な燃焼状態。
(3) 燃焼室内温度が上昇し、炉内伝熱管の**吸収熱量**が多くなる。
(4) 水分の多い**低品位燃料**の燃焼に有効、などの利点がある。
(5) ガス式空気予熱器は、蒸気式に比べ、**低温腐食**の危険性がある。
　さらに、短所として、
・燃焼温度の増加によって、**窒素酸化物（NO$_X$）**の発生が増える、
・通風の**抵抗損失**が増す、があげられる。

ボイラーの構造に関する知識（問1〜問10）〈解答・解説〉模擬問題No.2

問10

　[解答(5)　微分動作（D動作）は、制御偏差量が変化する速度に比例して操作量を増減するものである。一方、積分動作（I動作）は、制御偏差量に比例した速度で操作量を増減させるものである]

[解説]

　例えば、次図(a)のように加熱缶の**圧力**を制御する場合、管理者は圧力計の指針を見ながら目標の値に一致するように、入口弁を操作して**流入蒸気流量**を調節する。制御の仕事は、計測→目標値との比較→判断→弁の操作→結果の計測→……の操作を絶えず繰り返すことになる。この手動制御を**自動制御**で置き換えると、次図(b)のように表される。すなわち、管理者の眼の代わりに制御したい**制御量**（この場合、圧力）を検出し、この信号を脳の代わりとなる**調節部**へ伝達する。その信号を目標値と比較し、その差を制御動作信号として調節部の一部の**判断部**に送る。判断部は動作信号の大きさなどに応じて適当な判断をして操作信号を**操作部**（例えば調節弁）に送る。操作部はこの信号に応じて**操作量**（この場合、流入蒸気流量）を増減し、制御量を変化させるのである。

　目標値の性質によって、目標値が一定値の場合、**定値制御**、任意の変化をする**追従制御**、また時間的に予め定められている場合の**プログラム制御**がある。

　シーケンス制御とは、あらかじめ定められた順序に従って制御の各段階を逐次進めていく制御で、例えばボイラーの**始動**や**全自動洗濯機**などに幅広く用いられている。

　さらに、蒸気圧力や温水温度、水位などの制御には、(a)**オンオフ動作**（2位置動作）、(b)比例動作（P動作）、(c)積分動作（I動作）、(d)微分動作（D動作）の種類がある。

　(a)オン・オフ動作（2位置動作、次図(c)参照）は、制御偏差の値によって操作量が二つの定まった値のいずれかをとるように制御を行うが、制御量に**動作すき間**（オンからオフに移る設定値とオフからオンに移る設定値を異なる値にする）の設定が必要となる。次に、**蒸気圧力の制御**に対しては、**ハイ・ロー・オフ動作**（3位置動作、次図(d)参照）による設定圧力を2段階に分けてハイ（高燃焼）ロー（低燃焼）に切り替えて、圧力が上昇して設定圧力に達すると、リミットスイッチが作動して、燃焼をオフ（停止）させる。

　(b)比例動作（P動作）は、偏差の大きさに比例して操作量を加減して動作するもので、目標値との間に一定のずれ（**オフセット**）を伴う。

　(c)積分動作（I動作）は、制御偏差量に比例した速度で操作量が増減させるものである。

　(d)微分動作（D動作）は、制御偏差量が変化する**速度**に比例して操作量を増減するもので、単独に使うことはまれで、P動作、PI動作に付加して用いられる。

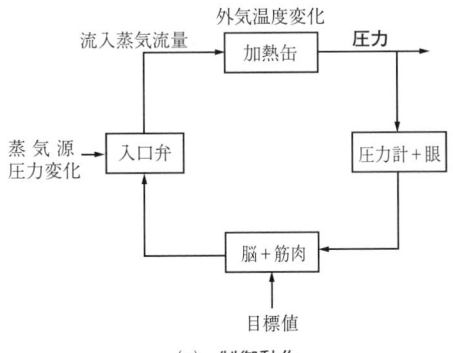

(a) 制御動作

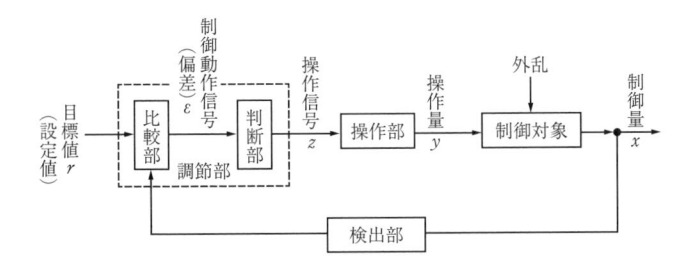

(b) フィードバック制御の標準形

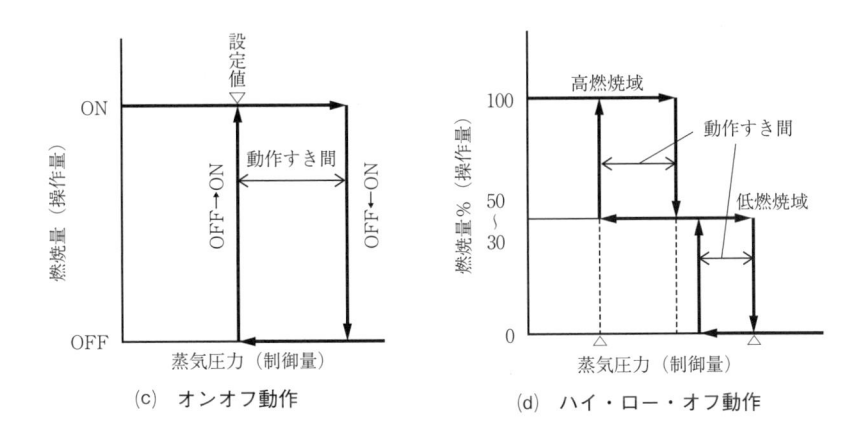

(c) オンオフ動作

(d) ハイ・ロー・オフ動作

模擬問題No.3

問1

[解答(5)　飽和水の比エンタルピは、圧力が高くなっていくと、その飽和温度も高くなり、増加していく]

[解説]
　横軸に比エンタルピ、縦軸に温度をとって、大気圧と0.8 MPaの二つの圧力下における温度と比エンタルピの関係を下図に示す。例えば、大気圧下で0℃から水を加熱していく（**顕熱**）と、約100℃で沸騰し始め、温度100℃一定で比エンタルピは増大し（**潜熱**）、比エンタルピが2,676 kJ/kgで乾き飽和蒸気となり、更に加熱していくと温度は上昇して（**顕熱**）過熱蒸気となる。この上昇温度と大気圧下の飽和温度100℃との差を**過熱度**と呼ぶ。例えば大気圧下であれば、過熱蒸気温度が150℃であれば、過熱度は150－100＝50℃である。次に、圧力0.8 MPaの場合、水0℃から飽和温度170℃の飽和水になるまで721 kJ/kgの**顕熱**が必要で、乾き度 $x=1$（**乾き飽和蒸気**）になるまで更に2,047 kJ/kgの**潜熱**が必要となる。乾き飽和蒸気（$x=1$）よりさらに加熱していくと、過熱蒸気となり温度は上昇し、200℃になれば過熱度は200－170＝30℃である。飽和水は乾き度 $x=0$ で、乾き飽和蒸気は乾き度 $x=1$ で、逆に湿り度は1との差、すなわち（$1-x$）で表される。飽和水の比エンタルピは、圧力が高くなっていくと、飽和温度が高くなっていくのでその顕熱、すなわち比エンタルピは増大していく。一方、潜熱は小さくなっていき、臨界圧力に達すると潜熱は0になる。

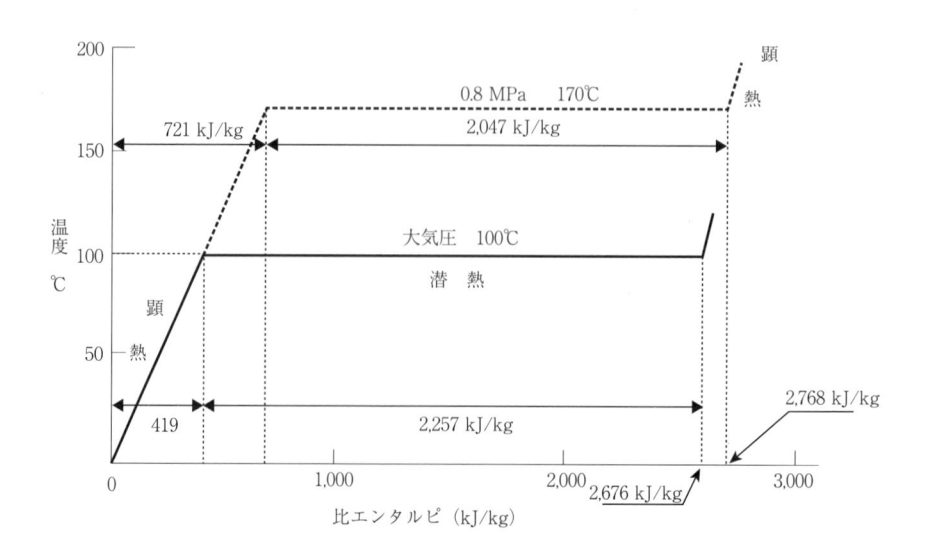

問2

[解答(1)　正解]

[解説]
　熱移動または熱伝達は、熱が空間の一つの場所から他の場所に移ることである。これには**熱伝導、熱対流、熱ふく射**の三つの異なる形態がある。物体内で温度差があるとき、高温の部分から低温の部分へ温度勾配によって熱が移動する場合、**熱伝導**の過程が生じる。**熱対流**は主として流れている液体や気体の移動によって生じる。それぞれの熱が伝わる程度を示す値、すなわち熱の伝わりの良否を示すものとして**熱伝導率、熱伝達率**がある。実際の装置で良く起こる伝熱過程は、図のように固体壁の両側に温度の異なる流体があって、高温側の流体から固体壁を通して低温側流体に伝わる伝熱である。この過程では、(a)固体壁内の伝熱、(b)固体壁面とそれに接する流体の間の伝熱過程からなる。前者(a)は**熱伝導**であるが、後者(b)は熱伝導、熱対流、熱ふく射の過程が同時に起こるもので、**対流伝熱**と呼ぶ。
　図のような伝熱の場合に、固体壁内の熱伝導と流体側の二つの熱伝達をひっくるめて、固体壁を介して高温流体から低温流体への伝熱を一つの過程として扱うと便利なため、これを**熱貫流（熱通過**ともいう）と呼び、この高温から低温への熱が伝わる良否の程度を示すのに**熱通過率**を用いる。

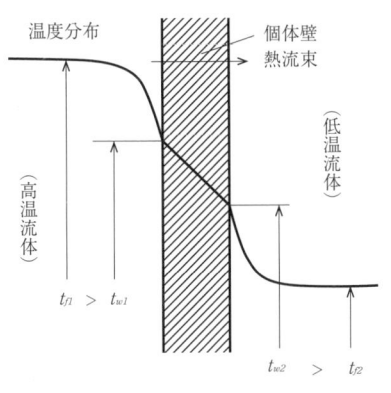

固体壁を介して高温流体から低温流体への伝熱（熱貫流）

問3

[解答(3)　伝熱面積当たりの保有水量が大きいので、負荷変動による圧力変化が少ない]

[解説]
　丸ボイラーには、4つの種類、(a)立てボイラー、(b)煙管ボイラー、(c)炉筒煙管ボイラー、(d)炉筒ボイラーがあり、現在、(d)炉筒ボイラーはほとんど用いられていない。
　丸ボイラーは、同一容量の水管ボイラーに比べ、
(1)　伝熱面積当たりの**保有水量**が**大きく**、破裂の際の**被害**が大きい。
(2)　構造が**簡単**で、取り扱いやすく、故障も少なく、設備費も**安い**。
(3)　負荷変動による**圧力**や**水位**変動が少ない。
(4)　**高圧**や**大容量**のものに**適さない**（大径の胴のため、高圧に不適。伝熱面積が制限される）。
(5)　起動から蒸気発生まで**長時間**を要する。

問4

[解答(3)　鋳鉄製ボイラーでは胴の下部に給水口があり、直接給水管を取り付けると、給水逆止め弁が故障したとき、水位が異常低下、過熱損傷するのを避けるために、返り管に取り付ける。取り付け方法としてハートフォード式連結法がある]

[解説]
　鋳鉄製ボイラーとは、**鋳鉄製**のセクションを前後に並べて組み合わせた構造になっている。構成は下方に**燃焼室**、上方が**煙道**で、各セクションの上部に**蒸気部連絡口**または**温水取出し口**が、下部には**水部連絡口**が左右に設置され、この穴部分で勾配のついた**ニップル**をはめて結合、ボルトで締め付け組み立てられる。このセクションの増減によって能力を変えることができる。一般にセクション数は**20程度**まで、伝熱面積は**50 m²程度**まで構成できる。主に暖房用の低圧蒸気発生用（**0.1 MPa以下**）あるいは温水ボイラー（**0.5 MPa以下かつ120℃まで**）として使用される。鋳鉄製ボイラーには、れんがを用いて燃焼室の上部にセクションを組み合わせた**ドライボトム形**が一般的であったが、最近ではボイラー効率を上げるために、ボイラー底部に水を循環させる**ウエットボトム形**が多くなっている。

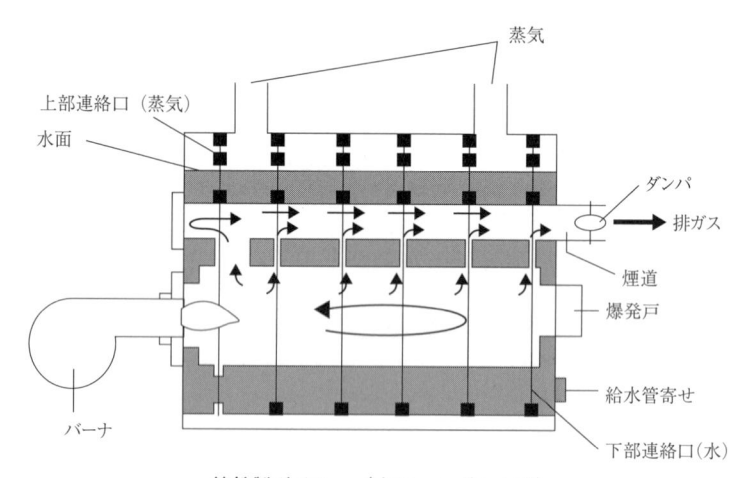

鋳鉄製ボイラー（ウエットボトム形）

　鋳鉄製ボイラーの特徴は、①組み立て、解体、搬入が容易なため、地下室などへの搬出入に適している。②鋳鉄製なので、鋼製に比べて**腐食に強い**が、**強度が低い**。③高圧や大容量には適さない。④構造が複雑なため、**内部掃除**及び**検査**が難しい。
　鋳鉄製ボイラーは、ボイラー効率を上げるために一般に**加圧燃焼方式**が用いられる。
　暖房用の鋳鉄製ボイラーでは、復水を循環使用するために、**返り管**を設置していて、返り管が空になっても、安全低水面までボイラー水が残るように**ハートフォード式連結法**（次図参照）が用いられる。
　すなわち、

(1) 各セクションは、蒸気部連絡口及び水部連絡口の部分で**ニップル**により結合されている。
(2) 重力式蒸気暖房返り管の取付けには、**ハートフォード式連結法**が多く用いられる。
(3) 給水管は、安全低水面の位置でボイラーに直接取り付けず、**返り管**に取り付ける。
(4) 暖房用蒸気ボイラーでは、原則として**復水**を循環使用する。
(5) 鋳鉄製蒸気ボイラーには、主に**ウ エットボトム形とドライボトム形**がある。

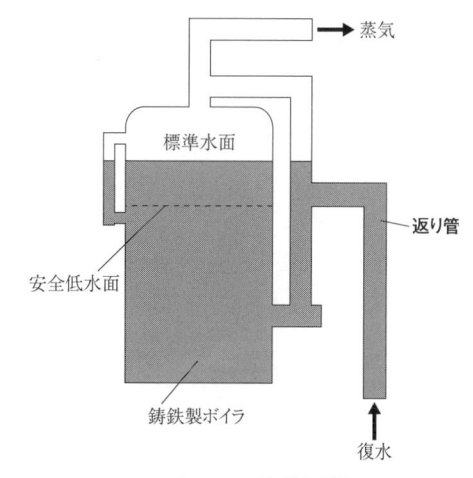

ハートフォード式連結法

問5

［解答(3)　隅の丸みをなす部分は、皿形鏡板の環状殻部という］

［解説］
　皿形鏡板は、次図(a)のように**円筒殻部、環状殻部、球面殻部**から成り、隅の曲面の部分の**環状殻部は内圧**によって丸みの**半径r**に反比例した（半径が小さいほど応力は大きい）大きな**曲げ**を生じる。特に、内部の圧力によって**曲げ応力**を生じる平鏡板は、大径や高圧のものには、ステーによって補強する必要がある。管板には、管穴を設け、煙管を挿入して**ころ広げ**（次図(b)参照）によって取り付けるので、一般に**平管板**を用いる。

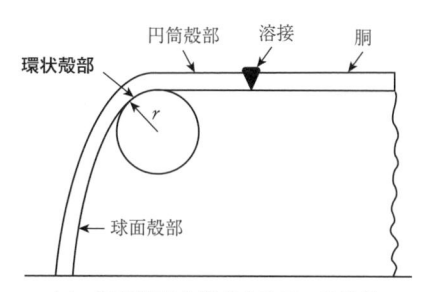

(a) 皿形鏡板を構成する三つの曲線

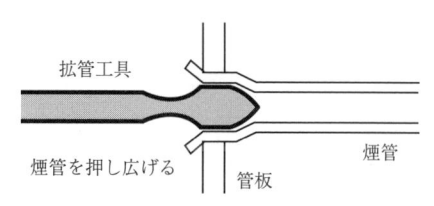

(b) 煙管を管板に取り付ける方法

ボイラーの構造に関する知識（問 1 ～問10）〈解答・解説〉模擬問題No. 3

問6

［解答(3)　正解］

［解説］
　　ガセットステーは、**ガセット（平板）**によって**鏡板**を胴板で支えるために**溶接**した板で、**炉筒ボイラー**などで管ステーを設けられない鏡板や管板に使用する。ガセットステーを鏡板に取り付ける場合には、**炉筒の伸縮を自由にするために図のようにブリージングスペース**（炉筒とガセットステーの溶接部との空間距離のこと）を設ける。

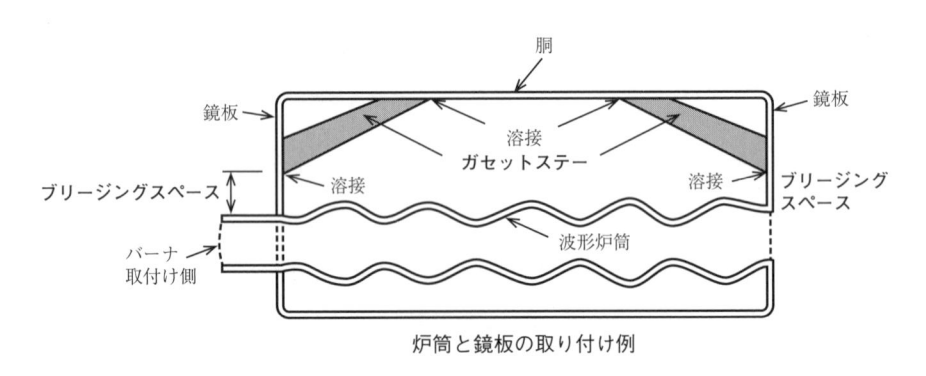

炉筒と鏡板の取り付け例

問7

［解答(3)　容積式流量計は、流量が歯車の回転数に比例することを利用する］

［解説］
(1)　ブルドン管は、断面が扁平な管を**円弧状**に曲げ、一端を固定、他端を閉じ、先に**歯付扇形片**を噛み合わせる。圧力がかかると、扁平な円弧が拡がり、**歯付扇形片**が動き、こ

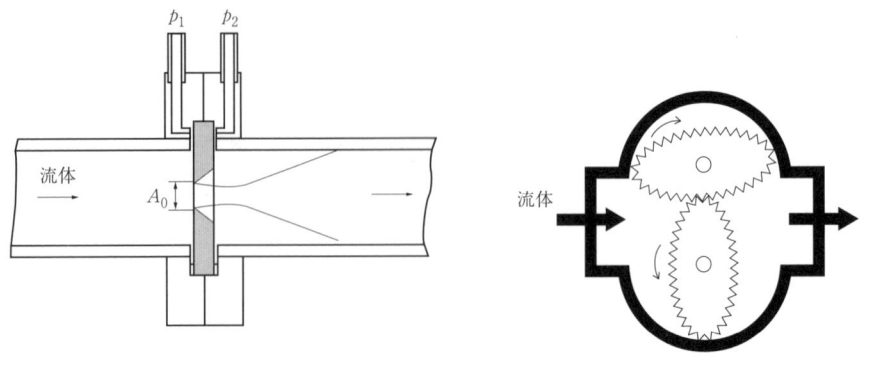

(a) 差圧式流量計（オリフィス）　　(b) 容積式流量計

れに噛み合った小歯車が回転し、軸に取り付けた**指針**が振れる。ブルドン管圧力計は、水を入れた**サイホン管**などを用いて胴又は蒸気ドラムに取り付ける。

(2) **差圧式流量計**は、流路にベンチュリー管やオリフィスなどの**絞り**を入れ、絞りの入口と出口間の**圧力差**（差圧、p_1-p_2）が**流量Q**の**二乗**に比例することを利用している。

$$Q = C \cdot A_0 \cdot \sqrt{2(p_1-p_2)} \propto \sqrt{(p_1-p_2)}$$

ここで、C：流量係数、A_0：面積、p_1, p_2：圧力、ρ：流体密度

(3) **容積式流量計**は、だ円形のケーシングの中に**2個のだ円形歯車**（回転子）を組合わせて配置し、流体の流れによって回転させる仕組みで、**流量は歯車の回転数**に**比例**する。

(4) **ガラス水面計**は、そのガラス管の最下部が蒸気ボイラーの安全低水面を示す位置、すなわち、水面計のガラス管の**最下部**は、ボイラーの安全低水面と**同じ高さ**になるように取り付けねばならない（「ボイラー構造規格」）。

(5) **U字管式通風計**は、空気やガスの流れの圧力である**通風力（ドラフト）**を測定するもので、大気圧力と比較してU字管の両側の封入液体の差$\varDelta h$から**炉内圧**を知る。通風計にはU字管式、傾斜式、環状天びん式通風計の種類がある。

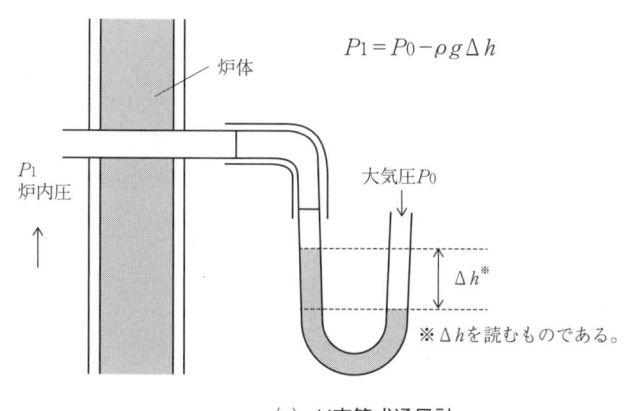

$P_1 = P_0 - \rho g \varDelta h$

炉体
P_1 炉内圧
大気圧 P_0
$\varDelta h$※
※$\varDelta h$を読むものである。

(c) U字管式通風計

問8

［解答(4) 安全弁の排気管中心と安全弁軸心との距離は、安全弁に無理な力が加わらないようにできるだけ短くする］

［解説］
安全弁は、主として蒸気、気体に使用し、入口側（一次側）の流体圧力が上昇して、**設定圧力**（最高使用圧力のことで、**ばねの調整ボルト**により設定）になったとき、瞬時に弁が開き流体を逃して、破裂を未然に防ぎ安全を確保する弁である。安全弁には、**おもり式**、**てこ式**、**ばね式**などがあるが、現在はばね式が主流である。

逃し弁（レリーフ弁）は主として**液体**に使用している。最も多用されているばね安全弁は、弁棒がばねの力で押し下げられ、弁体が弁座に密着する方式で、ばねの押し付ける力

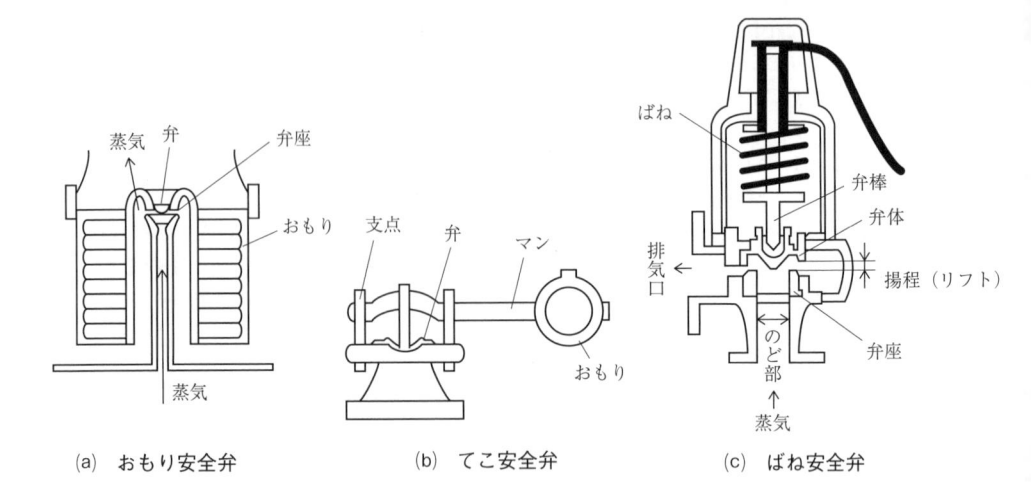

ボイラーの構造に関する知識（問1～問10）〈解答・解説〉模擬問題No.3

(a) おもり安全弁　　(b) てこ安全弁　　(c) ばね安全弁

をばねの**調整ボルト**で変えて**吹出し圧力**を調整する。この弁座から弁が上がる距離を**揚程（リフト）**といい、構造によって**揚程式**と**全量式**がある（次図(a)・(b)参照）。両者の違いは、**吹出し面積**で揚程式はリフトが小さいために**弁座口の蒸気通路の面積**が最小となって決まる。全量式はリフトが大きいため弁座の通路面積がのど部面積より大きくて吹出し面積は弁座下方（上流）の**のど部の面積**で決められる。すなわち、揚程式は、弁があまり開かず、全量式は大きく開き、蒸気をたくさん逃がせることになる。

ばね安全弁の軸心から出口側の排気管までの距離は、安全弁に無理な力が加わらないようになるべく**小さくする**必要がある。

安全弁の**取付管台**の**内径**は、**安全弁入口径と同径以上**とする。

安全箱又は排気管の底部にドレンがたまって腐食したり、固着しないよう、底部に出口を開放した**ドレン抜き**を設ける。

すなわち、
(1) 安全弁の吹出し圧力は、**ばねの調整ボルト**によって、ばねが弁座を**押し付ける力**を変えることによって調整する。
(2) ばね安全弁には、蒸気流量を制限する構造によって、**揚程式**と**全量式**がある。

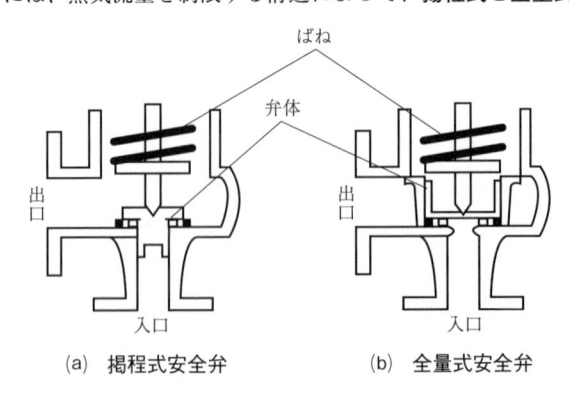

(a) 揚程式安全弁　　(b) 全量式安全弁

(3) 全量式安全弁は、のど部の面積で**吹出し面積**が決定される。
(4) 安全弁の排気管中心と安全弁軸心との距離は、安全弁に無理な力が加わらないように出来るだけ**短く**する。
(5) 安全弁の取付管台の内径は、安全弁入口径と**同径以上**とする。

問9

[解答(4) 伸縮継手は、温度の変化による配管の膨張・収縮を吸収するものである]

[解説]
(1) 長い配管には、温度の変化による伸縮を自由にするために適当な箇所に**伸縮継手**（エキスパンションジョイント）を設ける。
(2) 伸縮継手の種類には、**U字形**、**ベント（湾曲形）**、**ベローズ（蛇腹形）**、**すべり形**などがある（次図参照）。
(3) すべり形は、内管と外管からなっていて、伸縮が生じると内管が外管に対して**スライド**する。
(4) 配管内の圧力が変動した場合でも、温度が変動すると伸縮継手は**作動**する。
(5) 配管の長さが短いときには、使用する必要はない。

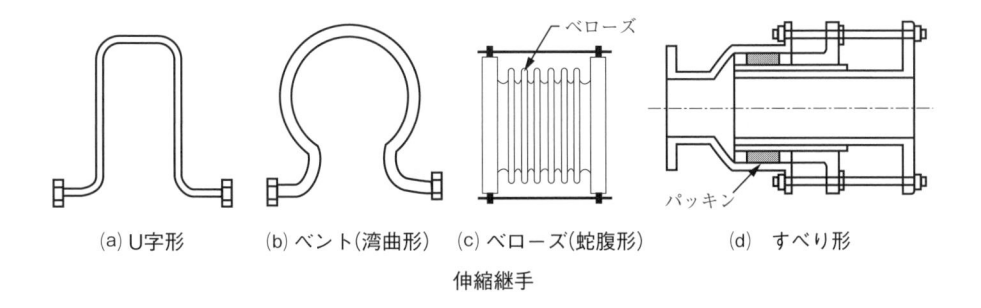

(a) U字形　　(b) ベント(湾曲形)　　(c) ベローズ(蛇腹形)　　(d) すべり形

伸縮継手

問10

[解答(5) 蒸気圧力の高い方が、給水機能は改善される]

[解説]
　インゼクタは、蒸気をノズルから高速噴出させてそのエネルギーを水に与えて給水する装置である。インゼクタの給水機能が悪化するのは、蒸気の**凝縮**によって水流を**加速**する力が弱くなることや蒸気温度が**過熱**過ぎてディフューザ出口部で完全に**凝縮**しきれないためで、次の場合である。
　(1)蒸気の溜まり過ぎ、(2)蒸気が著しく湿っている、(3)給水温度が高い、(4)蒸気が過熱しすぎている、(5)蒸気圧力が不足している。

ボイラーの構造に関する知識（問1～問10）〈解答・解説〉模擬問題No.4

模擬問題No.4

問1

[解答(5) 大気圧下ではその沸騰温度は100℃であるが、圧力の低い高山ではその飽和温度、すなわち沸騰温度は100℃より低くなる]

[解説]
　横軸の圧力に対して**飽和水**（乾き度$x=0$）と**乾き飽和蒸気**（$x=1$）の比体積（m^3/kg）を図に示す。飽和蒸気は圧力の増加に伴って圧縮されて**容積**は小さくなるので、比体積は減少していく。一方、飽和水は圧力の増加とともに飽和温度が上昇し、体積は膨張して少し増えていく。**臨界点**（**臨界圧力**22.1 MPa、**臨界温度**374.0℃）に達すると、比体積はともに0.003106 m^3/kgとなり、等しくなる。飽和水（乾き度$x=0$）を乾き飽和蒸気（$x=1$）まで加熱するに要する熱量（蒸発熱、潜熱）は、圧力の増加とともに減少していくが、大気圧下（飽和温度100℃）では水の質量1 kg当たり約**2,257 kJ**である。

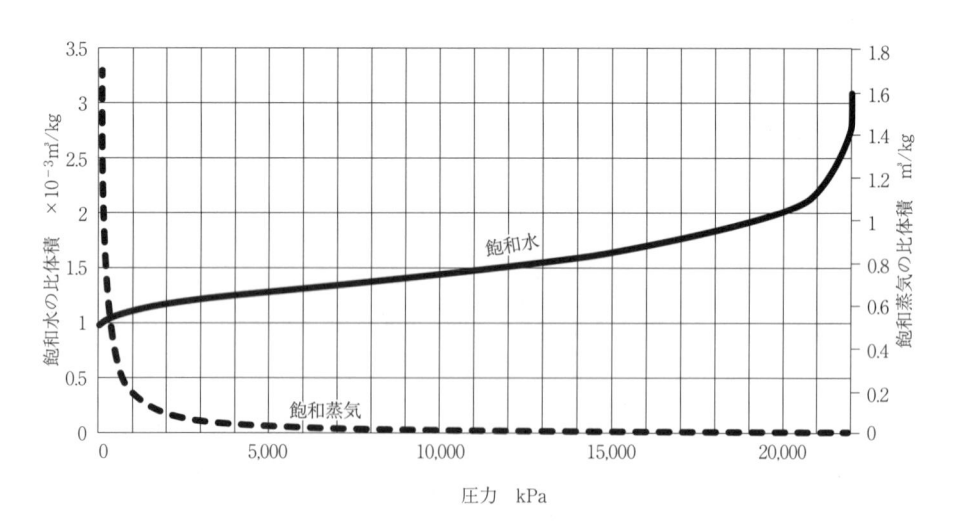

問2

[解答(4) 水管ボイラーは、高圧になるほど蒸気と水の密度（比体積の逆数）差が小さくなり、水循環が悪くなる。したがって、高圧になってくると、水を強制的にポンプで循環させる強制循環ボイラー、貫流ボイラーが使用されてくる]

[解説]
　ボイラーの水循環は、特に**自然循環式水管ボイラー**の場合に重要である。**気水ドラム**へ給水された水は、非加熱の**降水管**（下降管）を通って**水ドラム**に入る。次に、**蒸発管**（上

昇管）に入り、燃焼ガスによって加熱され、蒸発して**気水混合物**となって上部の気水ドラムに入る。この蒸発管（上昇管）と降水管（下降管）との**密度差**から水循環が生じる。すなわち、蒸発管（上昇管）内では蒸発が生じ、密度は水そのものより小さくなる。この水循環が良いと、管内速度の上昇から管内の熱伝達は良くなり、伝熱面温度は**水温**に近い温度に保持される。水循環が悪くなると、蒸発管（上昇管）内に気泡が停滞して、伝熱が悪くなり、蒸発管（上昇管）の**焼損**、膨出などの原因となる。丸ボイラーは、伝熱面の多くが水部中にあるので、**対流**が生じ、特別な水循環系路は必要とされない。

すなわち、
(1) 水循環が良いと熱が水に十分に伝わり、伝熱面温度は**水温**に近い温度に保たれる。
(2) 丸ボイラーは、伝熱面の多くが水部中に設けられ、水の対流が容易なので、特別な**水循環**の系路を**要しない**。
(3) 水管ボイラーは、水循環を良くするために、水と気泡の混合体が上昇する管と、水が下降する管を区別して設けているものが多い。
(4) 水管ボイラーは、高圧になるほど蒸気と水との**密度差**が**小さく**なり、水の循環力が**減少する**。
(5) 水循環が不良になると**気泡**が**停滞**したりして、伝熱面の**焼損**、**膨出**などの原因となる。

――（参考）――
水循環：降水管と蒸発管の全垂直高さを H 〔m〕、降水管と蒸発管中の流体の密度差を $\Delta\rho$ 〔kg/m^3〕、g を重力加速度〔m/s^2〕とすれば、上下ドラム間には、$\Delta P = \Delta\rho g H$ 〔Pa〕の圧力差が生じ、**循環駆動力**となる。これが管内の全圧損と釣り合った状態で、管内の水循環速度が決まる。

問3

[解答(2)　水管ボイラーは、大きな伝熱面積をとれるので、熱効率は高い]

[解説]
　水管ボイラーは、一般に比較的小径のドラム（胴）と多数の水管で構成され、水管内で蒸発を行わせる構造で、高圧、大容量に適している。水管は、内部に水が流れ、外部が燃焼ガスと接触しており、**水管ボイラー**（自然循環式、強制循環式、貫流式に分類される）に使用される。内部の水の流れ方向によって、**下降管**（降水管）と**上昇管**（蒸発管）に区別され、直管や曲管もある。
(1) **直管式**と**曲管式**とある。
(2) **大きな伝熱面積**が取れるので、**熱効率**が良い。
(3) 水処理に注意が必要。特に、高圧ボイラーでは厳密な**水管理**が必要である。
(4) 伝熱面積当たりの**保有水量**が少ないので、**起動時間**が短い。
(5) **高圧・大容量**に好適。
　さらに、
・**燃焼室**を自由な大きさにできるので、種々の**燃料**及び**燃焼方式**に適応できる。
・丸ボイラと比べると、**負荷変動**によって圧力や水位の変動が大きい。

問4

[解答(3)　波形をした波形炉筒の方が外圧に対する強度は大きい]

[解説]
炉筒はその形状によって**平形**と**波形**があり、波形炉筒には種々の形状をした波形板を使用して製作され、メーカーの名前を冠して図のように**モリソン形**、**フォックス形**、**ブラウン形**などがある。

名　　称	形　　状	寸　　法
モリソン形		$p \leqq 203$ $h \geqq 38$ $r \leqq 38$
フォックス形		$p \leqq 152$ $h \geqq 38$
ブラウン形		$p \leqq 230$ $h \geqq 41$

平形炉筒に比べて、表面が波形をした波形炉筒の長所、短所は次のようである。
長所：①熱膨張に対して**伸縮性**に富んでいる。②同径、同長の平形炉筒より、伝熱面積が大きい。③外圧に対する**強度**が大きい。
短所：①**工作費**が高い。②平形炉筒に比べ、内外面の**掃除**が困難。③表面に**スケール**が付着しやすい。

問5

[解答(4)　正解]

[解説]
暖房用鋳鉄製蒸気ボイラーでは、給水管をボイラーに直接接続せず、**返り管**に接続して、温度の高い還水と混合してボイラー本体に給水する。すなわち、給水管をボイラー本体に直接取り付けると、高温のボイラー本体に低温の給水が直接供給されることになり、鋳鉄製のボイラー本体が**急冷**され、**割れる**危険性がある。したがって、暖房用鋳鉄製蒸気ボイラーの返り管をボイラー本体に取り付ける連結法として**ハートフォード式連結法**が用いられる。返り管が空になっても、**安全低水面**（ボイラーの運転中、維持される最低の水面）

まで水が残るようにしている。

問6

[解答(2)　仕切弁は、蒸気が直線状に流れるので抵抗が小さい]

[解説]
　主蒸気弁（メーンストップバルブ）の種類と構造的な特徴は、次表に示す様である。

種　類	構造の特徴
玉形弁（グローブバルブ）	蒸気の入口と出口が一直線状にある。蒸気の流れが弁内で**S字状**になるため、抵抗が**大きい**。
アングル弁	ボイラー管台に取り付ける。蒸気の入口と出口が**直角**に曲がっている。
仕切弁（ゲートバルブ）	蒸気の入口と出口が一直線状にある。蒸気の流れが**直線状**なので、抵抗が**小さい**。

　各弁の弁箱（ボディ）には、低圧大口径のものには砲金と呼ばれる青銅材料が、高圧用には鋳鋼材料、高温蒸気用には特殊合金が用いられる。

問7

[解答(2)　S字状の玉形弁や直角状のアングル弁は、抵抗部分に不純物が溜まって故障の原因となるので、使用しない。仕切り弁又はY形弁を用いる]

[解説]
(1)　水はもともと、種々の**不純物**を含んでいて、ボイラー水が蒸発すればするほど、残存する不純物の濃度は増し、ボイラーを腐食させる原因になる。吹出し装置は、腐食を防ぐために不純物を直接排出して濃度を下げるための装置で、貫流ボイラーを除くボイラーに用いられる。胴又はドラムの底部に、吹出し管、吹出し弁又は吹出しコックを設ける。
(2)　**吹出し弁**は、不純物などによる故障を避けるために、流路抵抗の小さい**仕切弁**（スルースバルブ）またはY形弁を用い、胴又はドラムに設けられる。流路抵抗の大きい玉形弁とアングル弁は避けられる。
(3)　**小容量の低圧ボイラー**では、1個の**吹出しコック**のみ設置されることが多い。
(4)　大型及び高圧ボイラーでは、2個の弁を設け、ボイラーに近い方を**急開弁**、遠い方を**漸開弁**とし、開くときは急開弁を先に開き、逆に閉じる時は漸開弁を先に閉じ、後で急開弁を閉じる。
(5)　**連続吹出し装置**は、**大容量**のボイラーに多く用いられ、ボイラーを連続運転するとき、

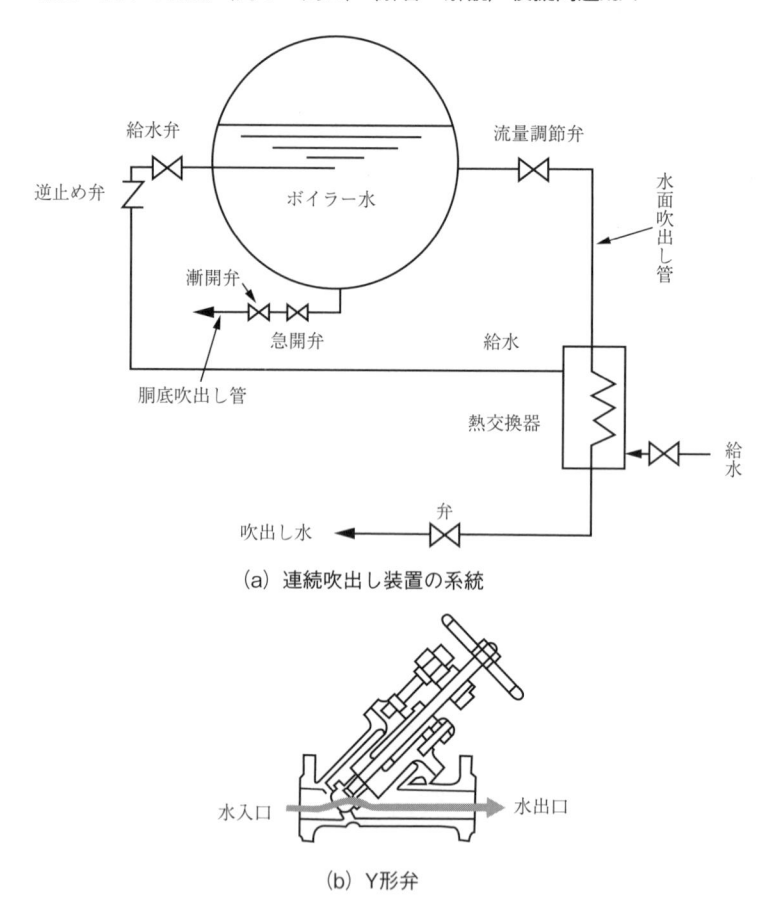

ボイラーの構造に関する知識（問1～問10）〈解答・解説〉模擬問題№.4

（a）連続吹出し装置の系統

（b）Y形弁

ボイラー水の濃度を一定に保つように**調節弁**によって吹出し量を加減し、少量ずつ連続的に吹出す装置である。

問8

［解答(2)　蒸気温度の操作量は、過熱低減器の注水量または伝熱量である］

［解説］
　ボイラー設備では温度、圧力、水位などを自動的に調節していく。ボイラーの制御すべき対象において一定範囲内の値に抑えるべき量を**制御量**、そのために操作する量を**操作量**と呼ぶ。例えば、制御量であるボイラーの蒸気圧力を一定範囲内に抑えるために、操作量として**燃料量**及び**燃焼空気量**を操作する。蒸気温度の制御では、過熱低減器の注水量又は伝熱量を操作量とするのが一般的である。水位制御は、負荷の変動に応じて給水量を調節することであるが、制御方式には次の三つ（単要素式、二要素式、三要素式）がある。①

64

水位を検出して、**給水量**を調節する（**単要素式**）、②水位、**蒸気流量**を検出し、変化にあわせて給水量を調節する（**2要素式**）、③水位、蒸気流量、**給水流量**を検出して、変化にあわせて給水量を調節する（**3要素式**）がある。負荷変動に対する制御能力は、検出する要素が多い程（3要素式＞2要素式＞単要素式）高い。**炉内圧力**は、**送風量**又は**排出ガス量**を操作量とする。

空燃比を最適に保つための**燃焼制御**では、**蒸気圧力**調節器や**温度**調節器などの出力信号により**燃料量**を調節し、それに伴って**燃焼用空気量**を加減して**空燃比**を最適に保持する。

制御量と操作量

制御量	操作量
ドラム水位	給水量
蒸気圧力	燃料量および空気量
蒸気温度	過熱低減器の注水量または伝熱量
温水温度	燃料量および空気量
炉内圧力	排出ガス量
空燃比	燃料量および空気量

問9

［解答(1)　羽根車の外周に案内羽根を有するのはディフューザポンプである］

［解説］
(1), (2)　ボイラーに給水するポンプは、主に**遠心ポンプ**が使用され、主なポンプとして①渦巻ポンプ、②ディフューザポンプ、③渦流ポンプなどに分かれる。①渦巻きポンプは、羽根車の外周に案内羽根のないポンプで、羽根がない分吸水能力が小さいので、**低圧ボイラー**や**温水ボイラー**に使用される。②ディフューザポンプ（タービンポンプ）は、羽根車の外周に案内羽根があるもので、羽根車で与えられた水の速度エネルギーを効率良く圧力エネルギーに変えることができ、**高圧のボイラー**に使用される。③渦流ポンプは、円周流ポンプともいわれ、**小さい駆動力**で**高い揚程**が得られるので、**小容量**の蒸気ボイラーなどに用いられる。
(3)　給水装置の給水管には、蒸気ボイラーに近接した位置に、**給水弁**及び**給水逆止め弁**を

給水ポンプの分類		特　徴
遠心ポンプ	渦巻ポンプ	案内羽根なし
	ディフューザポンプ	羽根車の外周に案内羽根をもつ
	渦流ポンプ	円周流ポンプとも呼ばれる

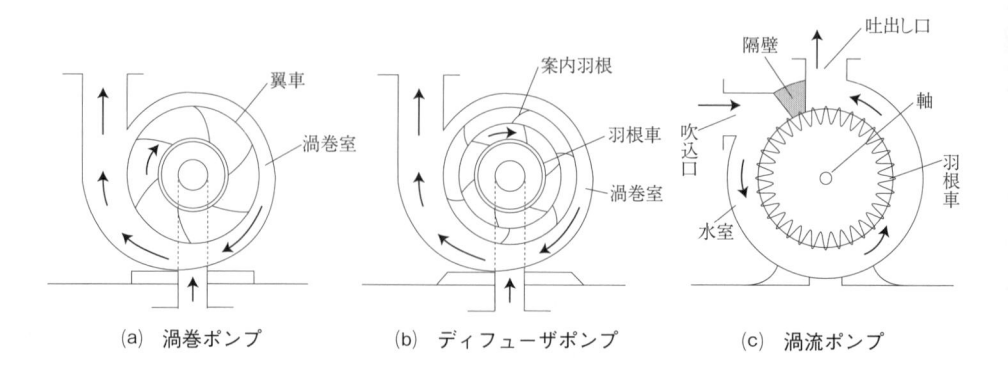

(a) 渦巻ポンプ　　(b) ディフューザポンプ　　(c) 渦流ポンプ

取り付けねばならない。ただし、**貫流ボイラー**及び最高使用圧力**0.1 MPa未満**の蒸気ボイラーにあっては、給水弁のみとすることができる（「ボイラー構造規格」）。
(4)　給水弁は、ボイラーへの給水を増減又は停止するためのもので、構造的には**アングル弁**又は**玉形弁**を、給水逆止め弁はボイラーからポンプへの逆流を防止するため、構造的には**スイング式**又は**リフト式**が用いられる。
(5)　給水弁をボイラーに**近い側**に取り付けるのは、給水逆止め弁が故障したとき、給水弁の閉止により、ボイラーの**蒸気圧力**を**下げる**ことなく**修理**できるようにするためである。

問10

［解答⑴　硫化カドミウムセルは、硫化カドミウム（化合物半導体）の光によって抵抗値を変化させる性質（光放電現象）を利用した光センサである］

［解説］
　火炎検出器は、バーナの火炎の**有無**や**強弱**を検出して、**電気信号**に変換するもので、点火の失敗や異常燃焼を検出する。運転中に火炎が消失したら、燃焼安全装置はバーナへの燃料の供給を遮断し、ボイラーの運転を停止する。多くの種類があり、油やガスなど**燃料の種類**によって使い分けられている。

火炎検出器の種類

火炎検出器	対象燃料	火炎の検出方法
硫化カドミウムセル	油	硫化カドミウムの**光**によって抵抗値を変化させる現象（光導電現象）を利用した光センサ
硫化鉛セル	すべて	硫化鉛（PbS）の抵抗が火炎のちらつき（フリッカ）によって変化する**電気的特性**を利用
紫外線光電管	すべて	火炎の放射光の紫外線を感知
フレームロッド	ガス	火炎の**導電作用**を利用して火炎の有無を判断
整流式光電管	油	受光面に光が照射されたとき**光電子**を放出する光電子放出現象を利用

模擬問題No.5

問1

[解答(5) 蒸気表中の示す圧力は、絶対圧力表示である]

[解説]
(1), (2) 圧力の表示には、**ゲージ圧力**と**絶対圧力**がある。
　　ゲージ圧力計は大気圧を基準（0）として大気圧以上を測る圧力計と大気圧から真空側を測る**真空計**、それらの両方の正負を測れる**連成計**の三つがある。各圧力の関係は図のように絶対圧力とゲージ圧力（の値）の違いを明確にしておく必要がある。

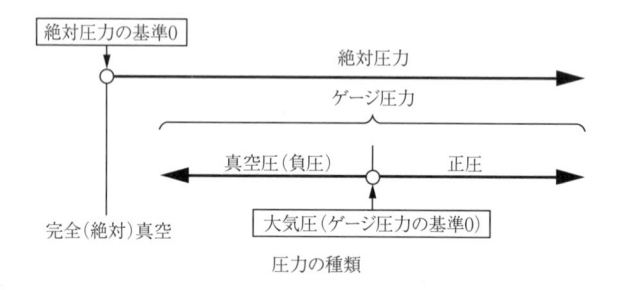

圧力の種類

　　したがって、**絶対圧力＝ゲージ圧力＋大気圧**の関係がある。ブルドン管などの圧力計の表示は**ゲージ圧力**であり、熱力学など蒸気表で用いられている圧力は**絶対圧力**表示である。

(3) 圧力は単位面積に作用する**力**である。密度 ρ の液の高さ h、重力加速度 g に対して圧力 P は、次の様に表される。

$$圧力 P = \frac{mg}{A} = \frac{(Ah\rho)\,g}{A} = h\rho g$$

　　すなわち、**水中10 m高さ**が底面に及ぼす圧力 $P = h\rho g = 10\text{ m} \times 1{,}000\text{ kg/m}^3 \times 9.807\text{ m/s}^2 = 98{,}070\text{ Pa} = 98.07\text{ kPa} = 0.09807\text{ MPa} ≒ \mathbf{0.1\text{ MPa}}$ である。

(4) 水銀柱760 mmの底面に及ぼす圧力 $P = h\rho g = 0.76\text{ m} \times 13.595 \times 10^3\text{ kg/m}^3 \times 9.807\text{ m/s}^2 = 0.1013 \times 10^6\text{ Pa} = 0.1013\text{ MPa} = \mathbf{1{,}013\text{ hPa} = 1\text{ atm}}$

　　ここで、1 hPa＝100 Pa、13.595×10^3 kg/m³は水銀の密度である。

問2

[解答(3) 絶対温度 T [K] とセルシウス温度 t [℃] との関係は、$T=t+273.15$ である]

[解説]
　　セルシウス（摂氏）温度 [℃] は、標準大気圧（1 atm）のもとで、水の氷点（凍る温

度）を0℃、沸点（沸騰する温度）を100℃と定め、この間を100等分したものを1℃としたものである。

　絶対温度 T [K] の基準は、物質構成の分子運動が止まる最低極限の温度 −273.15℃で、気体圧力も0になる。したがって、セルシウス温度 t [℃] との関係は、T [K] = t [℃] + 273.15である。

　一方、アメリカやイギリスで日常的に用いられている**ファーレンハイト（華氏）温度** [℉] は、真水の凝固点を32℉、沸騰点を212℉とし、その間を180等分して1℉とした。摂氏 t_C [℃] と華氏 t_F [℉] の関係は、$t_C = \frac{5}{9} \times (t_F - 32)$

問3

［解答(2)　微粉炭の燃焼装置は、火格子でなくバーナである］

［解説］
(1) 燃焼室とは、燃料を燃焼し火気を発生する場所で、**火炉**ともいわれる。
(2) 燃料を燃焼する燃焼装置には、燃料の種類によって**バーナ**や**火格子**が用いられる。

種類	燃料の種類
バーナ	液体燃料、気体燃料、**微粉炭**など
火格子	一般固体燃料など

(3) 燃焼室は、供給された燃料を速やかに着火、燃焼させ、発生する可燃ガスと空気との混合接触を良好にして完全燃焼を行わせる部分である。
(4) 押込みファンで強制的に燃焼用空気を供給する**加圧燃焼方式**は、気密構造で、室内の圧力は大気圧より**高い**。
(5) 燃焼室に直面する伝熱面は、火炎などから強い放射熱を受けるので、**放射伝熱面**といわれる。

問4

［解答(5)　降水管は、ボイラー内の水管系の水循環のためで、給水中の不純物を下部ドラムに集めるためのものではない］

［解説］
　降水管は燃焼ガスに直接**触れない**部分か温度の低い部分に取り付けられ、蒸気ドラムで凝縮された水が、降水管内を上部から下方へ流れる。火炎に直接触れる水管（蒸発管）内の水温は上昇、蒸発し、その気水混合物の密度が降水管内の温度の低い水より小さくなり、両者の**密度差**によって流れの**循環駆動**が生じる。すなわち、ボイラー内の水循環のためで、

69

給水中の不純物を下部ドラムに集めるためのものではない。

問5

[解答(2)　超臨界圧ボイラーは、すべて貫流式、すなわち貫流ボイラーとなる]

[解説]

貫流ボイラーは、水管ボイラーに属するが、ドラムがなく、水管系のみで構成され、管の一端から水が入り、予熱部（エコノマイザー）、蒸発部、過熱部を順次貫流して他端から蒸気が流出する構造である。長所は、①管系だけでドラムがないので、**高圧ボイラー**に適している。②伝熱面積当たりの保有水量が著しく少ないので、**起動時間**が短い。③自由に管配置ができるので、全体を**コンパクト**な構造にできる。④伝熱面積に対して保有水量が小さいので、高圧でも水管が破裂したときの**被害は少ない**。一方、短所としては、①負荷の変動によって圧力変動が生じやすいので、給水系及び燃焼量の**自動制御装置**を必要とする、②細い水管内で給水の全部又は殆どが蒸発するので、特に不純物の少ない**給水**に注意が必要となる。

貫流ボイラーは、近年、給水処理の発達と自動制御装置の進歩によって高圧用から低圧用（図参照）まで製造されている。また、圧力が水の超臨界圧力を超えるボイラー（**超臨界圧ボイラー**）は、沸騰現象がなく、水の状態から直接蒸気が連続的に発生するので、水管のみから構成される**貫流**形式となる。

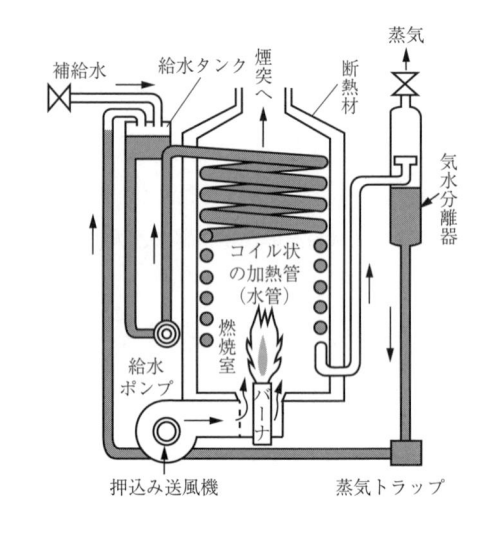

(a) 小容量単管式貫流ボイラー

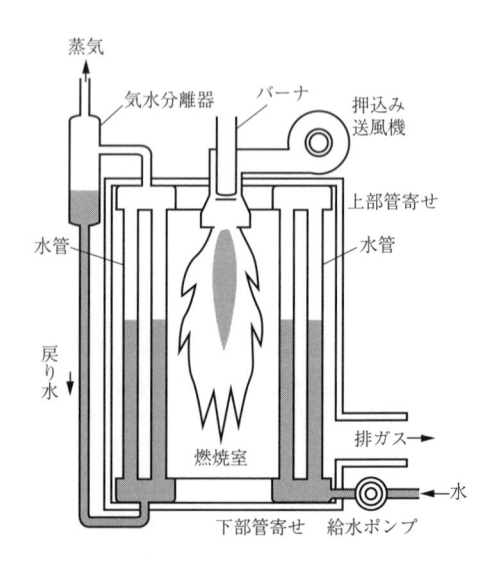

(b) 小容量多管式貫流ボイラー

問6

[解答(3)　正解]

[解説]
　胴又はドラムの両端を覆っている部分を**鏡板**といい、煙管ボイラーなどではこの鏡板に穴をあけて**煙管**及び**管ステー**を取り付けるので、管を取り付ける鏡板のことを**管板**という。鏡板の形状によって、**全半球形鏡板**、**半だ円体形鏡板**、皿形鏡板、平鏡板に分類できる。

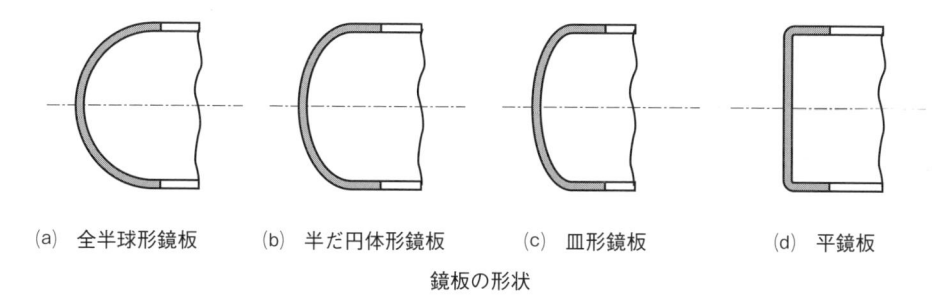

(a) 全半球形鏡板　　(b) 半だ円体形鏡板　　(c) 皿形鏡板　　(d) 平鏡板

鏡板の形状

同一の材料、同一寸法の場合、強度の大きさの順序は、次のようになる。
　　全半球形鏡板　＞　**半だ円体形鏡板**　＞　皿形鏡板　＞　平鏡板

問7

[解答(5)　正解]

[解説]
　管ステーは、煙管ボイラーや炉筒煙管ボイラーなど、**煙管**を用いるボイラーに用いられ、鋼管によって管板を支えるものである。煙管群の中に配置し、前後の看板をつなげて補強するとともに、自体も煙管の役割をする。したがって、煙管と同様に伝熱面として扱われるが、管板を支える強度部材となるため、煙管より肉厚の管が用いられる。
　火炎に触れる部分に管ステーを取り付けるには、端の部分を折り曲げる**縁曲げ**をして**焼損**を防止する。

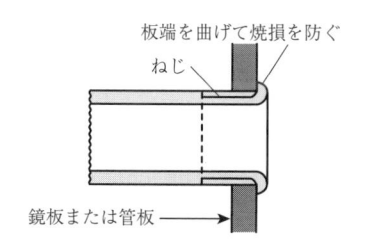

板端を曲げて焼損を防ぐ
ねじ
鏡板または管板

ボイラーの構造に関する知識（問1～問10）〈解答・解説〉模擬問題No.5

問8

[解答(1)　全量式は、弁座の通路面積より小さい弁座下方ののど部の面積で決められる。弁座通路面積で決められるのは、揚程式である]

[解説]
　安全弁は、主として蒸気、気体に使用し、入口側（一次側）の流体圧力が上昇して、設定した圧力になったとき、瞬時に弁が開き流体を逃して、破裂を未然に防ぎ安全を確保する弁である。
　最も用いられているばね安全弁は、弁棒がばねの力で押し下げられ、弁体が弁座に密着する方式で、ばねの押し付ける力をばねの**調整ボルト**で変えて**吹出し圧力**を調整する。この弁座から弁が上がる距離を**揚程（リフト）**という。構造によって**揚程式**と**全量式**がある（次図参照）。二つの違いは、**吹出し面積**で、揚程式はリフトが小さいために**弁座口**の**蒸気通路の面積**が**最小**となって決まる。全量式はリフトが大きいために弁座の通路面積がのど部面積より大きくて吹出し面積は弁座下方（上流）の**のど部の面積**で決められる。さらに、安全箱又は排気管の底部にドレンがたまって腐食したり、固着したりするので、底部に出口を開放した（弁を有しない）**ドレン抜き**を設ける。

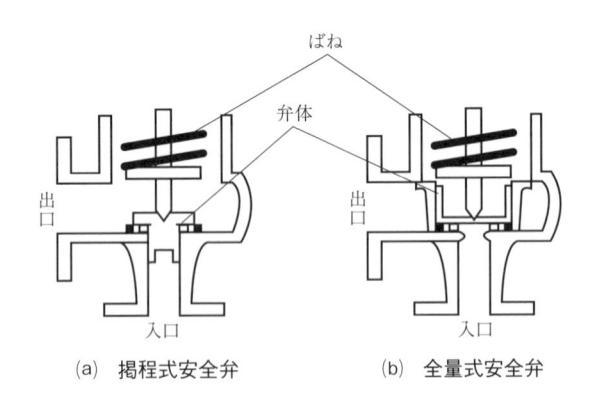

(a)　揚程式安全弁　　　　(b)　全量式安全弁

問9

[解答(4)　燃焼温度の増加によって、窒素酸化物（NO$_x$）の発生が増える]

[解説]
　空気予熱器（エアーヒーター）とは、送風機からの燃焼用空気をボイラーから排出された煙道ガスの余熱（**ガス式**空気予熱器）或いは蒸気を熱源として空気を暖めて（**蒸気式**空気予熱器）、ボイラーの燃焼室に給気するものである。空気予熱器を使用して給気温度を上げることによって、利点は、①ボイラー効率が**上昇**する、②**良好**な燃焼状態、③燃焼室内温度が上昇し、炉内伝熱管の**吸収熱量**が多くなる、④水分の多い低品位燃料の燃焼に有

効、がある。一方、不利な点は、①燃焼温度の増加によって、**窒素酸化物（NO$_X$）** の発生が増す、②**通風**の**抵抗損失**が増す、などである。

なお、ガス式空気予熱器では煙道ガス中の硫黄分が低温になると凝縮して硫黄酸化物によって予熱器のエレメントが**低温腐食**するので、温度に注意が必要であるが、蒸気式熱源ではその心配はない。

問10

［解答(3)　逃がし管の途中に弁やコックを設けてはならない］

［解説］

　温水ボイラーは、加熱とともに水の体積が膨張して、ボイラー本体が**破裂**する危険性がある。このボイラー水の膨張部分を逃がす**安全装置**として**逃がし管**又は**逃がし弁**がある。逃がし管は、ボイラー本体の上部に設けた**開放膨張タンク**に直結されおり、途中に**弁類**を付けてはいけない。

　また、内部の水が凍結しないように**保温**その他の措置を講じなければならない。**逃がし弁**は、蒸気ボイラーの安全弁に相当するもので、逃がし管を設けない場合、又は**密閉膨張タンク**を用いた場合に用いられる。構造的にばね安全弁とほぼ同じで、水の膨張による圧力上昇で弁体が上がり、水を逃がす。なお、**水高計**は、温水ボイラーの圧力、すなわち**水頭圧**を測る計器で、温水ボイラー前面の中央部分最上部に取り付けられる。この表示は、水高計から膨張タンク水面までの高さが約10 mのとき0.1 MPaを示す。

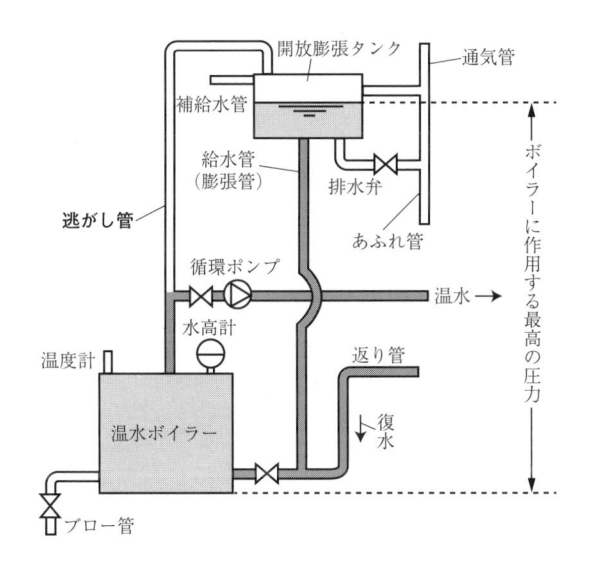

ボイラーの構造に関する知識（問１～問10）〈解答・解説〉模擬問題№6

模擬問題№6

問1

[解答(2)　同じ熱量を加えたとき、比熱の小さい物体の方が温度の上昇は大きい]

[解説]
(1) 物質を加熱・冷却すると、その熱量はその物質の質量及び温度変化に比例する。例えば、質量m kgの物質の温度をt_1℃（T_1K）からt_2℃（T_2K）まで変化させるのに必要な熱量Q [J]は、
$$Q = c \cdot m \cdot (T_2 - T_1) = c \cdot m \cdot (t_2 - t_1)$$
ここで、mは物質の質量、cは1 kgの物質の温度を1℃高めるに必要な熱量で**比熱**と呼ばれる。水の比熱c = 4.187 kJ/（kg・K）である。

(2) 同じ熱量Qを加えたとき、温度変化$\Delta t = (t_2 - t_1) = \dfrac{Q}{(c \cdot m)}$から、比熱$c$の**小さい**方が温度変化$\Delta t$は大きくなる。

(3) **飽和圧力・飽和温度**とは、ある圧力のもとで水を加熱していくと、温度は上昇していき、ある温度に達すると温度上昇が止まり、沸騰が始まる。この圧力と温度のことである。その関係は下図の太実線のようで、圧力の上昇とともに飽和温度は上昇し、大気圧下でほぼ100℃である。

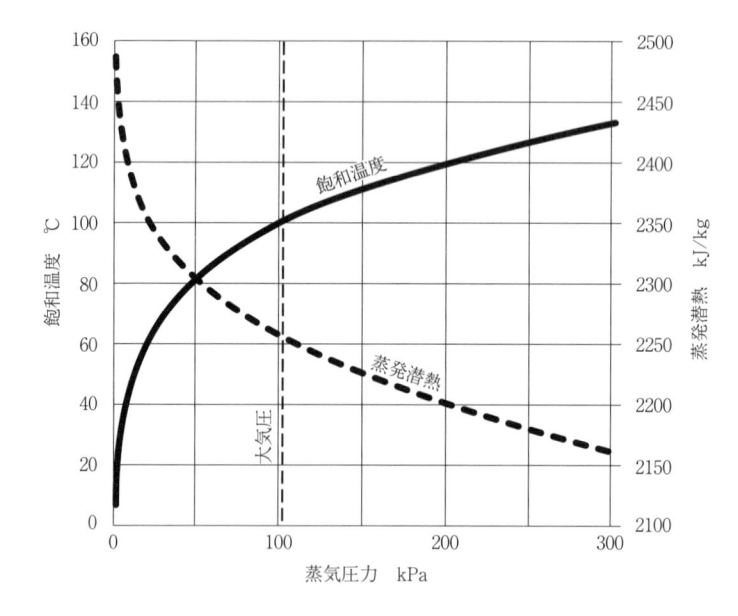

(4) 同じ圧力のもとで沸騰している間は、水の温度はその圧力の飽和温度の値で一定であ

る。
(5) 図の圧力—蒸発潜熱の関係のように、圧力上昇とともに蒸発潜熱は減少していき、ある圧力に達すると、0になる。この圧力を臨界圧力と呼び、約22.1 MPaである。

問2

[解答(2)　燃焼室内の伝熱面は、ふく射（放射）伝熱面といわれる。対流伝熱面でない]

[解説]
(1) ボイラーの**容量（能力）**は、**最大連続負荷**の状態で**1時間**に発生する**蒸発量**［kg/h、t/h］で示される。
(2) ボイラー本体で燃焼により発生した熱を水や蒸気に伝える部分を**伝熱面**というが、燃焼室に直面している伝熱面は、火炎などから強いふく射熱を受けるので、**ふく射（放射）伝熱面**と呼ばれる。
(3) ボイラーの燃焼室を出たガス通路の伝熱面は高温ガスとの接触により熱を受けるので、**接触伝熱面又は対流伝熱面**と呼ばれる。
(4) ボイラー容量を示す蒸発量は、蒸気の圧力、温度及び給水の温度によって異なるので、**換算蒸発量**でボイラー容量を示す場合がある。これは給水から発生蒸気に要した熱量を基準状態の熱量（大気圧下100℃の蒸発潜熱2257 kJ/kg）で除したものである。
(5) ボイラーは、燃料を使って作業流体を加熱するものであるから、その熱効率は（作業流体の吸収熱量）÷（供給燃料の発熱量）として定義される。ボイラー効率 η は、

$$\eta = \frac{G(h_2 - h_1)}{B \cdot H_L}$$

ここで、G：蒸発量　kg/h、B：燃料消費量　kg/h又はm_N^3/h、H_L：燃料の低位発熱量　kJ/kg又はkJ/m_N^3

（参考）：［換算蒸発量］

換算蒸発量G_eは、Gを実際蒸発量［kg/h］、i_1、i_2を各々給水及び発生蒸気の比エンタルピ［kJ/kg］として、次式で表される。

$$G_e = \frac{G(i_2 - i_1)}{2257} \text{ kg/h} \tag{1}$$

ここで分母の数値2257は大気圧下100℃の水の蒸発潜熱［kJ/kg］である。

（例題）蒸気圧が0.9 MPa、給水温度40℃で2 t/hの乾き飽和蒸気を発生するボイラーの換算蒸発量はいくらか。ただし、絶対圧力1.0 MPaの飽和水の比エンタルピは762.7 kJ/kg、蒸発熱は2014.4 kJ/kg、給水の比エンタルピは126.7 kJ/kgとする。
（解）換算蒸発量G_eは式(1)から、

$$G_e = \frac{2000 \times (2014.4 + 762.7 - 126.7)}{2257} = 2348.6 \text{ kg/h}$$

ボイラーの構造に関する知識（問1〜問10）〈解答・解説〉模擬問題No.6

問3

[解答(4)　超臨界圧力用ボイラーに用いられるのは、すべて貫流式ボイラーである。放射形ボイラーは、高圧・高温の大容量蒸気発生用ボイラーに用いられる]

[解説]

(1),(2)　水管ボイラーは、一般に比較的**小径**の**ドラム**と多数の**水管**で構成され、水管の中で沸騰が始まる。ボイラー水の流動方式によって**自然循環式**、**強制循環式**、**貫流式**の三つに分類される。

自然循環ボイラーでは、外部からの燃焼ガスによって水が加熱され、蒸発し、**非加熱**の**降水管**（火炉内には設けない）内の水との**密度差**によって**自然循環**が生じ、汽水ドラム→降水管→水ドラム→蒸発管→汽水ドラムと水循環する。**強制循環ボイラー**は、**高圧**になってくると蒸気と水との密度差が小さくなって自然循環力が不足してくるので、ボイラー水の循環系路中に**循環ポンプ**を用いて強制的に**水循環**させるものである。**貫流ボイラー**は、亜臨界や超臨界圧になり、自然循環力が利用できなくなり、ドラムがなく、水管系だけから構成される。ボイラーへの供給水はすべて管出口で蒸気になるので、水中に**不純物**が存在すると、管壁に残留し、管を**閉塞**させる危険があるので、他より**給水管理**をきびしくする必要がある。自然循環ボイラーの**伝熱形態**は、火炉（燃焼室）では**ふく射（放射）**伝熱と火炉（燃焼室）出口以降の**接触伝熱**による。

水管ボイラーの特徴は、次のようである。

|長所|：①構造上、低圧小容量から**高圧**、**大容量**にも適している。②伝熱面積を大きくすることができ、**熱効率**を上げることができる。③伝熱面積当たりの保有水量が少ないので、**起動時間**が**短い**。④燃焼室を自由に構築でき、燃料の種類、燃料方式に適応性が高い。

|短所|：①保有水量が少ないので、負荷変動により**圧力**や**水位**が**変動**しやすく、きめ細かな燃焼や給水の**制御**が必要である。②水管内部の点検・清掃が困難なので、厳密な**水質管理**が必要である。

(3)**曲管式水管ボイラー**は、強度を保つ方法として水管をドラムに取り付ける場合にすべての水管をドラム面に対して**直角**にして、蒸気ドラムと水ドラムとを連結するので、必然的に曲管となる。すなわち、熱による伸縮に順応性があり、コンパクトにできるので、現在製造されている水管ボイラーでは、**立て**水管ボイラーを除いてほとんどが曲管式水管ボイラーである。

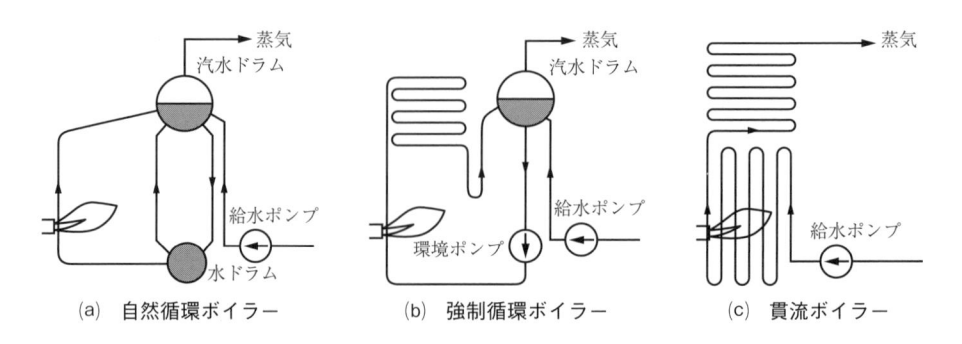

(a) 自然循環ボイラー　　(b) 強制循環ボイラー　　(c) 貫流ボイラー

(4) **放射形ボイラー**とは、高温、高圧、大容量化から放射伝熱面が主となり、接触伝熱面が少ないものになり、このような水管ボイラーを特に放射形ボイラーという。ボイラー本体の蒸発伝熱面がすべて水冷炉壁で構成される**水管ボイラー**で、接触伝熱面が少なく、ふく射（放射）伝熱のみで蒸発を行わせ、**大規模火力発電用**など大容量高温高圧蒸気発生用ボイラーに用いられる。

(5) 超臨界圧力ボイラーでは沸騰現象がなく、水の状態から直接蒸気が発生し、**貫流ボイラー**が用いられる。圧力が非常に高いため、管系のみの構造となり、水循環の必要ないことからも貫流ボイラーが適切である。

問4

［解答⑵　鋳鉄製ボイラーは、高圧、大容量には適していない］

［解説］
　鋳鉄製ボイラーは、主に暖房用の蒸気ボイラーと温水ボイラーに使用される。ボイラーは**鋳鉄製**のセクションを前後に並べて組み合わせた構造になっている。構成は下方に**燃焼室**、上方が**煙道**で、各セクションの上部に**蒸気部連絡口**または**温水取出し口**が、下部には**水部連絡口**が左右に設置され、この穴部分で勾配のついた**ニップル**をはめて結合、ボルトで締め付け組みたてられる。このセクションの増減によって能力を変える事ができる。一般にセクション数は**20程度**まで、伝熱面積は**50 m²**程度まで構成できる。主に暖房用の低圧蒸気発生用（**0.1 MPa以下**）あるいは温水ボイラー（**0.5 MPa以下かつ温水温度120℃まで**）として使用される。鋳鉄製ボイラーには、れんがを用いて燃焼室の上部にセクションを組み合わせた**ドライボトム形**が一般的であったが、最近ではボイラー効率を上げるために、ボイラー底部に水を循環させる**ウエットボトム形**が多くなっている。

　鋳鉄製ボイラーの特徴は、①組立て、解体、搬入が容易なため、地下室などへの搬出入に適している。②鋳鉄製なので、鋼製に比べて**腐食に強いが、強度が低い**。③**高圧や大容量には適さない**。④構造が**複雑**なため、**内部掃除及び検査が困難**である。

　鋳鉄製ボイラーは、ボイラー効率を上げるために一般に**加圧燃焼方式**が用いられる。

　暖房用の鋳鉄製ボイラーでは、復水を循環使用するために、**返り管**を設置していて、返り管が空になっても、安全低水面までボイラー水が残るように**ハートフォード式連結法**（図参照）が用いられる。

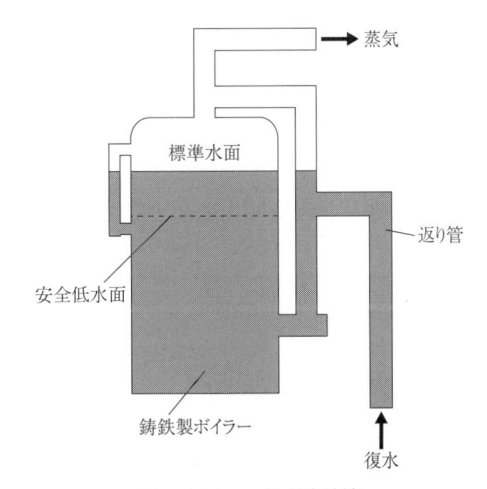

ハートフォード式連結法

ボイラーの構造に関する知識（問1〜問10）〈解答・解説〉模擬問題No.6

問5

[解答(1)　炉筒煙管ボイラーは、内だき式ボイラーで、戻りの燃焼方式が採用されている]

[解説]
　炉筒煙管ボイラーは、**内だき式**で、炉筒と煙管群を組み合わせ、炉筒と煙管の両方で熱を吸収する。したがって、煙管だけが組みこまれている煙管ボイラーに比べて効率が良く、**85〜90％**に及ぶ。その特徴は次のようである。①すべての組み立てを製造工場で行って、完成状態で運搬できる**パッケージ形式**のものが多い。②自動発停及び自動制御装置を設けて自動化されたものが多い。③**加圧燃焼方式**（燃焼室熱負荷を高くし、燃焼効率をあげる）や**戻り燃焼方式**（燃焼室の一端を閉じ、燃焼室内の火炎が終端で反転して煙管内を通過する）にして、燃焼効率を高めている、3パス方式の戻り燃焼方式では、次図のように後部煙室→前部煙室→後部煙室と往復し、煙突に排出される）、さらに煙管に伝熱効果の大きい特殊管（**スパイラル管**、管に渦巻状（スパイラル状）の凹凸をつけて伝熱面積を増す）を採用する場合がある。④水管ボイラーに比べて、伝熱面積当たりの保有水量が多いので、起動から所要蒸気発生までの**時間**が**長い**。⑤複雑な構造で内部が狭いので、**掃除**や**点検**が**困難**である。⑥**内部清掃**が**困難**なので、**良質**の**給水**が必要である。

問6

[解答(2)　胴板の長手継手の強さは、周継手に求められる強さの2倍必要である]

[解説]
　胴板には内部の圧力によって、周方向と軸方向の二つの**引張応力**が働く。長手方向（軸方向）の応力σ_zと周方向の応力σ_θの大きさは、次図からそれぞれ次のように表される。

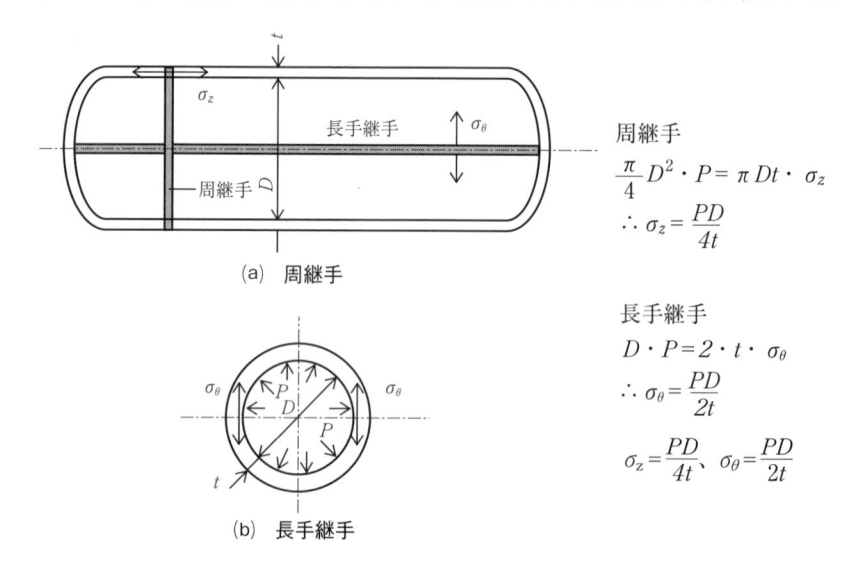

周継手
$$\frac{\pi}{4}D^2 \cdot P = \pi Dt \cdot \sigma_z$$
$$\therefore \sigma_z = \frac{PD}{4t}$$

(a) 周継手

長手継手
$$D \cdot P = 2 \cdot t \cdot \sigma_\theta$$
$$\therefore \sigma_\theta = \frac{PD}{2t}$$

$$\sigma_z = \frac{PD}{4t}, \quad \sigma_\theta = \frac{PD}{2t}$$

(b) 長手継手

ここで、P：胴内部の蒸気圧力、D：胴内径、t：胴板の厚さ　である。

同じ胴において、周方向の応力σ_θは、軸方向の応力σ_zの2倍となる。すなわち、容器に圧力がかかると、胴の長手（軸）継手の強さは、周継手の2倍必要となる。したがって、ガス配管の爆発では必ず長手（軸）方向に穴が開く（次図(a)参照）。マンホールをだ円形にする場合には図のように**周方向**に**長径**をとる。ただし、マンホールを設置すると、強度の低下が生じるので、管台や折込みフランジ（つば）を付けて補強する。

(1) ボイラーの胴板は、内部の圧力によって押し広げられる力を受け、長手方向（軸方向）、周方向に引っ張り応力が生じる。
(2) 上記の説明より、周方向は長手方向の2倍の力に**耐えられるので**、周継手の強さは、長手継手の$\frac{1}{2}$あれば良い。

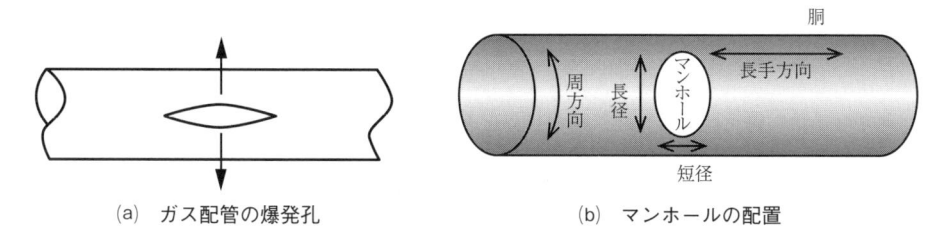

(a)　ガス配管の爆発孔
(b)　マンホールの配置

(3) 炉筒は燃焼ガスによって加熱されると、長手方向に**熱膨張**しようとするが、**鏡板**で拘束されているので、炉筒板の内部に**圧縮応力**を生じる。鏡板に設けた**ブリージングスペース（息つき間）**や炉筒に設けた**伸縮継手**や**波形炉筒**は、圧縮応力を緩和するための対策である。

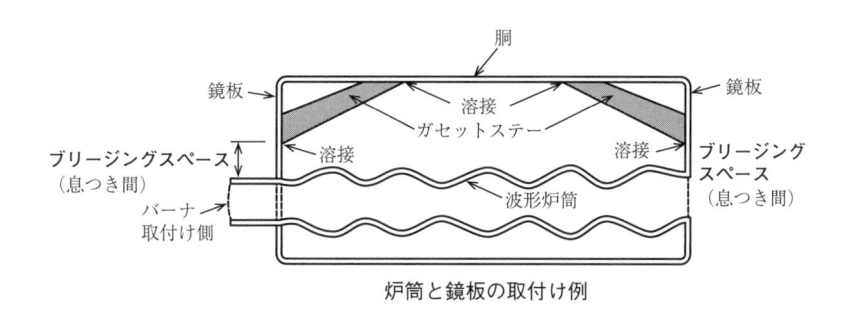

炉筒と鏡板の取付け例

問7

[解答(2)　**超臨界圧力用ボイラーとして採用される構造のボイラーは、貫流ボイラーである**]

[解説]
貫流ボイラーは、元来大容量ボイラーとして開発されたが、小容量のボイラーにも応用

できるので、**低圧（1MPa程度）小容量**としても多く製造されている。圧力が水の臨界圧力約22.1MPaを超えるボイラー（超臨界圧力用ボイラー）はすべて**貫流式**になる。

問8

[解答(4)　容積式流量計の流量は、歯車の回転数に比例する]

[解説]
(1)　水面計は、容器内の液面の位置を外部から測るもので、①**丸形ガラス水面計**、②**平形反射式**水面計、③**二色**水面計などがある。このうち、二色水面計は、水面計のガラスに**赤と緑**の2光線を通し、**屈折率**の違いによって、**蒸気は赤く、水は緑**に見えるようにしている。貫通ボイラーを除く蒸気ボイラーには、原則として2個以上の水面計を見やすい位置に取り付けなければならない。
(2)　圧力計を直接取り付けると、蒸気がブルドン管に入って熱せられて誤差を生じるので、通常**サイホン管**を圧力計の前に取り付け、水を入れてブルドン管に蒸気が直接入らないようにする。
(3)　差圧式流量計は、ベンチュリ管やオリフィスなどの絞りを挿入して生じる入口と出口の圧力差が流量の**二乗**に比例することを利用したものである。
(4)　容積式流量計は、だ円形のケーシングの中に**だ円形歯車**（回転子）を2個組み合わせて配置し、流体の流れによって回転させる。その流量は、歯車の**回転数**に**比例**する。
(5)　通風計は、通風力（ドラフト）を計測するもので、主に**U字管式通風計**が使われ、計測場所の空気又はガスの圧力を大気の圧力と比較して、差を**水柱**で測る。

問9

[解答(5)　給水逆止め弁には、リフト式、スイング式がある。ばね式、てこ式、おもり式は安全弁の種類である]

[解説]
(1)　ボイラー又はエコノマイザの**給水管入口**には、**給水弁**と**給水逆止め弁**を設ける。
(2)　給水弁は、**給水停止用**として、**アングル弁又は玉形弁**が用いられる。給水逆止め弁は、**逆流防止用**で、**リフト式、スイング式**が用いられる。
(3)　給水弁と給水逆止め弁を組み合わせたものもある。
(4)　給水弁と給水逆止め弁を取り付ける場合は、給水弁をボイラーに**近い側**に取り付ける。給水逆止め弁が故障の場合に、給水弁を閉止することによって、蒸気圧力をボイラーに残したまま修理できる。
(5)　給水逆止め弁には、リフト式、スイング式がある。ばね式、てこ式、おもり式は安全弁の種類である。

問10

[解答(4)　管寄せは、一般に鋼製であるが、エコノマイザには鋳鉄製もある]

[解説]
(1) 管寄せの断面形状としては、一般に円形又は**長方形**がある。
(2) 管寄せは、主に水管ボイラーに用いられる。
(3) 管寄せは、ボイラー水あるいは蒸気を複数の水管や過熱管などに分配する場合、又はこれらを集めるための接続部として用いられる。
(4) 管寄せは、一般に**鋼製**であるが、エコノマイザには**鋳鉄製**もある。
(5) 管寄せには必要に応じて、**検査口**、**掃除口**が設けられ、また**排水弁**や**空気弁**も取り付けられる。

2章

ボイラーの取扱いに関する知識
（問11〜問20）

- ◆模擬問題No.1　（10問）
- ◆模擬問題No.2　（10問）
- ◆模擬問題No.3　（10問）　〉計60問
- ◆模擬問題No.4　（10問）
- ◆模擬問題No.5　（10問）
- ◆模擬問題No.6　（10問）

- ◆模擬問題No.1〜No.6 の解答解説

ボイラーの取扱いに関する知識（問11〜問20）

模擬問題No.1

問11

　ガスたきボイラーの点火前の準備、点火方法について、誤っているものは次のうちどれか。

(1)　ガス圧力が加わっている継手、コック及び弁は、ガス漏れ検出器又は検出液の塗布によりガス漏れの有無を点検する。
(2)　点火用燃料のガス圧力が低下していると、点火炎が短炎となり、点火遅れによる逆火を引き起こす恐れがあるので、ガス圧力を確認する。
(3)　炉内圧及び煙道の換気を十分な空気量で行う。
(4)　点火用火種は、できるだけ火力の小さなものを使用する。
(5)　主バーナが点火制限時間内に着火するかを確認し、着火しないときは直ちに燃料弁を閉じ、炉内を換気する。

問12

　ボイラーのたき始めに燃焼量を急激に増してはならない理由として、適切なものは次のうちどれか。

(1)　スートファイヤを起こさないようにするため。
(2)　ボイラー本体の不同膨張を起こさないようにするため。
(3)　火炎の振動を起こさないようにするため。
(4)　高温腐食を起こさないようにするため。
(5)　ホーミングを起こさないようにするため。

問13

油だきボイラーにおける燃焼の維持、調節について、誤っているものは次のうちどれか。

(1) 加圧燃焼では、断熱材やケーシングの損傷、燃焼ガスの漏出を防止する。
(2) 蒸気圧力を一定に保つように負荷の変動に応じて、燃焼量を増減する。
(3) 燃焼量を増すときは空気量を先に増し、燃焼量を減ずるときは燃料の供給量を先に減少させる。
(4) 炎が短く、輝白色で炉内が明るい場合は、空気量を多くする。
(5) 空気量が適量である場合には、炎はオレンジ色を呈し、炉内の見通しがきく。

問14

ボイラー運転前の点検、準備に関する説明として、誤っているものは次のうちどれか。

(1) 煙道にあるダンパを全開として、炉や煙道の換気を行う。
(2) 貯水タンク内の水量を確認し、ボイラー運転のために十分な量があるかどうか確認する。
(3) 燃料が油のときには、油の温度を適正に保つようにする。
(4) 水面計による水位確認は、他の点検作業に先立って第一番に行うべきである。
(5) ボイラー水の吹出し作業を行って、吹出しコックや吹出し弁の機能を点検し、異常のないことを確認した後、漏れのないようにそれらを閉止する。

問15

ボイラーの水面測定装置の取扱いについて、誤っているものは次のうちどれか。

(1) 水面計の機能試験は、点火前に残圧がない場合は、たき始めて蒸気圧力が上がり始めたときに行う。
(2) 水面計のコックを開くときは、ハンドルを管軸と同一方向にする。
(3) 水柱管の連絡管の途中にある止め弁は、全開にして止め弁のハンドルを取り外しておく。
(4) 水柱管の水側連絡管は、水柱管に向かって上がりこう配となるように配管する。
(5) 差圧式の遠方水面計では、途中に漏れがあると著しい誤差を生じるので、漏れを完全に防止する。

問16

ボイラーの水位がボイラーの水面計以下にあると気付いたときの措置について、誤っているものは次のうちどれか。

(1) 燃料の供給を止めて燃焼を停止する。
(2) 換気を行い、炉の冷却を図る。
(3) 主蒸気弁を全開にし、蒸気圧力を低下させる。
(4) 鋼製ボイラーは、水面が加熱管のある位置より低下したと推定されるときは給水を行わない。
(5) 鋳鉄製ボイラーは、いかなる場合でも給水を行わない。

問17

ボイラーにおけるキャリオーバの害として、誤っているものは次のうちどれか。

(1) 蒸気の純度を低下させる。
(2) ボイラー水全体が著しく揺動し、水面計の水位が確認しにくくなる。
(3) 自動制御関係の検出端の開口部及び連絡配管の閉そく又は機能の障害を起こす。
(4) 水位制御装置が、ボイラー水位が上がったものと認識し、ボイラー水位を上げて高水位になる。
(5) ボイラー水が過熱器に入り、蒸気温度が低下したり、過熱器の破損や焼損を起こす。

問18

ボイラーの内面腐食について、誤っているものは次のうちどれか。

(1) 給水中に含まれている溶存気体のO_2,CO_2は、鋼材の腐食の原因となる。
(2) 腐食は、一般に電気化学的作用などにより生じる。
(3) アルカリ腐食は、高温のボイラー水中で濃縮した水酸化ナトリウムと鋼材が反応して生じる。
(4) ボイラー水の酸消費量を調整することによって、腐食を抑制する。
(5) ボイラー水のpHを中性に調整することによって、腐食を抑制する。

問19

ボイラーの清缶剤について、誤っているものは次のうちどれか。

(1) 脱酸素剤は、ボイラー給水中の酸素を除去するための薬剤である。
(2) 脱酸素剤には、タンニン、アンモニア、硫酸ナトリウムなどが使用される。
(3) 軟化剤は、ボイラー水中の硬度成分を不溶性の化合物（スラッジ）に変えるために用いられる。
(4) 軟化剤には、炭酸ナトリウム、リン酸ナトリウムなどが用いられる。
(5) 酸消費量付与剤には、低圧ボイラーでは水酸化ナトリウム、炭酸ナトリウムなどが用いられる。

問20

ボイラーのスートブローについて、誤っているものは次のうちどれか。

(1) スートブローの回数は、燃料の種類、負荷の程度、蒸気温度などの条件により変える。
(2) スートブローは、燃焼量の低い状態で行う。
(3) スートブローは、最大負荷よりやや低い所で行う。
(4) スートブローの前には、スートブロワからドレンを十分に抜く。
(5) スートブローを行ったときは、煙道ガスの温度や通風損失を測定して、スートブローの効果を確かめる。

模擬問題No.2

問11

ボイラーの圧力上昇時の取扱いについて、正しいものは次のうちどれか。

(1) 冷たい水からたき始める場合には、蒸気圧力が上がり始めるまで、できるだけ速やかに最大燃焼量に達するようにする。
(2) 水面計に現れている水位が、かすかに上下に動いているのは、水面計が故障しているからである。
(3) 圧力上昇中の圧力計の背面を点検のため指先で軽くたたくことは、圧力計を損傷するので行ってはならない。
(4) 圧力が上がり始めてから空気抜き弁を開き、空気を放出させなければならない。
(5) 整備した直後の使用始めのボイラーの場合には、マンホール、掃除穴などのふたの取り付け部は漏れの有無にかかわらず昇圧中及び昇圧後、増し締めする。

問12

油だきボイラーにおける燃焼の維持、調節について、誤っているものは次のうちどれか。

(1) ボイラーは、常に圧力を一定に保つように負荷の変動に応じて、燃焼量を増減する。
(2) ハイ・ロー・オフ動作による制御では、高燃焼域と低燃焼域があり、バーナは低燃焼域で点火する。
(3) 炎が短く、輝白色で炉内が明るい場合は、空気量を多くする。
(4) 燃焼量を増すときは空気量を先に増し、燃焼量を減ずるときは燃料の供給量を先に減少させる。
(5) 空気量の過不足は、燃焼ガス中のCO_2、CO又はO_2の計測値により判断する。

問13

ボイラーの運転を停止し、ボイラー水を全部排出する場合の措置として、誤っているものは次のうちどれか。

(1) 運転停止の際は、ボイラーの水位を常用水位に保つように給水を続け、蒸気の送り出しを徐々に減少する。
(2) 運転停止の際は、押し込みファンを止めた後、燃料の供給を停止し、石炭だきの場合は炉内の石炭を完全に燃え切らせる。
(3) 運転停止後は、ボイラーの蒸気圧力がないことを確かめた後、給水弁、蒸気弁を閉じる。
(4) 運転停止後は、ボイラーの蒸気圧力がないことを確かめた後、ボイラー内部が真空にならないように、空気抜き弁、その他蒸気室部の弁を開く。
(5) ボイラー水の排出は、運転停止後、ボイラー水の温度が90℃以下になってから、吹き出し弁を開いて行う。

問14

ボイラーの使用中に突然異常事態が発生して、ボイラーを緊急停止しなければならないときの操作順序として、適切なものは(1)～(5)のうちどれか。ただし、AからDはそれぞれ次の操作を示す。

A 主蒸気弁を閉じる。
B 給水の行う必要のある時は給水を行い、必要な水位を維持する。
C 炉内、煙道の換気を行う。
D 燃料の供給を停止する。

(1) A→B→D→C
(2) A→D→C→B
(3) B→D→A→C
(4) D→C→A→B
(5) D→B→C→A

問15

ボイラーにキャリオーバが発生したときの現象として、誤っているものは次のうちどれか。

(1) ボイラー水全体が著しく揺動し、水面計の水位が確認しにくくなる。
(2) ボイラー水が過熱器内に入り、蒸気温度や過熱度が低下するとともに、過熱器を焼損することがある。
(3) 自動制御関係の検出端の開口部及び連絡配管の閉そく又は機能の障害をもたらす。
(4) 蒸気とともにボイラーから出た水分が配管内にたまり、ウォータハンマを起こすことがある。
(5) 水位制御装置は、ボイラー水位が下がったものと認識し、ボイラー水位を上げて高水位になることがある。

問16

ボイラーの水管理について、誤っているものは次のうちどれか。

(1) 水（水溶液）が酸性か又はアルカリ性かは、水中の水素イオン（H^+）と水酸化物イオン（OH^-）の量により定まる。
(2) 常温（25℃）でPHが7未満は酸性、7を超えるものはアルカリ性である。
(3) マグネシウム硬度は、水中のマグネシウムイオンの量を、これに対応する炭酸カルシウムの量に換算して試料1ℓ中のmg数で表す。
(4) 酸消費量は、水中に含まれる水酸化物、炭酸塩、炭酸水素塩などの酸性分を示すものであり、炭酸カルシウムに換算して試料1ℓ中のmg数で表す。
(5) 酸消費量は、酸消費量（pH8.3）と酸消費量（pH4.8）に区分される。

ボイラーの取扱いに関する知識（問11〜問20）

問17

単純軟化法によるボイラー補給水処理について、誤っているものは次のうちどれか。

(1) 軟化装置は、給水の硬度成分を除去する最も簡単なもので、低圧ボイラーに広く普及している。
(2) 単純軟化法では、給水中のシリカ及び塩素イオンを除去することができる。
(3) 軟化装置による処理水の残留硬度は、貫流点を超えると著しく増加してくる。
(4) 軟化装置の強酸性陽イオン交換樹脂が交換能力を減じた場合、一般には食塩水で再生を行う。
(5) 軟化装置の強酸性陽イオン交換樹脂は、1年に1回程度鉄分による汚染などを調査し、樹脂の洗浄及び補充を行う。

問18

ボイラーに給水するディフューザポンプの取り扱いについて、誤っているものは次のうちどれか。

(1) 給水管系おける異常を予知するため、ポンプの吐出し側の圧力計により、給水圧力の異常の有無を点検する。
(2) グランドパッキンシール式の軸については、パッキンを締めて水漏れがないことを確認する。
(3) 運転を開始するときは、吸込み弁を全開にした後、ポンプ駆動用電動機を起動し、ポンプの回転と水圧が正常になったら吐出し弁を徐々に開き全開にする。
(4) 吐出し弁を閉じたまま長く運転すると、ポンプ内の水温が上昇し過熱を起こす。
(5) 運転を停止するときは、吐出し弁を徐々に閉め、全閉してから電動機の運転を止める。

問19

ボイラーのばね安全弁又は逃がし弁の調整及び試験について、誤っているものは次のうちどれか。

(1) ボイラーの圧力をゆっくり上昇させて安全弁を作動させ、安全弁の吹出し圧力及び吹止まり圧力を確認する。
(2) エコノマイザの逃がし弁（安全弁）は、ボイラー本体の安全弁より低い圧力に調整する。
(3) 最高使用圧力の異なるボイラーが連絡している場合、各ボイラーの安全弁は、最高使用圧力の最も低いボイラーを基準に調整する。
(4) ボイラーに安全弁が2個設けられている場合は、1個の安全弁を最高使用圧力以下で作動するように調整し、他の安全弁を最高使用圧力の3％増し以下で作動するように調整する。
(5) 安全弁の吹出し圧力が設定圧力よりも低い場合は、いったんボイラーの圧力を設定圧力の80％程度まで下げ、調整ボルトを締めて再度試験する。

問20

ボイラーの酸洗浄について、誤っているものは次のうちどれか。

(1) 酸洗浄は、ボイラー内のスケールを薬品を用いて溶解除去する方法である。
(2) 酸洗浄の使用薬品には、亜硫酸ナトリウムが多く用いられる。
(3) 酸洗浄の洗浄液には、酸によるボイラーの腐食を防止するため抑制剤（インヒビタ）を添加して行う。
(4) シリカ分の多い硬質スケールのときは、所要の薬液でスケールを膨潤させて、前処理を行う。
(5) 酸洗浄作業中は、水素が発生するので、ボイラー周辺では火気を厳禁とする。

模擬問題 No.3

問11

ボイラーのたき始めに燃焼量を急激に増してはならない理由として、適切なものは次のうちどれか。

(1) 過熱器の高温腐食を起こさないため。
(2) 燃焼装置のベーパロックを起こさないため。
(3) ウォータハンマを起こさないため。
(4) 火炎の振動を起こさないため。
(5) ボイラー本体の不同膨張を起こさないため。

問12

ボイラーの圧力上昇時の取扱いについて、誤っているものは次のうちどれか。

(1) 低圧ボイラーを冷たい水からたき始める場合には、一般に最低1～2時間をかけ、徐々にたき上げる。
(2) 蒸気が発生し始め、白色の蒸気の放出を確認してから、空気抜き弁を閉じる。
(3) ボイラーをたき始めると、ボイラー本体の膨張により水位が降下するので直ちに給水を行う。
(4) 圧力計の機能に疑いがあるときは、圧力が加わっているときでも圧力計の下部コックを閉じ、予備の圧力計と取り替える。
(5) 整備した直後の使用始めのボイラーでは、マンホール、掃除穴などのふた取付け部は漏れの有無にかかわらず昇圧中、昇圧後に増し締めをする。

問13

　油だきボイラーの点火時に逆火（バックファイヤ）が発生する原因として、誤っているものは次のうちどれか。

(1) 炉内の通風力が不足していた。
(2) 点火の際に着火遅れが生じた。
(3) 点火用バーナの燃料の圧力が低下していた。
(4) 燃料より先に空気を供給した。
(5) 複数のバーナを有するボイラーで、燃焼中のバーナの火炎を利用して、次のバーナに点火した。

問14

　油だきボイラーの運転中に突然消火した原因として、誤っているものは次のうちどれか。

(1) 燃焼用空気量が多すぎた。
(2) 油ろ過器が詰まっていた。
(3) 燃料油弁を絞り過ぎた。
(4) 炉内温度が高すぎた。
(5) 燃料油の温度が低すぎた。

問15

ボイラー水の間欠吹出しについて、正しいものは次のうちどれか。

(1) 給湯用温水ボイラーは、ボイラーの負荷が大きい時に吹出しを行う。
(2) 鋳鉄製ボイラーは、燃焼量が低いときに吹出しを行う。
(3) 締切り装置が直列に2個設けられている場合には、ボイラー本体に近い急開弁を先に開き、次に漸開弁を徐々に開いて吹出しを行う。
(4) 閉回路で使用する温水ボイラーは、ボイラーの最大負荷よりやや低いときに吹出しを行う。
(5) 隣接した2基のボイラーの吹出しを1人で同時に行う場合には、容量の小さいボイラーの吹出し弁を先に開いて行う。

問16

ボイラーにおけるキャリオーバの害として、誤っているものは次のうちどれか。

(1) 蒸気とともにボイラーから出た水分が配管内にたまり、ウォータハンマを起こす。
(2) ボイラー水全体が著しく揺動し、水面計の水位が確認しにくくなる。
(3) 自動制御関係の検出端の開口部及び連絡配管の閉そく又は機能の障害を起こす。
(4) 水位制御装置が、ボイラー水位が上がったものと認識し、ボイラー水位を下げて低水位事故を起こす。
(5) ボイラー水が過熱器に入り、蒸気温度が上昇して、過熱器の破損を起こす。

問17

ボイラーのばね安全弁から蒸気漏れがある場合の措置として、誤っているものは次のうちどれか。

(1) 弁体と弁座のすり合わせをする。
(2) 試験用レバーがある場合は、レバーを動かして弁の当たりを変えてみる。
(3) ばねの調整ボルトを締めつけてみる。
(4) 弁体と弁座の間にごみなどが付着していないか調べる。
(5) 弁体と弁座との中心が合っているか調べる。

問18

ボイラーの水面測定装置の取扱いについて、誤っているものは次のうちどれか。

(1) 水面計の機能試験は、たき始めに蒸気圧力のない場合は蒸気圧力が上がり始めたときに行う。
(2) キャリオーバが生じたときは、水面計の機能試験を行う。
(3) 水面計が水柱管に取付けられている場合は、水柱管下部のブロー管により毎日1回ブローを行い、水側連絡管のスラッジを排出する。
(4) 水柱管の水側連絡管は、スラッジを排出しやすくするため、水柱管に向かって下りこう配となる配管にする。
(5) 差圧式の遠方水面計では、途中に漏れがあると著しい誤差を生じるので、漏れを完全に防止する。

問19

ボイラーをたき始めるときの各種の弁やコックの開閉について、誤っているものは次のうちどれか。

(1) 主蒸気止め弁……………………………………閉
(2) 胴の空気抜き弁…………………………………閉
(3) 水面計とボイラー間の連絡管の弁とコック……開
(4) 吹出し弁と吹出しコック………………………閉
(5) 圧力計のコック…………………………………開

問20

ボイラー水の脱酸素剤として使用される薬剤の組み合わせとして、正しいものは(1)～(5)のうちどれか。

	A	B
(1)	塩化ナトリウム	リン酸ナトリウム
(2)	リン酸ナトリウム	タンニン
(3)	亜硫酸ナトリウム	炭酸ナトリウム
(4)	炭酸ナトリウム	リン酸ナトリウム
(5)	亜硫酸ナトリウム	タンニン

模擬問題No. 4

問11

　油だきボイラーの手動操作による点火方法について、誤っているものは次のうちどれか。

(1) ファンを運転し、ダンパをプレパージの位置に設定して換気した後、ダンパを点火位置に設定し、炉内通風圧を調節する。
(2) ハイ・ロー・オフ動作による制御では、高燃焼域と低燃焼域があり、バーナは低燃焼域で点火する。
(3) バーナの燃料弁を開いた後、点火用火種に点火し、その火種をバーナの先端のやや前方上部に置き、バーナに点火する。
(4) 燃料の種類及び燃焼室熱負荷の大小に応じて、燃料弁を開いてから2〜5秒間の点火制限時間内に着火させる。
(5) バーナが上下に2基配置されている場合は、下方のバーナから点火する。

問12

　ボイラーの運転を停止し、ボイラー水を排出して冷却する場合の措置として、誤っているものは次のうちどれか。

(1) ボイラーの水位を常用水位に保つように給水を続け、蒸気の送り出しを徐々に減少する。
(2) 押し込みファンを止めた後、燃料の供給を停止し、炉内の石炭などの燃料は完全に燃え切らせる。
(3) ボイラーの圧力がないことを確かめた後、給水弁、蒸気弁を閉じる。
(4) ボイラー内部が真空にならないように、空気抜き弁、その他蒸気室部の弁を開く。
(5) 排水がフラッシュしないように、ボイラー水の温度が90℃以下になってから、吹出し弁を開きボイラー水を排出する。

ボイラーの取扱いに関する知識（問11〜問20）

問13

ボイラーの使用中に突然異常事態が発生して、ボイラーを緊急停止しなければならないときの操作順序として、適切なものは(1)〜(5)のうちどれか。ただし、AからDはそれぞれ次の操作を示す。

   A　主蒸気弁を閉じる。
   B　給水の行う必要のある時は給水を行い、必要な水位を維持する。
   C　炉内、煙道の換気を行う。
   D　燃料の供給を停止する。

(1)　A→B→D→C
(2)　A→D→C→B
(3)　B→D→A→C
(4)　D→B→C→A
(5)　D→C→A→B

問14

ボイラー水位が安全低水位面以下に異常低下する原因として、誤っているものは次のうちどれか。

(1)　ウォータハンマの発生
(2)　不純物による水面計の閉そく
(3)　吹出し装置の閉止不完全
(4)　蒸気の大量消費
(5)　給水温度の過昇

問15

ボイラーに給水するディフューザポンプの取扱いについて、誤っているものは次のうちどれか。

(1) ポンプの吐出し側の圧力計により、給水圧力を確認する。
(2) メカニカルシール式の軸については、水漏れがないことを確認する。
(3) 運転に先立って、ポンプ内及びポンプ前後の配管内の空気を十分に抜く。
(4) 運転を開始するときは、吸込み弁及び吐出し弁を全開にした後、ポンプ駆動用電動機を起動する。
(5) 運転を停止するときは、吐出し弁を徐々に閉め、全閉してから電動機の運転を止める。

問16

ボイラーのガラス水面計の機能試験を行う時期として、誤っているものは次のうちどれか。

(1) 点火前に残圧がない場合は点火直前
(2) 二個の水面計の水位に差異を認めたとき
(3) ガラス管の取換え等の補修を行ったとき
(4) 取扱い担当者が交替し、次の者が引き継いだとき
(5) プライミング、ホーミングが生じたとき

問17

ボイラーの内面清掃の目的として、誤っているものは次のうちどれか。

(1) スケール、スラッジによる過熱の原因を除き、腐食、損傷を防止する。
(2) 高温部のバナジウムなどによる高温腐食を防止する。
(3) スケール、スラッジによるボイラー効率の低下を防止する。
(4) 穴や管の閉塞による安全装置や自動制御装置などの機能の障害を防止する。
(5) ボイラー水の循環障害を防止する。

問18

ボイラーにキャリオーバが発生したときの現象として、誤っているものは次のうちどれか。

(1) 蒸気の純度を低下させる。
(2) 蒸気とともにボイラーから出た水分が配管内にたまり、ウォータハンマを起こすことがある。
(3) 過熱器を有するボイラーでは、過熱器内の蒸気温度や過熱度が高まる。
(4) ボイラー水全体が著しく揺動し、水面計の水位が確認しにくくなる。
(5) 急激に発生すると、水位制御装置はボイラー水位が上がったものと認識し、ボイラー内の水位を下げ、低水位事故を起こすおそれがある。

問19

ボイラーの酸洗浄について、誤っているものは次のうちどれか。

(1) 酸洗浄は、薬液に酸を用いて洗浄し、ボイラー内のスケールを溶解除去するものである。
(2) 酸洗浄は、薬液によるボイラーの腐食を防止するため抑制剤（インヒビタ）を添加して行う。
(3) 酸洗浄の処理工程は、①前処理、②水洗、③酸洗浄、④水洗、⑤中和防せい処理の順に行う。
(4) シリカ分の多い硬質スケールを酸洗浄するときは、所要の薬液で前処理を行いスケールを膨潤させる。
(5) 塩酸を用いる酸洗浄作業中は硫化水素が発生するので、ボイラー周辺を火気厳禁とする。

問20

単純軟化法によるボイラー補給水処理について、誤っているものは次のうちどれか。

(1) 軟化装置は、給水を強酸性陽イオン交換樹脂を充てんしたNa塔に通過させて、給水中の硬度成分を取り除くものである。
(2) 単純軟化法では、給水中のカルシウム及びマグネシウムを除去することができる。
(3) 軟化装置による処理水の残留硬度は、貫流点を超えると著しく増加してくる。
(4) 軟化装置の強酸性陽イオン交換樹脂が交換能力を減じた場合、一般には塩酸で再生を行う。
(5) 軟化装置の強酸性陽イオン交換樹脂は、１年に１回程度鉄分による汚染などを調査し、樹脂の洗浄及び補充を行う。

模擬問題No.5

問11

ボイラーの圧力上昇時の取扱いについて、誤っているものは次のうちどれか。

(1) 冷たい水からたき始める場合には、一般に最低1～2時間をかけ、徐々にたき上げる。
(2) 蒸気が発生し始め、白色の蒸気の放出を確認してから、空気抜き弁を閉じる。
(3) たき始めると、ボイラー本体の膨張により水位が降下するので直ちに給水を行う。
(4) 圧力計の指針の動きを注視し、圧力の上昇度合いに応じて燃焼を加減する。
(5) 圧力計の機能に疑いがあるときは、圧力が加わっているときでも圧力計の下部コックを閉じ、予備の圧力計と取り替える。

問12

設置ボイラーの異常の有無を調べる水圧試験の方法について、誤っているものは次のうちどれか。

(1) 空気抜き用止め弁を開いたまま水を張り、オーバーフローを認めてから空気抜き用止め弁を閉止する。
(2) ばね安全弁は、管台のフランジに遮断板を当てて密閉する。
(3) 水圧試験に使用する水の温度は、室温を標準とする。
(4) 水圧試験圧力は、最高使用圧力の1.5倍の圧力で実施する。
(5) 水圧試験圧力に達した後、約30分間保持し、圧力の降下の有無を確かめる。

問13

油だきボイラーにおける燃焼の維持、調節について、誤っているものは次のうちどれか。

(1) 燃焼時に火炎の流れの方向を監視し、ボイラー本体やれんが壁に火炎が触れないようにする。
(2) 蒸気圧力を一定に保つように負荷の変動に応じて、燃焼量を増減する。
(3) 燃焼量を増すときは空気量を先に増し、燃焼量を減ずるときは燃料の供給量を先に減らす。
(4) 炎が短く、輝白色で炉内が明るい場合は、空気量を減らす。
(5) 空気量の過不足は、計測して得た燃焼ガス中のNO_2又はSO_2の濃度により判断する。

問14

油だきボイラーの運転中、火炎に火花が生じる原因として、誤っているものは次のうちどれか。

(1) バーナの調節不良
(2) 油の圧力が不適正
(3) 油の温度が不適正
(4) 噴霧媒体の圧力が不適正
(5) 通風の不足

問15

自動制御により運転する油だきボイラーが着火しなかったとき、その原因として正しいものは次のうちどれか。

(1) ボイラーの蒸気圧力が低すぎた。
(2) 燃料油の温度が低すぎた。
(3) プレパージの時間が長すぎた。
(4) 燃料調節弁が低燃焼開度にあった。
(5) 点火用バーナの火災が強すぎた。

問16

ボイラーの間欠吹出しについて、誤っているものは次のうちどれか。

(1) 吹出しは、ボイラーが運転する前、運転を停止したとき又は燃焼が軽く負荷が低いときに行う。
(2) スケール及びスラッジが多量に生成するおそれがあるボイラーは、ボイラー運転中もときどき吹出しを行う。
(3) 給湯用又は閉回路で使用する温水ボイラーは、ボイラー休止中に適宜吹出しを行う。
(4) 吹出し弁がが直列に２個設けられている場合は、ボイラー本体に近い漸開弁を先に開き、次に急開弁を開いて吹出しを行う。
(5) 吹出し量は、一般に給水とボイラー水中の塩化物イオンの濃度又は電気伝導率を測定し、その許容値から決定する。

問17

ボイラーの水管理について、誤っているものは次のうちどれか。

(1) 水溶液が酸性か又はアルカリ性かは、水中の水素イオンと水酸化物イオンの量により定まる。
(2) 常温（25℃）でPHが7未満は酸性、7は中性である。
(3) 酸消費量は、水中に含まれる酸化物、炭酸塩、炭酸水素塩などのアルカリ分を示すもので、炭酸カルシウムに換算して試料1ℓ中のmg数で表す。
(4) マグネシウム硬度は、水中のマグネシウムイオンの量を、これに対応する炭酸マグネシウムの量に換算して試料1ℓ中のmg数で表す。
(5) カルシウム硬度は、水中のカルシウムイオンの量を、これに対応する炭酸カルシウムの量に換算して試料1ℓ中のmg数で表す。

問18

蒸気圧力がある場合の水面計の機能試験の操作順序として、適切なものは(1)～(5)のうちどれか。

A　蒸気コックを開いて蒸気だけをブローし、噴出状態を見て蒸気コックを閉じる。
B　水コックを開いて水だけをブローし、噴出状態を見て水コックを閉じる。
C　ドレンコックを閉じてから、蒸気コックを少しずつ開き、次いで水コックを開く。
D　蒸気コック及び水コックを閉じ、ドレンコックを開いてガラス管内の気水を出す。

(1)　A→B→C→D　　(4)　D→A→C→B
(2)　B→A→C→D　　(5)　D→B→A→C
(3)　B→A→D→C

問19

ボイラーの内面腐食について、誤っているものは次のうちどれか。

(1) 給水中に含まれる溶存気体のO_2, CO_2は、鋼材の腐食の原因となる。
(2) 腐食は、一般に電気化学的作用により鉄がイオン化することによって生じる。
(3) 腐食は、その形態によって、全面腐食と局部腐食がある。
(4) 局部腐食には、ピッチング、グルービングなどがある。
(5) 高温腐食は、鉄が濃度の高い水酸化ナトリウムと反応して生じる。

問20

ボイラーの清缶剤について、誤っているものは次のうちどれか。

(1) 軟化剤は、ボイラー水中の硬度成分を不溶性の化合物（スラッジ）に変えるための薬剤である。
(2) 軟化剤には、炭酸ナトリウム、リン酸ナトリウムなどが用いられる。
(3) 脱酸素剤は、ボイラー給水中の酸素を除去するための薬剤である。
(4) 脱酸素剤には、タンニン、アンモニア、硫酸ナトリウムなどが用いられる。
(5) 酸消費量付与剤には、低圧ボイラーでは水酸化ナトリウム、炭酸ナトリウムなどが用いられる。

模擬問題No.6

問11

ボイラーをたき始め、閉止していた主蒸気弁を開き送気する場合の措置について、誤っているものは次のうちどれか。

(1) 送気するとボイラーの圧力が降下するから、圧力計を見て燃焼量を調節する。
(2) 蒸気を送り込む側の主蒸気管、蒸気だめなどにあるドレン弁を全閉にし、主蒸気弁を開いて暖管する。
(3) 主蒸気弁にバイパス弁が設けられている場合、まずバイパス弁を開いて蒸気を送る。
(4) 暖管が十分行われたのち、主蒸気弁を段階的に徐々に開き、全開状態になったら一般には少し戻しておく。
(5) 送気すると、水面計の水位に変動が現れるから、給水装置の運転状態を見ながら水位を監視する。

問12

油だきボイラーにおける燃焼の維持、調節について、誤っているものは次のうちどれか。

(1) ボイラーは、蒸気圧力を一定に保つように負荷の変動に応じて、燃焼量を増減する。
(2) 燃焼量を増すときは燃料の供給量を先に増し、燃焼量を減ずるときは空気量を先に減少させる。
(3) ボイラー本体やれんが壁に火炎が触れないように注意し、火炎の流れの方向を監視する。
(4) 燃焼用空気量の過不足は、燃焼ガス中のCO_2、CO又はO_2の計測値により判断する。
(5) 炎が短く、輝白色で炉内が明るい場合には、空気量を少なくする。

問13

油だきボイラーの運転中にバーナチップ、炉壁などに炭化物が生成する原因として、誤っているものは次のうちどれか。

(1) バーナの油噴射角度が不適正である。
(2) バーナの油噴霧粒径が小さい。
(3) 燃料油の圧力が不適正である。
(4) 燃料油の温度が不適正である。
(5) 燃料油の残留炭素分が多い。

問14

ボイラーの間欠吹出しについて、誤っているものは次のうちどれか。

(1) 吹出し装置は、スケール、スラッジにより詰まることがあるので、装置の機能を維持するため、適宜吹出しを行う。
(2) 吹出し弁を操作する者が水面計の水位を直接見ることができない場合には、水面計の監視者と共同で合図しながら吹出しを行う。
(3) 締切り装置が直列に2個設けられている場合には、ボイラー本体に近い急開弁を先に開き、次に漸開弁を徐々に開いて吹出しを行う。
(4) 給湯用温水ボイラーは、酸化鉄、スラッジなどの沈殿を考慮して、ボイラー休止中に適宜吹出しを行う。
(5) 鋳鉄製ボイラーは、燃焼が軽く負荷が低いときに吹出しを行う。

問15

ポストパージの目的として、正しいものは次のうちどれか。

(1) 炉内の耐火物を保護する。
(2) 燃料油の温度を下げる。
(3) 炉内を冷却する。
(4) 炉内及び煙道内の未燃焼ガスを排除する。
(5) 蒸気圧力の上昇を防ぐ。

問16

ボイラーにキャリオーバが発生する原因として、誤っているものは次のうちどれか。

(1) 蒸気負荷が過大であること。
(2) 主蒸気弁を急に開くこと。
(3) ボイラー水位が低水位であること。
(4) ボイラー水中の溶解性蒸発残留物が過度に濃縮されていること。
(5) ボイラー水中に油脂分が含まれていること。

問17

ボイラーの水管理について、誤っているものは次のうちどれか。

(1) 水溶液が酸性か又はアルカリ性かは、水中の水素イオンと水酸化物イオンの量により定まる。
(2) 常温（25℃）でPHが7未満は酸性、7を超えるものはアルカリ性である。
(3) 酸消費量は、水中に含まれる水酸化物、炭酸塩、炭酸水素塩などの酸性分の量を示すものである。
(4) 酸消費量は、酸消費量（pH4.8）と酸消費量（pH8.3）に区分される。
(5) 全硬度は、水中のカルシウムイオン及びマグネシウムイオンの量を、これに対応する炭酸カルシウムの量に換算して試料1ℓ中のmg数で表す。

問18

ボイラーの内面腐食について、誤っているものは次のうちどれか、

(1) 腐食は、鉄がイオン化することによって生じる。
(2) 給水中に含まれている溶存気体のO_2, CO_2は、腐食の原因となる。
(3) アルカリ腐食は、高温環境下において、水酸化ナトリウムの濃度が高くなると生じる。
(4) 腐食の形態には、全面腐食と局部腐食がある。
(5) 全面腐食には、ピッチング、グルービングがある。

問19

ボイラーの酸洗浄について、誤っているものは次のうちどれか。

(1) 酸洗浄は、薬液に塩酸などの酸を用いて洗浄し、ボイラー内のスケールを溶解除去するものである。
(2) 酸洗浄は、薬液によるボイラーの腐食を防止するため抑制剤（インヒビタ）を添加して行う。
(3) 酸洗浄の処理工程は、①前処理、②水洗、③酸洗浄、④水洗、⑤中和防せい処理の順に行う。
(4) シリカ分の多い硬質スケールを酸洗浄するときは、硫酸を用いてスケールを膨潤させる。
(5) 酸洗浄作業中は、水素ガスが発生するので、ボイラー周辺では火気を厳禁とする。

問20

ボイラーの燃焼安全装置の燃料油用遮断弁（電磁弁）の遮断機構の故障の原因として、誤っているものは次のうちどれか。

(1) 燃料中や燃料用配管中の異物の弁へのかみ込み
(2) 電磁コイルの焼損
(3) 電磁コイルの絶縁低下
(4) 弁ばねの折損や張力低下
(5) バイメタルの損傷

ボイラーの取扱いに関する知識（問11～問20）〈解答・解説〉
模擬問題№1

問11

[解答(4)　点火用火種は、大きな火力のものを使用する。隣接するバーナや炉壁の熱で点火しないように心がける]

[解説]
　ガスバーナの点火前の準備と点火方法は、油だきボイラーの場合と同じであるが、点火の際にガス爆発の危険性が高くなるので、注意が必要である。
(1)　**ガス漏れ**がないかの点検（ガス漏れ検出器又は継手部などに石鹸水を塗布、点検）。
(2)　適正な**ガス圧力**かつ安定していること。
(3)　炉内及び煙道の**通風**と**換気**を十分に行う。
(4)　**点火用火種**は、**大きな火力**のものを使用する。隣接するバーナや炉壁の熱で点火しないように心がける。
(5)　着火後、燃焼が**不安定**なときは、直ちに**燃料**の供給を**止め**、炉内を**換気**する。特に、炉が冷えているときの低燃焼運転には注意が必要である。

問12

[解答(2)　正解]

[解説]
(1)　**スートファイヤ**とは、未燃焼成分を含んだすすの発火、燃焼をいう。排ガスエコノマイザーの加熱管の表面に付着したすす（スート、煤）には燃料の未燃焼分が混じっており、これが発火し長時間燃える現象で、消火設備で放水しても消火できず、加熱管を焼損し、酷い場合には鉄分が炭化して使用不能となる。たき始めの燃焼量の急激な増加で発生するものではない。
(2)　ボイラーの**たき始め**は、急激な燃焼を行ってはならない。急激な燃焼は、ボイラー各部で**不同膨張**（不均一な熱膨張）を起こし、ボイラーとれんが積みとの接触部のすき間の増加、れんが積みの目地割れ、クラック（ひび割れ）、水管や煙管の取付け部や継手からの漏れの原因となる。特に、鋳鉄製ボイラーは、急冷・急熱により割れることが多い。
(3)　**火炎**が振動し、**不安定**な場合は、バーナ及びその位置、煙道の構造等が原因である。たき始めの燃焼量の急激な増加で発生するものではない。
(4)　**高温腐食**は、重油中の**バナジウム化合物**が原因で起こる腐食で、たき始めの燃焼量の急激な増加で発生するものではない。
(5)　**ホーミング**とは、水中の**油脂類**、**溶解固形物**、**浮遊物**などによってボイラー水面に多量の泡を生じる現象である。過大な蒸気負荷、主蒸気弁の急開、高水位、ボイラー水の過度濃縮などによって発生するもので、たき始めの燃焼量の急激な増加で発生するもの

ではない。

問13

[解答(4)　炎が短く、輝白色で炉内が明るい場合は、空気量が多いので、少なくする]

[解説]
　燃焼の維持・調節とは、**ボイラーの圧力**を常に**一定**にして運転するために、負荷の変動に応じて燃焼量を加減することである。燃焼調節上の注意点は、次のようである。
(1)　**加圧燃焼**では、断熱材やケーシングの損傷、燃焼ガスの**漏出**を防止する。ここで、加圧燃焼とは、燃焼室内の圧力が大気圧力よりも高く運転される方式である。
(2)　ボイラーの圧力を常に一定に保持するように、負荷変動に応じて通風を調節し、燃焼量を増減させる。適正でないと、**不完全燃焼**を起こして**ばい煙発生**など大気汚染の原因となったり、空気過剰となってボイラー効率の悪化を生じる。
(3)　燃焼量を急激に増減させない。燃焼量を増すときは、**空気量を先に増し**、燃焼量を減ずるときは、**燃料**の供給量を**先に減少**させる。
(4)　常に燃焼用空気量の過不足に注意し、**不完全燃焼**による**ばい煙発生**を防いで効率の高い燃焼を行う。空気量の過不足の判断は、燃焼ガス計測によってCO_2、CO又はO_2の値から空気量を知ることが基本であるが、**炎の形**及び**炎の色**によっても知ることができる。
　炎が短く、**輝白色**で炉内が**明るい**場合には、空気量が**多い**ので、空気量を少なくする。

空気量と炎の形と色

空気量	炎	炉　内
多い	短炎・輝白色	明るい
適量	オレンジ色	見通しが良い
少ない	暗赤色	煙発生、見通しが悪い

(5)　空気量が**適量**である場合には、炎は**オレンジ色**を呈し、炉内の**見通し**がきく。
　なお、常に火炎の**流れ**の方向を監視し、ボイラー本体やれんが壁に火炎が**触れない**ように注意する必要がある。

問14

[解答(4)　点火前の点検作業において吹出し弁やコックの確認のためブローしたり、給水ラインの確認もある。水面計による水位確認は、これらの水位変動を伴う作業が終了してから行うもので点検作業の第一番に行うものではない]

[解説]
(1)　煙道ラインに**未燃ガス**が残っていると、点火の際に**炉内爆発**の危険があるので、ダン

パは全開にして**換気**を行う。
(2) ボイラーへの**貯水量**が十分あるか確認しておく。
(3) 燃料油の場合には、粘度の高い油を油加熱器で加熱（一般に、B重油で50～60℃、C重油で80～105℃）して**粘度を低く**してバーナに供給する。
(4) 点火前の**点検作業**においては吹出し弁やコックの確認のためブローしたり、給水ラインの確認もある。これらの水位変動を伴う作業が終了してから行うもので第一番に行うものでない。
(5) 吹出しコックや吹出し弁の動作点検のために、運転前にボイラー水の**吹出し**を行い、その後ラインに漏れがないように確実に**閉止**しておく。

問15

［解答(2) 水面計のコックは、通常のコックとは異なり、ハンドルが管軸に対して直角方向になっているときに開く］

［解説］
(1) 水面計は、ボイラーの水位を知るための重要な装置なので、機能試験を**毎日**行う。たき始めに**蒸気圧力**がある場合の機能試験は**点火**の直前に、蒸気圧力が**ない**場合は蒸気圧力が上がり始めたときに行う。
(2) 水面計のコックは、通常のコックとは異なり、ハンドルが管軸に対して**直角**方向になっているときに**開く**。

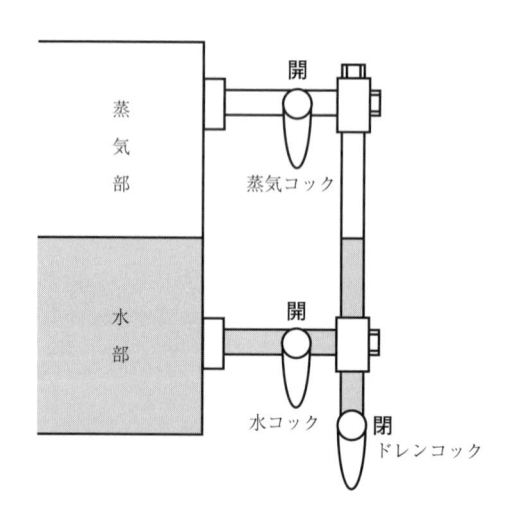

(3) 水柱管の連絡管の途中にある止め弁は、全開にして、誤認しやすいので**ハンドルを取り外し**ておく。
(4) 水柱管の水側連絡管は、連絡管の途中にスラッジがたまらないように、水柱管に向かって**上がり勾配**になるように配置する（次図参照）。

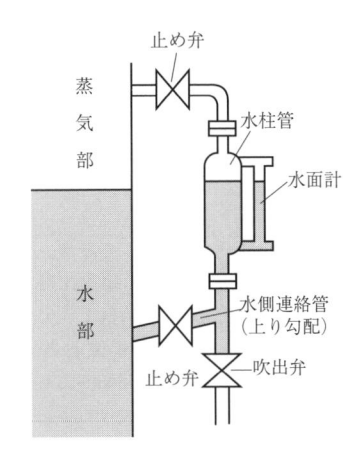

(5) **差圧式**の遠方水面計は、蒸気部に設けたコンデンサーで凝縮されたドレンと実際水面の圧力差を検出して水位を測定する。圧力差が小さく、わずかな漏れで大きな誤差を生じるので、**漏れ**を完全に**防止**しなければならない。
また、水面計の機能試験の**実施条件**は、
① 2個の水面計の水位に**差異**が認められたとき、
②ガラス管の取替えなど**補修**をおこなったとき、
③**キャリオーバ**が生じたとき、
④ボイラーの取扱い担当者が変わったとき、などである。

問16

[解答(3)　水位の異常低下に当たっては、燃焼を中止し、主蒸気弁を閉じる]

[解説]
　ボイラーの水位が、異常低下すると過熱、焼損の危険に直面するので、取扱い上最も気をつけなければならない。措置は次のとおりである。
(1)燃料の供給を止めて、燃焼を**中止**する。
(2)換気を行い、炉の**冷却**を図る。
(3)この後、**主蒸気弁**を閉じ、送気を**中止**する。
(4)**鋼製**ボイラーでは、水面が加熱管のある位置より低下したと推定されるときは、残存水面上にある加熱管が急冷されるので、**給水**を**行わない**。
(5)**鋳鉄製**ボイラーでは、いかなる場合でも絶対に給水を**行ってはならない**。
　以降、ボイラーが自然冷却するのを待って、原因及び各部の損傷の有無を調査、解決する。

問17

[解答(4)　水位制御装置はボイラー水位が上がったものと認識して、水位を下げ、低水位事故を起こす]

[解説]
　キャリオーバ（気水共発）とは、水中に溶解または浮遊している**固形不純物**や**水滴**が、ボイラーで発生した**蒸気**に混じって、ボイラー外に運び出される現象である。これは**プライミング（水気立ち）**や**ホーミング（泡立ち）**に伴って生じる。プライミングは、蒸気流量の急増などによってボイラー水が**水滴**となって蒸気と共に運び出される現象であり、ホーミングは水中の溶解固形物の濃縮や有機物の存在によってドラム内に**泡**が広がり、蒸気に混入して運びだされるものをいう。キャリオーバの害としては、次のようなことが考えられる。
(1)蒸気純度の**低下**、(2)水全体が**揺動**し、水面計の水位が確認しにくい、(3)自動制御系の検出端の開口部の閉塞を起こす、(4)急激に発生すると、水位制御装置は水位が上ったものと認識して、水位を下げ、低水位事故を起こす、(5)ボイラー水が過熱器に入り、過熱器内で**蒸気温度**や**過熱度**（ここで、過熱とは過熱温度とその圧力の飽和温度との**温度差**のこと）が低下または過熱器の破損や焼損を起こす。
　ほか、・安全弁や圧力計の性能に悪影響、
　　　　・ボイラーから出た水による**ウォータハンマ**の発生、
　　　　・工場で蒸気に接する製品に汚染、悪臭などの悪影響を及ぼす。
　キャリオーバの発生原因としては、次のようである。①過大な蒸気負荷、②蒸気止め弁の急開、③**高水位**、④**浮遊物、油脂、不純物**が多い、⑤過度な濃縮、⑥高い**酸消費量**（pH4.8）、⑦標準値より高い**シリカ濃度**　である。
　また、キャリオーバが生じたときの処置として、①**燃焼量**を軽くする、②蒸気弁を**閉じる**、③吹出しを行う、④**水質試験**を行う　があげられる。

問18

[解答(5)　中性よりもpHが大きい領域で腐食は進みにくい]

[解説]
　腐食は、ボイラーで最も発生する損傷の一つであり、管理不良によって運転中、休止中に関わらず発生する。ボイラー内側の腐食（**内面腐食**）は**電気化学的作用**で起こり、水中に**溶存気体**（O_2, CO_2など）が存在すれば、さらに腐食が**進行**する。
(1)　給水中に含まれる溶存気体のO_2, CO_2は、鋼材の**腐食**の原因となる。
(2)　腐食は、**鉄がイオン化**することによって生じる。
(3)　腐食は、その形態によって**全面腐食**と**局部腐食**がある。全面腐食は、金属表面の全面に腐食が進行し、金属がはがれる状態をいい、局部腐食としては、**ピッチング（孔食、点食）**、**グルービング（溝食）**がある。**ピッチング（孔食、点食）**は、内面に発生する2〜5mm程度の**粟粒、豆粒大**の点状の腐食で、原因は溶存気体のO_2, CO_2な作用によ

る。**グルーピング（溝食）**は、細長く連続した**溝状**の腐食で、溝部の溶存O_2により腐食が進行し、**割れ**を生じることがある。
(4) **アルカリ腐食**は、**高温環境下**で**水酸化ナトリウム（NaOH）**の濃度が高くなると鋼材と反応して生じる。水中での鉄のイオン化を減少させるため、**酸消費量**を調整することで腐食を抑制する方法がある。酸消費量とは、一定のpHまで中和するのに必要な水中に含まれる水酸化物、炭酸塩、炭酸水素塩などの**アルカリ**の量を示すもので、**炭酸カルシウム**に換算して試料1ℓ中のmg数で表す。
(5) 中性よりもpHが**大きい**（アルカリ性）領域で腐食は進みにくいので、例えば常用圧力1MPa以下のボイラー水は、pH＝**11.0～11.8**に調整するように規定されている（JIS B8223）。

問19

［解答(2)　脱酸素剤は、タンニン、亜硫酸ナトリウム（$NaSO_3$）、ヒドラジン（N_2H_4）で、アンモニアは化学工業の材料や冷凍機械の冷媒に用いられるが、脱酸素剤には使用されない］

［解説］
(1)、(2)　ボイラーの構成材量である鉄は、水中の溶存酸素によって腐食が発生するので、水中の酸素除去のために**タンニン**、**亜硫酸ナトリウム**（$NaSO_3$）、**ヒドラジン**（N_2H_4）などの脱酸素剤を使用する。
(3)、(4)　ボイラー水中の硬度成分の塩類を分解して沈殿させ、スケールを生成させずに、**スラッジ**（不溶性の軟質沈殿物）として取り出しやすい状態に変えることを硬度成分の**軟化**という。軟化剤としては、**炭酸ナトリウム**（Na_2CO_3）、**リン酸ナトリウム**（Na_3PO_4）が用いられる。
(5)　**酸消費量付与剤**としては、低圧ボイラーでは**水酸化ナトリウム**（NaOH）、**炭酸ナト**

清缶剤の種類

作用	代表的な薬品
軟化剤	炭酸ナトリウム りん酸ナトリウム
脱酸素剤	タンニン 亜硫酸ナトリウム ヒドラジン
pH及び酸消費量の調節剤	水酸化ナトリウム 炭酸ナトリウム
スラッジ分散剤	タンニン
給水・復水系統の防食剤	pH調節（防食）剤 被膜性防食剤

リウム（CaCO$_3$）が用いられる。酸消費量を適度に保つことにより、水中での鉄のイオン化を減少させて腐食を抑制させる役目をする。

問20

［解答(2)　スートブローは、**燃焼量の低い**状態で行うと、火を**消す**恐れがあるので、**避ける**］

［解説］
　すす（スート）は、ボイラーの水管外面に付着して伝熱効果を低下させ、ボイラー効率悪化の原因となる。**すす**を除去するために、**圧縮空気**あるいは**蒸気**を使用した**スートブロー（すす吹き）**が行われる。
(1)　スートブローの回数は、燃料の種類、負荷の程度、蒸気温度などの条件により異なる。
(2)　スートブローは、燃焼量の**低い**状態で行うと、火を**消す**恐れがあるので、**避ける**。
(3)　スートブローは、最大負荷より**やや低い所**で行うのが望ましい。
(4)　スートブローの前には、スートブロワから**ドレン**を十分に**抜く**。また、スートブローは、**一箇所**に長く吹きつけない。
(5)　スートブローを行ったときは、**煙道ガス**の**温度**、**通風損失**を測定して効果を確認する。

模擬問題No.2

問11

［解答(5)　正解：整備した直後のボイラーをたき始めると、ふた取付け部などに熱膨張による漏れが生じ易いので、漏れに関係なく昇圧中及び昇圧後に増し締めを行う］

［解説］
(1) たき始めに燃焼量を急激に増加させると、ボイラー各部に**不同膨張**（不均一な熱膨張）が生じ、ボイラーとれんが積みとの接触部のすき間の増加、れんが積みの目地割れ、クラック（ひび割れ）、水管や煙管の取付け部や継手部からの**漏れ**の原因となる。
(2) ボイラーのたき始めは、ボイラー水の膨張により**水位**は**上昇**する。運転中の水位は、絶えず上下に振動しているのが実状であり、故障ではない。
(3) 圧力上昇中の圧力計の背面を指先で軽くたたくことにより、圧力計の機能の**良否**が判断できる。
(4) ボイラー内の空気を完全に排出するために、たき始めは**空気抜き弁**を**開**とし、蒸気が発生し始めて白色の蒸気が放出されてから**空気抜き弁**を**閉**とする。
(5) 整備した直後のボイラーをたき始めると、ふた取り付け部などで熱膨張による漏れが発生し易いので、漏れに関係なく昇圧中及び昇圧後には**増し締め**をする。

問12

［解答(3)　炎が短く、輝白色で炉内が明るい場合には、空気量が多いので、空気量を少なくする］

［解説］
(1) ボイラーの**圧力**を常に**一定**に保持して運転するために、負荷の変動に応じて**燃焼量**を**増減**する。
(2) ハイ・ロー・オフ動作による制御では、**高燃焼域**と**低燃焼域**があり、バーナは**低燃焼域**で点火する。
(3) 炎が短く、**輝白色**で炉内が**明る**い場合には、空気量が多いので、空気量を少なくする。
(4) 燃焼量を急激に増減させない。燃焼量を増すときは、**空気量を先に増し**、燃焼量を減ずるときは、**燃料**の供給量を**先に減少**させる。
(5) 常に燃焼用空気量の過不足に注意し、**不完全燃焼**による**ばい煙発生**を防いで効率の高い燃焼を行う。空気量の過不足は、燃焼ガス計測器によってCO_2、CO又はO_2の値から空気量を知り判断することが基本であるが、**炎の形**及び**炎の色**によっても次のように判断して知ることができる。

ボイラーの取扱いに関する知識（問11〜問20）〈解答・解説〉模擬問題No.2

空気量と炎の形と色

空気量	炎	炉内
多い	短炎・輝白色	明るい
適量	オレンジ色	見通しが良い
少ない	暗赤色	煙発生、見通しが悪い

問13

[解答(2)　燃料の供給を停止し、炉内の石炭などの燃料を完全に燃え切らせてから押し込みファンを止める]

[解説]
　ボイラーの運転を停止し、ボイラー水を排出して冷却する場合の**停止手順**は、次の通りである。
①燃料の供給を停止する。
②空気を送入し、炉内、煙道の換気（パージ）を行う。
③給水を行い、圧力を下げ、給水弁を閉じ、給水ポンプを止める。
④主蒸気弁を閉じ、主蒸気管などのドレン弁を開く。
⑤排煙ダンパを閉じる。
　設問(1)〜(5)に対して、
(1)　ボイラーの水位を**常用水位**に保つように**給水**を続け、蒸気の送り出しを**徐々に減少**させる。
(2)　燃料の供給を**停止**し、炉内の石炭などの燃料を完全に**燃え切**らせてから、押し込みファンを**止める**。
(3)　ボイラーに圧力がないことを確かめた後、**給水弁**、**蒸気弁**を閉じる。
(4)　ボイラー内部が真空にならないように、**空気抜き弁**、その他**蒸気室部の弁**を開く。
(5)　排水がフラッシュしないように、**ボイラー水**の温度が**90℃以下**になってから、**吹出弁**を開き、ボイラー水を排出する。

問14

[解答(4)　正解]

[解説]
　ボイラーの使用中に突然異常事態が生じて、ボイラーを緊急停止しなければならないときは、原則として次の手順で操作する。
①**燃料**の供給を**停止**する。　②炉内、煙道の**換気**をする。　③**主蒸気弁**を**閉じ**る。
④給水を行う必要のあるときは給水を行い、必要な**水位**を維持する。なお、**鋼製ボイラー**では、水面が加熱管のある位置より低下し、残存水面上にある加熱管が急冷されると推

定されるときは給水を行わない。また、鋳鉄製ボイラーでは、いかなる場合でも給水を行わない。
⑤ダンパは**開放**のままとする。

さらに、突然の停電の場合には、上記①～⑤の操作後、**電源スイッチ**を切り、バーナを炉から抜き出す。地震による緊急停止の場合は、さらに**油タンクの弁**を**閉**じ、油加熱器の電源や蒸気を停止し、**火災**を起こさないような措置をとる。

問15

[解答(5)　キャリオーバが急激に発生すると、水位制御装置は水位が上ったものと認識して、水位を下げ、低水位事故を起こす]

[解説]
　キャリオーバ（**気水共発**）とは、水中に溶解または浮遊している**固形不純物**や**水滴**が、ボイラーで発生した**蒸気**に混じって、ボイラー外に運び出される現象をいい、プライミング（水気立ち）やホーミング（泡立ち）に伴って生じる。プライミングは、蒸気流量の急増などによってボイラー水が**水滴**となって蒸気と共に運び出される現象で、ホーミングは水中の**溶解固形物の濃縮**や**有機物の存在**によってドラム内に**泡**が広がり、蒸気に混入して運びだされるものである。キャリオーバの害としては、次のようなことが生じる。
(1)　水全体が揺動し、水面計の水位が確認しにくい。
(2)　ボイラー水が過熱器内に入り、過熱器内で**蒸気温度**や**過熱度**（ここで、過熱度とは過熱温度とその圧力の飽和温度との温度差のこと）の**低下**とともに過熱器を焼損することがある。
(3)　自動制御系の検出端の開口部の**閉塞**や**機能の障害**をもたらす。
(4)　ボイラーから出た水分が配管内にたまり、**ウォータハンマ**が発生する。
(5)　キャリオーバが急激に発生すると、水位制御装置は水位が上ったものと認識して、水位を下げ、**低水位事故**を起こす。
　また、キャリオーバが生じたときの処置として、①**燃焼量**を**軽く**する、②蒸気弁を**閉**じる、③**吹出し**を行う、④**水質試験**を行う、があげられる。

問16

[解答(4)　酸消費量は、水中に含まれる水酸化物、炭酸塩、炭酸水素塩などのアルカリ分の量を示すものである]

[解説]
　水管理に関して、まず次の用語を理解しておく必要がある。
①ppm（parts per million, 百万分の1）とは、**質量100万分率**で、水1kgに含有する物質の**mg数**（mg/kg）或いは水1トン中に含まれる物質の**g数**（g/t）である。また水1ℓ中の物質の**mg数**（mg/ℓ）を表す。
②水（水溶液）が酸性かアルカリ性かは、水中の**水素イオン**（H$^+$）と**水酸化物イオン**

（OH⁻）の量により定まる。それを示す方法として、**水素イオン指数pH**（ペーハーあるいはピーエイチ）が用いられる。常温（25℃）でpHが**7未満**が**酸性**、**7を超えるとアルカリ性**、**7が中性**である。

③水に含まれる**塩類**の度合いを示す水の**硬度**は、次のように区分される。
  ・**全硬度**：水中のカルシウムイオン及びマグネシュウムイオンの量を、これに対応する**炭酸カルシウム**の量に換算して試料１ℓ中のmg数で表す。
  ・**カルシウム硬度**：水中のカルシウムイオンの量をこれに対応する**炭酸カルシウム**の量に換算して試料１ℓ中のmg数で表す。
  ・**マグネシウム硬度**：水中のマグネシウムイオンの量を、これに対応する**炭酸カルシウム**の量に換算して試料１ℓ中のmg数で表す。

④**酸消費量（アルカリ度）**とは、水中に含まれる**水酸化物、炭酸塩、炭酸水素塩**などの**アルカリ分**を示すもので、アルカリ分をpH4.8まで中和するのに必要な**酸消費量（pH4.8）**と、アルカリ分をpH8.3までに中和するに必要な**酸消費量（pH8.3）**の２種類が用いられる。

水管理の目的は、ボイラー水中に含まれている不純物による種々の悪影響を避けるためであり、次のようである。

①伝熱面へのスケールの生成付着を予防する。スケールの**熱伝導率**は、一般に軟鋼の$\frac{1}{20}$～$\frac{1}{100}$程度で断熱材のようなものなので伝熱性能を低下させる。

②腐食の発生を防ぐ。

③キャリオーバを防止する。

④**アルカリ**による**苛性脆化**を防止する。ボイラー水中で分解されて生じた**水酸化ナトリウム（NaOH）**が過度に濃縮されると、水酸イオンが多くなり**アルカリ度**が高くなる。このアルカリ度の高いボイラー水が鋼材と反応して**水素**、あるいは高温高圧下で作用して生じる**ナトリウム**が、鋼材の**結晶粒界**を侵し、材質を劣化させる（**苛性脆化**）。

すなわち、

(1) 水（水溶液）が酸性かアルカリ性かは、水中の水素イオン（H⁺）と水酸化物イオン（OH⁻）の量により定まる。

(2) 常温（25℃）でpHが**7未満**が**酸性**、**7を超えるとアルカリ性**、**7が中性**である。

(3) **マグネシウム硬度**は、水中のマグネシウムイオンの量を、これに対応する**炭酸カルシウム**の量に換算して試料１ℓ中のmg数で表す。

(4) **酸消費量（アルカリ度）**とは、水中に含まれる**水酸化物、炭酸塩、炭酸水素塩**などの**アルカリ分**を示すものである。

(5) 酸消費量は、試料のアルカリ分をpH4.8まで中和するのに要する**酸消費量（pH4.8）**とアルカリ分をpH8.3まで中和するのに要する**酸消費量（pH8.3）**に区分される。

問17

[解答(2)　単純軟化法では、給水中のシリカや塩素イオンを除去することはできない]

[解説]
　補給水中の溶解性蒸発残留物を除去する方法として、**イオン交換法**と**膜処理法**がある。イオン交換法には、①**単純軟化法**、②**脱炭酸塩軟化法**、③**イオン交換水製造法**がある。
　単純軟化法は、水中の**硬度成分**を除去する最も簡単な軟化装置で、設備が安価なため丸ボイラー、中容量以下の水管ボイラーに多く使用されている。その系統は図のようで、**強酸性陽イオン交換樹脂**を充てんしたNa塔を通し、水の硬度成分である**カルシウム**や**マグネシウム**を樹脂に吸着させ、樹脂の**ナトリウム**と置換させる方法である。処理水の硬度は、通水直後は零に近いが、次第に樹脂の交換能力が落ち、硬度成分が残るようになるので、その許容範囲を超えると、残留硬度は増加するので、イオン交換樹脂を**食塩水**で再生（Naイオンを吸着）して能力を復元させる（**樹脂の再生**）。
　樹脂は次第に表面が**鉄分**で汚染され、交換能力が落ちてくるので、１年に１回程度調査し、樹脂の酸洗い及び樹脂の補充を行う。
すなわち、

(1)　単純軟化法は、給水中の**硬度成分（Ca及びMg）**を除去する**イオン交換法**の一種である。単純軟化装置は、最も簡単な装置で、設備が**安価**であり、低圧ボイラーに広く用いられている。

(2)　単純軟化法では、給水中のシリカや塩素イオンは除去できない。

(3)　処理水中の残留硬度は、**貫流点**を超えると著しく増加する。処理水中の残留硬度が急激に増**加**する点を貫流点という。

(4)　イオン交換樹脂の交換能力が低下したときは、**食塩水（NaCl）**を樹脂に通し、樹脂に吸着した硬度成分（**Ca及びMg**）をナトリウムで置換することにより、樹脂のイオン交換能力を復元させる（**樹脂の再生**）。

(5)　樹脂は次第に表面が**鉄分**で汚染され、交換能力が落ちてくるので、１年に１回程度調査し、樹脂の酸洗い及び樹脂の補充を行う。

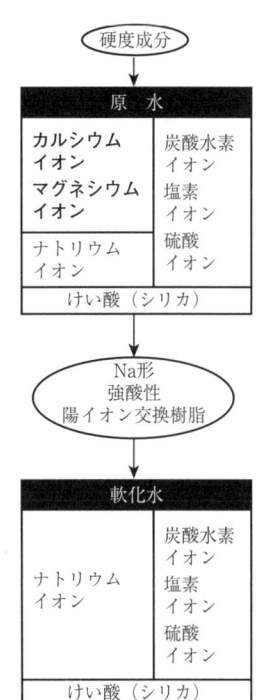

硬度成分

原　水	
カルシウムイオン　マグネシウムイオン	炭酸水素イオン　塩素イオン
ナトリウムイオン	硫酸イオン
けい酸（シリカ）	

Na形
強酸性
陽イオン交換樹脂

軟化水	
ナトリウムイオン	炭酸水素イオン　塩素イオン　硫酸イオン
けい酸（シリカ）	

単純軟化法

ボイラーの取扱いに関する知識（問11～問20）〈解答・解説〉模擬問題No.2

問18

［解答(2)　グランドパッキンシール式の場合、運転中少量の水が連続して滴下する程度にパッキンを締めておき、かつ、締め代が残っていることを確認する］

［解説］
　ディフューザポンプ（diffuser pump）は、渦巻きポンプよりもっと大きな圧力（揚程）を得ることのできる**高揚程**、**低流量型**のポンプで、渦巻き羽根の外側に**固定案内羽根**（guide vane）によって高圧力を得ることができる。その取り扱いは、次のようである。
(1)　ディフューザポンプの起動時及び運転中は、ポンプの吐出し側の圧力計で**給水圧力**を確認する。
(2)　ディフューザポンプの吸い込み側の軸グランドから**空気**が入ると、ポンプの機能が低下する。この**軸シール**にはグランドパッキンシール式（運転中は少量の水が**連続滴下**する程度にパッキンを締めておき、なお**締め代**が残っていることを確認する）と**メカニカルシール式**（水漏れがないことを確認する）がある。
(3)　ディフューザポンプの**起動**は、吸込み弁を**全開**にし、ポンプ駆動用の電動機を起動してから**吐出し弁**を徐々に**開く**。
(4)　ディフューザポンプは、吐出し弁を閉じたまま**長時間運転**すると、ポンプ内の**水温**が上昇してポンプが**過熱**する。
(5)　運転を停止するときは、**吐出し弁**を徐々に**閉じ**、全閉してから駆動用電動機を止める。

問19

［解答(2)　エコノマイザの逃がし弁（安全弁）は、ボイラー本体の安全弁より高い圧力に調整する］

［解説］
　ボイラーのばね安全弁又は逃がし弁の調整と試験は、次のようにする。
(1)　ボイラーの圧力を**ゆっくり上昇**させ、安全弁の**吹出し圧力**及び**吹止まり圧力**を確認、調整する。
(2)　エコノマイザの**逃がし弁（安全弁）**は、ボイラー本体の安全弁より**高い圧力**に調整する。
(3)　最高使用圧力の異なるボイラーが連絡している場合は、各ボイラーの安全弁を**最高使用圧力**の最も**低い**ボイラーを基準に調整する。
(4)　安全弁が2個以上設けられている場合、1個の安全弁を最高使用圧力以下で作動するように調整したときは、他の安全弁を最高使用圧力の**3％増し以下**で作動するように調整することができる。
(5)　安全弁の吹出し圧力が設定圧力より低い場合は、直ちにボイラーの圧力を設定圧力の80％程度まで下げた後、**調整ボルト**を締めて再度試験する。調整ボルトを締めると、設定圧力は高くなる。
　さらに、次の措置がある。

- 過熱器用安全弁の設定圧力は、ボイラー本体の安全弁より**低い圧力**に調整して、ボイラー本体の安全弁より**先**に吹き出すようにする。
- 安全弁の手動試験（安全弁の揚弁レバーを持ち上げる）は、**最高使用圧力の75％以上**の圧力で行う。

問20

［解答(2)　酸洗浄には通常塩酸が良く用いられる。亜硫酸ナトリウムは、脱酸素剤で、脱気後の給水中の溶存酸素の除去に用いられる清缶剤である］

［解説］
(1) **酸洗浄**は、ボイラー内の**スケール**（ボイラー水中の溶解性蒸発残留物が濃縮され、飽和状態となって析出し、伝熱面に固着したもの）を**溶解除去**する方法である。
(2) 酸洗浄には通常**塩酸**が良く用いられる。亜硫酸ナトリウムは、脱酸素剤で、脱気後の給水中の溶存酸素の除去に用いられる清缶剤である。
(3) **酸**による鋼材の腐食を防止するため**インヒビタ（腐食抑制剤）**が**添加**される。他に、スケール成分によってシリカ溶解剤、銅溶解剤、銅封鎖剤など種々の**添加剤**が使用される。酸洗浄の工程は、前処理→**水洗**→**酸洗浄**→**水洗**→中和防せい（錆）処理である。ここで、前処理とは次の項(4)のシリカ分の多い硬質スケールの膨潤をいい、中和防せい処理とは、除去しきれなかった酸流の中和をいう。
(4) シリカ分の多い**硬質スケール**を除去する場合は、酸洗浄を効果的に行うために、前処理として薬液でスケールを**膨潤**させる。
(5) 酸洗浄の作業中、酸と鉄が反応して**水素（H_2）**が発生するので、薬液注入開始から酸洗浄終了まで**火気厳禁**とする。

模擬問題No.3

問11

［解答(5)　正解：ボイラーのたき始めの急激な燃焼は、ボイラー各部で不同膨張を起こす］

［解説］
(1) 過熱器の**高温腐食**は、燃料中の**バナジウム化合物**が原因で起こる腐食で、たき始めの燃焼量の急激な増加で発生するものではない。
(2) 燃焼装置の**ベーパロック**は、重油の加熱温度が高すぎてバーナ管内で油が気化して生じるもので、たき始めの燃焼量の急激な増加で発生するものではない。
(3) **ウォータハンマ**の起こりやすいのは、蒸気を送る際に蒸気止め弁を急に開けたりしたときに生じ、たき始めの燃焼量の急激な増加で発生するものではない。
(4) **火炎**が**振動**し、**不安定**な場合は、バーナ及びその位置、煙道の構造等が原因であり、たき始めの燃焼量の急激な増加で発生するものではない。
(5) ボイラーの**たき始め**は、急激な燃焼を行ってはならない。急激な燃焼は、ボイラー各部で**不同膨張**（不均一な熱膨張）を起こし、ボイラーとれんが積みとの接触部のすき間の増加、れんが積みの目地割れ、クラック（ひび割れ）、水管や煙管の取付け部や継手からの漏れなどの原因となる。特に、**鋳鉄製ボイラー**は、急冷・急熱により割れることが多い。

問12

［解答(3)　ボイラーをたき始めると、温度上昇によるボイラー水の熱膨張により水位が上昇するので吹出しを行う］

［解説］
(1) **昇圧**に必要な時間は、ボイラーの形式、保有水量、給水温度などによって異なる。**低圧ボイラーを冷たい水からたき始めるときは、最低1〜2時間**かけて徐々にたき上げる。
(2) ボイラーのたき始めは、**空気抜き弁**を**開**とし、蒸気が発生し始めて**白色の蒸気の放出**を確認してから空気抜き弁を**閉**とする。
(3) ボイラーをたき始めると、温度上昇によるボイラー水の**熱膨張**により**水位**が**上昇**するので**吹出し**を行う。
(4) **圧力計**の機能に疑いがあるときは、圧力計の**下部コック**を**閉じる**ことによって、圧力が加わっているときでも、予備の圧力計と取り替えることができる。
(5) 整備した直後のボイラーをたき始めると、ふた取り付け部などで熱膨張による漏れが発生しやすいので、漏れの有無に関わりなく昇圧中、昇圧後に**増し締め**を行う必要がある。

問13

［解答(4)　空気より先に燃料を供給したとき、バックファイヤが発生しやすい］

［解説］
　たき口から火炎が突然炉外に**吹出**る現象を**逆火（バックファイヤ）**という。運転中よりも点火時に発生しやすい。考えられる原因としては次である。
(1)　炉内の**通風力**が**不足**しているとき、バックファイヤが発生しやすい。
(2)　点火時に**着火遅れ**が生じたとき、バックファイヤが発生しやすい。
(3)　点火用バーナの燃料の**圧力**が**低下**したとき、バックファイヤが発生しやすい。
(4)　**空気より先に燃料**を供給したとき、バックファイヤが発生しやすい。
(5)　**複数**のバーナを有するボイラーで燃焼中のバーナの火炎を利用して、次のバーナに点火したとき、バックファイヤが発生しやすい。

問14

［解答(4)　炉内温度は高すぎても、異常消火の原因とはならない］

［解説］
　油だきボイラーやガスだきボイラーでは、燃焼中に突然**消火**が起こるので、火炎が途切れたときは、直ちに燃料弁を閉じ、ダンパを全開して十分**換気**する必要がある。また、原因を取り除かない限り、運転を再開してはならない。
(1)　**燃焼用空気量**が適量を超えて**多すぎる**と、異常消火の原因となる。
(2),(3)　燃料油を絞りすぎたり、油ろ過器が詰まっていたりして、**適切な油量**が供給できなくなると、異常消火の原因となる。
(4)　**炉内温度**は高すぎても、異常消火の原因とはならない。
(5)　油の温度が**低すぎる**と、噴霧条件に適する**粘度**が得られないので、異常消火の原因となる。
　　さらに、**燃料油**に**水分**やガスが多く含まれていると、適切な**噴霧**、**燃焼条件**が得られなくなるので、異常消火の原因となる。

問15

［解答(3)　正解］

［解説］
　ボイラー底部から吹出す**間欠吹出し**又は**連続吹出し**は、ボイラー水の**濃縮**を防ぎ、ボイラーの底部にたまった**スラッジ**、**スケール**を排出するために行う。ボイラー内で蒸発が繰り返されると、ボイラー水中の不純物の**濃度**が**高まり**、ボイラーの腐食や過熱焼損の原因となる。間欠吹出しを行うのは、①ボイラーを運転する前、②運転を停止したとき、③**燃焼量**が**少なく**、**負荷**が**軽い**とき（**高負荷時**は蒸気圧力が高くなって、危険性が高く、ス

ラッジが底部に**滞留しない**ので、効果が小さい)、④蒸気圧力が低いとき、である。また、吹出しを行う間は、**他の作業**を**行わない**、**一人**で同時に２基以上のボイラーの**吹出し**を行わないことが規定されている(ボイラー及び圧力容器安全規則)。
・吹出し装置は、スケール、スラッジにより詰まる事があるので、装置の機能を維持するためにも適宜吹出しを行う。少なくとも１日に**１回以上**は行う。
・スケール、スラッジが多量に生成する恐れがある場合は、運転中もときどき吹出しを行う。
・吹出し弁を操作する者が、水面計の水位を直接見られない場合は、水面計の監視者と**共同**で合図しながら吹出しを行う。
すなわち、

(1)　給湯用温水ボイラーまたは閉回路で使用する温水ボイラーは、酸化鉄、スラッジなどの沈殿を考慮して、**ボイラー休止中**に適宜吹出しを行う。
(2)　**鋳鉄製ボイラー**は、**運転中**に**吹出しを行ってはならない**。運転中に吹出しを行うと、**急冷**され、不同膨張によって割れを発生することがある。通常、鋳鉄製ボイラーは、復水を循環使用しているので、スラッジの生成は極めて少なく、吹出しは**不要**で、ボイラー水の一部を入れ替える場合には、**停止時**ボイラー水が冷えているときに行う。
(3)　吹出し弁が直列に２個設けられている場合には、ボイラー本体に近い**急開弁**を**先に開**き、次に**漸開弁**を開いて吹出しを行う。
(4)　給湯用又は閉回路で使用する温水ボイラーでは、水はほとんど濃縮されないので、不純物の濃度は上昇せず、本来吹出しは不要である。ボイラー水を入れ換える場合には、**停止時**ボイラー水が冷えているときに行う。
(5)　一人で同時に２基以上のボイラーの吹出しは**行わない**こと、及び吹出しを行う間は、他の作業を**行わない**ことと規定されている(「ボイラー及び圧力容器安全規則」)。
なお、
・水管ボイラーの**水冷壁**の吹出しは、運転中に行ってはならない(水冷壁の吹出しは、ボイラー水の排水を目的としてボイラー停止時に行うものである)。
・吹出し量は、一般に給水とボイラー水中の**塩化物のイオン濃度**又は**電気伝導率**を測定し、その許容値から決定する。

(参考)
・ブロー(吹出し)量の決定
　給水中の硬度成分などの溶解物質(全蒸発残留物)は、水が蒸気になる時蒸気中に移行しないため、ボイラー水の中で濃縮されていくので、一部を外部に排出(ブロー)する必要がある。給水中の塩素イオン全蒸発残留、アルカリ度、シリカなどの測定対象物濃度の基準によって決定される。給水から入る量とブローで排出される量が同じであれば良いので、次式が成立する。

$$f \times F = m_0 \times B \qquad (1)$$

　ここで、f：給水中の濃度対象物の濃度 (mg/ℓ)、F：給水量 (kg/h)、m_0：ボイラー水の濃度対象物の許容濃度 (mg/ℓ)、B：ブロー(吹出し)量 (kg/h)
したがって、
・給水量に対するブロー率R_1 (%) = (給水中の目的成分濃度f) ×100/(ボイラー水の目的成分許容濃度m_0)　……………………………………(1a)

・蒸発量に対するブロー率R_2（％）＝（給水中の目的成分濃度f）×100／（ボイラー水の目的成分許容濃度m_0－給水中の目的成分濃度f） ………(1b)

すなわち、一日の給水量に式(1)のブロー率を掛けたものが一日のブロー量となる。ここで、全蒸発残留物（mg/ℓ）では、近似的に電気伝導率（μS/cm、25℃）の0.7倍であるから、複雑な成分測定をしなくても電気伝導率計の測定から全蒸発残留物が求められる。ブローする時期は間欠ブローの場合、ボイラー底部にスラッジが沈殿している朝の点検時が良いが、最近では熱回収装置付きの連続ブロー装置を備えているものが多い。

（例題１）蒸発量が400 kg/hの炉筒煙管ボイラーでボイラー水の塩化物イオン許容濃度を450 mg/ℓとする時、必要なブロー量はいくらか。ただし、給水の塩化物イオン濃度は15 mg/ℓである。

（解）式(1)から、ブロー量をB kg/hとすると、$F=(400+B)$ kg/h、$f=15$ mg/ℓ、$m_0=450$ mg/ℓから代入して$B=13.79$ kg/h

（例題２）2 t/hのガス炊き小型貫流ボイラー（ボイラー水の水質は常用圧力1 MPa以下のとき電気伝導率400 mS/m以下、JIS 8223）で、改善前に測定したボイラー水の電気伝導率は320 mS/mで、蒸発量に対するブロー率R_2は11％であった。改善後のブロー率を求めよ。

（解）給水中の目的成分濃度の電気伝導率をx mS/mとすると、式(1b)から、
改善前の蒸発量に対するブロー率R_2(％)＝11＝x×100／(320－x)　　よって、x＝35.2/1.11＝31.71、したがって、改善後のR_2(％)＝31.71×100／(400－31.71)＝8.6％

すなわち、蒸発量に対するブロー量を11％から8.6％に減らせることができ、燃料の節約、省エネルギーにつながった。

問16

[解答(5)　ボイラー水が過熱器に入り、過熱器内で蒸気温度や過熱度が低下する]

[解説]

キャリオーバ（気水共発）とは、水中に溶解または浮遊している**固形不純物**や**水滴**が、ボイラーで発生した**蒸気**に混じって、ボイラー外に運び出される現象である。これは**プライミング（水気立ち）**や**ホーミング（泡立ち）**に伴って生じる。**プライミング**は、蒸気流量の急増などによってボイラー水が**水滴**となって蒸気と共に運び出される現象、**ホーミング**は水中の溶解固形物の濃縮や有機物の存在によってドラム内に**泡**が広がり、蒸気に混入して運びだされるものである。

キャリオーバの害としては、次のようなものが考えられる。
(1)　ボイラーから出た水による**ウォータハンマ**の発生。
(2)　水全体が**揺動**し、水面計の水位が確認しにくい。

(3) 自動制御系の検出端の開口部の**閉塞**。
(4) 急激に発生すると、水位制御装置は水位が上ったものと認識して、水位を下げ、**低水位事故**を起こす。
(5) ボイラー水が**過熱器**に入り、過熱器内の**蒸気温度**や**過熱度**（ここで、過熱度とは過熱温度とその圧力の飽和温度との温度差のこと）が**低下**する。

さらに、①蒸気純度の低下、②安全弁や圧力計の性能に悪影響、③工場で蒸気に接する製品で汚染、悪臭などの悪影響を及ぼす。
キャリオーバが生じたときの処置としては、①**燃焼量**を軽くする、②蒸気弁を**閉じる**、③**吹出し**を行う、④**水質試験**を行う、 があげられる。

問17

[解答(3)　ばねの調整ボルトを締めすぎると、安全弁が作動しなくなる要因となる]

[解説]
　ボイラーのばね安全弁から**蒸気漏れ**がある場合の措置は、次のようである。
(1)　弁体と弁座の**すり合わせ**をする。
(2)　試験用レバーがある場合は、レバーを動かして**弁の当たり**を変えてみる。
(3)　ばねの**調整ボルト**を締めすぎると、安全弁が作動しなくなる要因となる。
(4)　弁体と弁座の間にごみなどが付着していないか調べる。
(5)　弁体と弁座との**中心**が合っているか調べる。
　ほかに、弁を押し下げる**ばねが腐食**していないか調べる。

問18

[解答(4)　水柱管の水側連絡管は、連絡管の途中にスラッジがたまらないように、水柱管に向かって上がり勾配になるように配置する]

[解説]
　水面計は、ボイラー水位を知るための重要な装置なので、機能試験は**毎日**行う。
水面計のコックは、通常のコックとは異なり、ハンドルが管軸に対して**直角**方向になっているときに**開く**。蒸気圧力がある場合の水面計の機能試験では、ボイラー水のブロー、蒸気のブローの順に行って、ドレンコックを閉じ、蒸気コック、水コックの順に開いて、ガラス管内の水の上昇具合を確認する。
(1)　機能試験は、たき始めに蒸気圧力がある場合は**点火**の直前に、蒸気圧力がない場合は蒸気圧力が**上がり始めた**ときに行う。
(2)　キャリオーバを生じた時は、水面計の機能試験を行う。
(3)　水面計が水柱管に取り付けられている場合は、水柱管下部のブロー管により**毎日1回**ブローを行う。
(4)　水柱管の水側連絡管は、連絡管の途中にスラッジがたまらないように、水柱管に向かって**上がり勾配**となるように配置する。

(5) **差圧式**の遠方水面計は、蒸気部に設けたコンデンサーで凝縮されたドレンと実際水面の圧力差を検出して水位を測定するものであるが、圧力差は小さいので、わずかな漏れで大きな誤差を生じる。**漏れを完全に防止**しなければならない。
また、水面計の機能試験の実施条件は、次のようである。
①2個の水面計の水位に差異が認められたとき。
②ガラス管の取替えなどの補修をおこなったとき。
③キャリオーバが生じたとき。
④ボイラーの取扱い担当者が変わったとき。

問19

[解答(2)　ボイラーをたき始める時、胴の空気抜き弁は、胴内部の空気を追い出すために開にする]

[解説]
(1) **主蒸気止め弁**は、圧力が上昇し、送気するまで**閉**とする。
(2) **胴の空気抜き弁**は、ボイラーをたき始める時、胴内部の空気を追い出すために**開**にする。
(3) 水面計とボイラー間の**連絡管の弁とコック**は、水面計によって水面を常時確認するために**開**とする。
(4) **吹出し弁と吹出しコック**は、吹出し時に開で、その他は常時**閉**とする。
(5) **圧力計のコック**は、圧力を常時確認するため**開**とする。

問20

[解答(5)　正解]

[解説]
　脱酸素剤は、清缶剤の一種である。**清缶剤**とは、スケールの付着、腐食、キャリオーバなどを防止するために、給水及びボイラー水に添加する薬品（次表参照）である。**脱酸素剤**は、ボイラー給水中の酸素を除去（化学反応）するのに使用され、**亜硫酸ナトリウム**（$NaSO_3$）、**ヒドラジン**（N_2H_4）、**タンニン**がある。**軟化剤**とは、ボイラー水中の硬度成分を、スケールを生成させずにスラッジを生成させる成分に変えるのに、添加する薬剤で**炭酸ナトリウム、りん酸ナトリウム**がある。**pH及び酸消費量の調整剤**には、ボイラー水に酸消費量を付与するものと、酸消費量の上昇を抑制するものがある。**水酸化ナトリウムと炭酸ナトリウム**は、低圧ボイラーの酸消費量付与剤である。

清缶剤の種類

作用	代表的な薬品
軟化剤	炭酸ナトリウム りん酸ナトリウム
脱酸素剤	タンニン 亜硫酸ナトリウム ヒドラジン
pH及び酸消費量の調節剤	水酸化ナトリウム 炭酸ナトリウム
スラッジ分散剤	タンニン
給水・復水系統の防食剤	pH調節（防食）剤 被膜性防食剤

模擬問題No.4

問11

［解答(3)　油だきボイラーの手動操作による点火方法は、点火棒に点火し、炉内に差し込み、バーナの先端のやや前方下部に置いて、燃料弁を開き、バーナに点火する］

［解説］
　ダンパ（damper）とはボイラーなどの煙道において煙の排出量や空気流量を調節もしくは遮断を目的とした可動板のことである。**プレパージ**（prepurge）とは、炉や煙道内に未燃の可燃性ガスが残留している場合、点火すると爆発の危険性が強いので、点火する前に**換気**して未燃の可燃性ガスを追い出すことをいう。
　油だきボイラーの手動操作による点火方法は、次のようである。
(1) **ファンを運転し、ダンパをプレパージ**の位置に設定して換気した後、ダンパを点火位置に設定し、炉内通風圧を調節する。
(2) ハイ・ロー・オフ動作による制御では、**高燃焼域**と**低燃焼域**があり、バーナは**低燃焼域**で点火する。
(3) 点火棒に点火し、炉内に差し込み、**バーナの先端のやや前方下部**に置いて、**燃料弁**を開き、**バーナ**に点火する。
(4) 燃料の種類及び燃焼室熱負荷の大小に応じて、燃料弁を開いてから**2〜5秒間**の**点火制限時間内**に着火させる。制限時間（2〜5秒間）内に点火しないとき、及び燃焼状態が不安定なときは直ちに燃料弁を閉じて点火操作を打ち切り、ダンパを全開し炉内を**完全換気**してから、不着火や燃焼不良の原因を調べ、再び点火操作を行う。
(5) バーナが上下に2基配置されている場合は、**下方**のバーナから点火する。

問12

［解答(2)　燃料の供給を停止し、炉内の石炭などの燃料は完全に燃え切らせて、その後、押し込みファンを止める］

［解説］
　ボイラーの運転を停止し、ボイラー水を排出して冷却する場合の措置は、次のようである。
(1) ボイラーの水位を**常用水位**に保つように**給水**を続け、蒸気の送り出しを**徐々に減少**する。
(2) 燃料の供給を**停止**し、炉内の石炭などの燃料は完全に**燃え切ら**せて、その後、押し込みファンを止める。
(3) ボイラーに圧力がないことを確かめた後、**給水弁**、**蒸気弁**を閉じる。
(4) ボイラー内部が真空にならないように、**空気抜き弁**、その他**蒸気室部の弁**を開く。
(5) 排水がフラッシュしないように、ボイラー水の温度が**90℃以下**になってから、吹出し

弁を開き、ボイラー水を排出する。

問13

[解答(5)　正解]

[解説]
　ボイラーの使用中に突然異常事態が生じて、ボイラーを緊急停止しなければならないときの手順は次のようである。

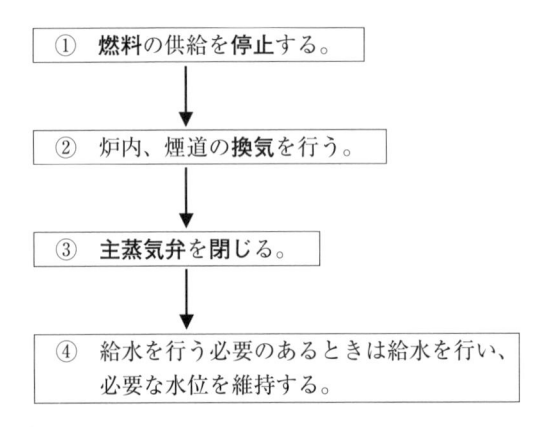

① **燃料**の供給を**停止**する。
↓
② 炉内、煙道の**換気**を行う。
↓
③ **主蒸気弁**を**閉**じる。
↓
④ 給水を行う必要のあるときは給水を行い、必要な水位を維持する。

　突然の停電の場合は、上記操作後、電源スイッチを切り、バーナを炉から抜き出す。地震による緊急停止の場合は、さらに油タンクの弁を閉じ、油加熱器の電源や蒸気を停止し、**火災**を起こさないような措置をとる。

問14

[解答(1)　ウォータハンマの発生は、ボイラー水位の異常低下の原因ではない]

[解説]
　ボイラー水位が安全低水面以下に異常低下する原因は、次のようである。
①水面計の**機能不良**（不純物による水面計の**閉そく**など）、②蒸気の**大量消費**、③ボイラー水の**もれ**（吹出し装置の閉止不完全、水管、煙管などの損傷による漏れなど）、④**給水不能**（給水装置や逆止め弁の故障、給水弁の操作不良、**給水温度**の**過昇**、貯水槽の水量不足など）。
　ここで、ウォータハンマの発生は、ボイラー水位の異常低下の原因ではない。
　異常低水位となった場合は、直ぐに**燃焼**を**停止**させ、又水位低下の進行を防ぐため、**主蒸気弁**を**閉止**する。

問15

[解答(4)　初めから全開とするのは吸込み弁だけで、吐出し弁は全閉から電動機を起動してポンプの回転と水圧が正常になったら吐出し弁を徐々に開き全開にする]

[解説]
　ディフューザポンプ（diffuser pump）は、渦巻きポンプよりもっと大きな圧力（揚程）を得ることができる**高揚程、低流量型**のポンプである。渦巻き羽根の外側に位置する**固定案内羽根**（guide vane）によって高圧力を得ることができる。
　その取り扱いは、次のようである。
(1)　ポンプの起動時及び運転中は、ポンプの吐出し側の圧力計で**給水圧力**を確認する。
(2)　ポンプの吸い込み側の軸グランドから**空気**が入ると、ポンプの機能が低下する。この軸シールには**メカニカルシール式**（水漏れがないことを確認する）と**グランドパッキンシール式**（運転中は少量の水が**連続滴下**する程度にパッキンを締めておき、なお**締め代**が残っていることを確認する）がある。
(3)　ポンプを起動する前に、ポンプ内と前後の配管から**空気**を抜いておく。
(4)　ポンプを**起動**するときは、吸込み弁を**全開**にし、ポンプ駆動用の電動機を起動してから吐出し弁を徐々に**開く**。
(5)　ポンプの運転を停止するときは、吐出し弁を徐々に**閉じ**、全閉してから駆動用電動機を止める。
　ただし、ポンプは、吐出し弁を閉じたまま長時間運転すると、ポンプ内の水温が上昇してポンプが**過熱**するので注意する。

問16

[解答(1)　ガラス水面計の機能試験は、ボイラーに残圧がなければ、ボイラーのたき始めの圧力が上がり始めたときに行う。残圧があれば、点火直前である]

[解説]
　水面計の機能試験は、毎日行う必要があるが、その時期は次のようである。
(1)　ボイラー内に圧力があれば、ボイラーをたき始める前の**点火直前**、ボイラー内に圧力がなければ、ボイラーをたき始め、圧力が上がり始めたときに行う。
(2)　2組の水面計の水位に**差異**があるとき。
(3)　ガラス管の**取替え**、その他の**補修**をしたとき。
(4)　取扱い担当者が交替し、次の者が引き継いだとき。
(5)　**キャリオーバ**（プライミング、ホーミング）が生じたとき。
　さらに、水位の動きがにぶく、正しい水位かどうか疑いを感じたとき、である。
　なお、ボイラー運転中、周期的に上下にある幅でたえず動いている水面計は正しく機能しているので、機能試験実施の時期ではない。

問17

[解答(2)　高温部のバナジウムなどによる高温腐食は管外面腐食で、内面清掃ではない]

[解説]
　内面清掃は、機械的清掃法と酸洗浄法の2つがある。外面清掃には主として工具を使用した機械的清掃法が用いられるが、高圧空気や蒸気を吹き付けて除去することもある。
(1)　内面清掃の目的として、スケールやスラッジによる過熱の原因を除き、腐食や損傷を防止する。
(2)　外面清掃として、すすの付着防止やバナジウムによる高温腐食を防止する。
(3)　塩類（硬度成分）がボイラー水の蒸発とともにスケールやスラッジに変わり、効率の低下を引き起こす。
(4)　穴や管の閉塞による安全装置や自動制御装置などの運転機能の障害を防止する。
(5)　スケールによる伝熱性能低下によって、循環水の比重差が小さくなり、循環障害を起こすので、内面清掃で防止する。

問18

[解答(3)　過熱器にボイラー水が入り、過熱器内の蒸気温度を低下させる]

[解説]
　キャリオーバ（気水共発）とは、水中に溶解または浮遊している固形不純物や水滴が、ボイラーで発生した蒸気に混じって、送気系統に運び出される現象であり、プライミング（水気立ち）やホーミング（泡立ち）に伴って生じる。プライミングは、蒸気流量の急増などによってボイラー水が水滴となって蒸気と共に運び出される現象、ホーミングは水中の溶解固形物の濃縮や有機物の存在によってドラム内に泡が広がり、蒸気に混入して運びだされるものである。
　キャリオーバが発生したときの悪い現象として、次のようなものがある。
(1)　蒸気純度の低下、
(2)　ボイラーから出た水によるウォータハンマの発生。
(3)　過熱器内で蒸気温度や過熱度が低下、ここで、過熱度とは過熱温度とその圧力の飽和温度との温度差のことをいう。
(4)　水全体が揺動し、水面計の水位が確認しにくい。
(5)　急激に発生すると、水位制御装置は水位が上ったものと認識して、水位を下げ、低水位事故を起こす。
　他に、・安全弁や圧力計の性能に悪影響、
　　　　・自動制御系の検出端の開口部の閉塞、
　　　　・工場で蒸気に接する製品で汚染、悪臭などの悪影響を及ぼす。
　また、キャリオーバが生じたときの処置として、①燃焼量を小さくする、②蒸気弁を閉じる、③吹出しを行う、④水質試験を行う　がある。

問19

[解答(5)　酸洗浄の作業中、水素（H₂）が発生するので、薬液注入開始から酸洗浄終了まで火気厳禁とする]

[解説]
(1) **酸洗浄**は、ボイラー内の**スケール**（ボイラー水中の溶解性蒸発残留物が濃縮され、飽和状態となって析出し、伝熱面に固着したもの）を**溶解除去**する方法である。酸洗浄には通常**塩酸**がよく用いられる。
(2) 酸による鋼材の腐食を防止するため**インヒビタ（腐食抑制剤）**が添加される。他に、スケール成分によってシリカ溶解剤、銅溶解剤、銅封鎖剤など種々の**添加剤**が使用される。
(3) **酸洗浄**の工程は、前処理→**水洗**→酸洗浄→**水洗**→中和防せい（錆）処理である。
(4) シリカ分の多い硬質スケールを除去する場合は、酸洗浄を効果的に行うために、**前処理**として薬液でスケールを**膨潤**させる。
(5) 酸洗浄の作業中、酸と鉄が反応して**水素（H₂）**が発生するので、薬液注入開始から酸洗浄終了まで**火気厳禁**とする。

問20

[解答(4)　イオン交換樹脂の交換能力が低下した場合、食塩水を樹脂に通し、樹脂に吸着した硬度成分（カルシウム及びマグネシウム）をナトリウムで置換することにより、樹脂のイオン交換能力を復元させる]

[解説]
　ボイラー補給水処理の**単純軟化法**は、次のようである。
(1) 給水を**強酸性陽イオン交換樹脂**を充填した**Na塔**に通過させて、**硬度成分**を除去する。
(2) 給水中の**カルシウム及びマグネシウム**を除去する。
(3) 処理水の残留硬度は、**貫流点**を超えると、著しく増加する。ここで、貫流点とは、処理水中の残留硬度が急激に増加する点のことをいう。
(4) 強酸性陽イオン交換樹脂が交換能力を減じたときには、**食塩**で**再生**を行う。
(5) 強酸性陽イオン交換樹脂は、1年に1回程度鉄分による汚染などを調査し、樹脂の洗浄及び補充を行う。

模擬問題 No.5

問11

[解答(3)　ボイラーをたき始めると、ボイラー水の膨張により水位が上昇するので吹出しを行う]

[解説]
ボイラーの圧力上昇時の取扱いは、次のようである。
(1)　昇圧に必要な時間は、ボイラーの形式、保有水量、給水温度などによって異なる。**低圧ボイラーを冷たい水からたき始めるときは**、**最低1～2時間**かけて徐々にたき上げる。
(2)　ボイラーのたき始めは、**空気抜き弁を開**とし、蒸気が発生し始めて**白色の蒸気の放出**を確認してから**空気抜き弁を閉**とする。
(3)　ボイラーをたき始めると、ボイラー水の**膨張**により**水位**が上昇するので**吹出し**を行う。
(4)　ボイラーの運転中は、**圧力を一定**に保つために、**燃焼量**を加減する必要がある。
(5)　圧力計の機能に疑いがあるときは、圧力計の**下部コック**を閉じることによって、圧力が加わっているときでも、予備の圧力計に**取り替える**ことができる。

問12

[解答(4)　設置後のボイラーの水圧試験圧力は、最高使用圧力の1～1.1倍の圧力により実施する]

[解説]
ボイラーの水圧試験は、製造時と設置後において試験圧力に違いがある。
(1)　**空気抜き用止め弁**を開いたまま水を張り、オーバーフローを確認してから空気抜き用止め弁を**閉止**する。
(2)　水圧試験に用いる水の温度は、**室温**を標準とする。
(3)　ばね安全弁は、管台のフランジに**遮断板**を当てて密閉する。
(4)　設置後のボイラーの水圧試験は、最高使用圧力の**1～1.1倍**の圧力で実施する。製造時の試験圧力は、最高使用圧力の**1.5倍**である。
(5)　水圧試験圧力に達した後、約**30分間**保持し、圧力の降下の有無を確かめる。保持時間の30分は、製造時も設置後も同一である。

ボイラーの水圧試験

実施時期	試験圧力	保持時間
製造時	最高使用圧力の1.5倍	30分
設置後	最高使用圧力の1～1.1倍	30分

問13

[解答(5) 空気量の過不足は、**燃焼ガス計測器**によって測定されたCO_2、CO又はO_2の値から空気量を知ることができる]

[解説]
　燃料の維持・調節とは、ボイラーの圧力を常に一定に保持して運転するために、負荷の変動に応じて燃焼量を増減することである。燃焼調節上の注意点は次のようである。
(1)　常に火炎の**流れ**の方向を監視し、ボイラー本体やれんが壁に火炎が**触れない**ように注意する。
(2)　蒸気圧力を一定に保つように負荷の変動に応じて、**燃焼量**を増減する。
(3)　燃焼量を増すときは、**空気量を先に増**し、燃焼量を減ずるときは、**燃料の供給量を先に減少**させる。
(4)　炎が短く、**輝白色**で炉内が明るい場合には、空気量が多いので、**空気量を少なくする**。
(5)　常に燃焼用空気量の過不足に注意し、**不完全燃焼**による**ばい煙発生**を防いで効率の高い燃焼を行う。空気量の過不足は、燃焼ガス計測器によって測定したCO_2、CO又はO_2の値から空気量を知り判断する。
　なお、空気量の過不足の判断は、次表のように**炎の形**及び**炎の色**によっても知ることができる。

空気量と炎の形と色

空気量	炎	炉　内
多い	短炎・輝白色	明るい
適量	オレンジ色	見通しが良い
少ない	暗赤色	煙発生、見通しが悪い

問14

[解答(5)　火炎中の火花の発生原因は、通風の不足ではなく、通風の強すぎのためである]

[解説]
　重油燃焼運転中の火炎に**火花**が生じる原因としては、次である、
(1)　バーナの調整不良や故障
(2)、(3)　**燃料油**の温度、圧力の不適正
(4)　**噴霧媒体**の温度、圧力の不適正
(5)　**通風の強すぎ**

ボイラーの取扱いに関する知識（問11～問20）〈解答・解説〉模擬問題No.5

問15

［解答(2)　正解］

［解説］
　自動制御における点火操作は、**シーケンス制御**で行われる。燃料油が**B重油**又は**C重油**の場合は、粘度が高いため噴霧条件に適するように加熱する必要がある。

燃料油の適温

燃料油	温度条件
B重油	50～60℃
C重油	80～105℃

・燃料油の温度が**低すぎる**場合は、バーナからの噴霧が不良となり、着火しない原因となる。

問16

［解答(4)　吹出し弁が直列に2個設けられている場合には、ボイラー本体に近い急開弁を先に開き、次に漸開弁を徐々に開いて吹出しを行う］

［解説］
　ボイラー底部からの間欠吹出しは、ボイラー水の**濃縮**を防ぎ、ボイラーの底部にたまった**スラッジ**、**スケール**を排出するものである。蒸発が繰り返されると、ボイラー水中の不純物の**濃度**が高まり、ボイラーの**腐食**や**過熱焼損**の原因となる。
(1)　吹出しは、ボイラーを**運転する前**、**運転を停止したとき**、又は**燃焼量**が**少なく**、**負荷**が**低いとき**に行う。**高負荷時**には蒸気圧力が高くなっているので、危険性が高く、また高負荷時はスラッジが底部に**滞留しない**ので、効果が小さい。
(2)　**スケール、スラッジ**が多量に生成する恐れがある場合は、運転中もときどき吹出しを行う。
(3)　給湯用温水ボイラーまたは閉回路で使用する温水ボイラーは、**酸化鉄**、**スラッジ**などの沈殿を考慮して、**ボイラー休止中**に適宜吹出しを行う。
(4)　吹出し弁が直列に2個設けられている場合には、ボイラー本体に近い**急開弁**を**先に開**き、次に**漸開弁**を徐々に開いて吹出しを行う。
(5)　**吹出し量**は、一般に給水とボイラー水中の**塩化物イオンの濃度**又は**電気伝導率**を測定し、その許容値から決定する。

さらに、
・吹出し装置は、スケール、スラッジにより詰まることがあるので、装置の機能を維持するためにも適宜吹出しを行う。少なくとも1日に**1回以上**は行う。
・吹出し弁を操作する者が、水面計の水位を直接見られない場合は、水面計の監視者と共

同で合図しながら吹出しを行う。
- 水管ボイラーの**水冷壁**の吹出しは、運転中に行ってはならない（水冷壁の吹出しは、ボイラー水の排水を目的としてボイラー停止時に行うものである）。
- **鋳鉄製ボイラー**は、**運転中**に**吹出し**を行ってはならない。運転中に吹出しを行うと、**急冷**され、不同膨張によって**割れ**が発生することがある。通常、鋳鉄製ボイラーは、復水を循環使用しているので、スラッジの生成は極めて少なく、吹出しは**不要**で、ボイラー水の一部を入れ替える場合には、**停止時**にボイラー水が冷えているときに行う。

なお、吹出しを行う間は、**他の作業**を行わないこと、**一人**で同時に２基以上のボイラーの**吹出し**を行わないことが規定されている（ボイラー及び圧力容器安全規則）。

問17

[解答(4)　マグネシウム硬度とは、水中のマグネシウムイオンの量を、これに対応する炭酸カルシウムの量に換算して試料１ℓ中のmg数で表す]

[解説]
水管理に関して、まず次の用語を理解しておく必要がある。
- ppm（parts per million, 百万分の１）とは、**質量100万分率**で、水１kgに含有する物質の**mg数**（mg/kg）或いは水１トン中に含まれる物質の**g数**（g/t）である。また水１ℓ中の物質の**mg数**（mg/ℓ）を表す。
(1) 水（水溶液）が酸性かアルカリ性かは、水中の水素イオン（H⁺）と水酸化物イオン（OH⁻）の量により定まる。それを示す方法として、水素イオン指数pH（ペーハー或いはピーエイチ）が用いられる。
(2) 常温（25℃）で**7未満**が**酸性**、**7を超える**と**アルカリ性**、**7**が**中性**である。
(3) **酸消費量（アルカリ度）**とは、水中に含まれる**水酸化物**、**炭酸塩**、**炭酸水素塩**などの**アルカリ分**を示すもので、アルカリ分をpH4.8まで中和するのに必要な**酸消費量（pH4.8）**と、アルカリ分をpH8.3までに中和するに必要な**酸消費量（pH8.3）**の２種類がある。
(4) **マグネシウム硬度**：水中のマグネシウムイオンの量を、これに対応する**炭酸カルシウム**の量に換算して試料１ℓ中のmg数で表す。
(5) **カルシウム硬度**：水中のカルシウムイオンの量をこれに対応する**炭酸カルシウム**の量に換算して試料１ℓ中のmg数で表す。

水管理の目的は、ボイラー水中に含まれている不純物による種々の悪影響を避けるためであるが、次のようである。
①伝熱面へのスケールの生成付着を予防する。スケールの**熱伝導率**は、一般に軟鋼の$\frac{1}{20}$から$\frac{1}{100}$程度で断熱材のようなものなので伝熱性能が悪化する。
②**腐食**の発生を防ぐ。
③**キャリオーバ**を防止する。
④アルカリによる**苛性脆化**を防止する。ボイラー水中で分解されて生じた**水酸化ナトリウ**

ム（NaOH）が過度に濃縮されると、水酸イオンが多くなり**アルカリ度**が**高**くなる。このアルカリ度の高いボイラー水が**鋼材**と反応して**水素**、あるいは高温高圧下で作用して生じる**ナトリウム**が、鋼材の**結晶粒界**を侵し、材質を**劣化**させる（**苛性脆化**）。

問18

［解答(5)　正解］

［解説］
　蒸気圧力があるときの水面計の機能試験の操作順序は、次のようである。
①蒸気コック及び水コックを閉じ、ドレンコックを開いてガラス管内の水を抜く。
②水コックを開いてボイラー水だけを出し、それから閉じる。
③蒸気コックを開いて蒸気だけをブローし、閉じる。
④ドレンコックを閉じ、蒸気コックを開いて、最後に水コックを開く。
　水の上昇具合を見て、勢いよく上昇するのを確認する。ガラス管内の水位の上昇が遅い場合は水路側の通路に障害物があるので、原因を取り除いて再度機能試験を行う。
　なお、**コックハンドル**は一般のコックと異なり、ハンドルが管軸方向と**直角**方向になった場合に**開**、**同方向**で**閉**になっている。

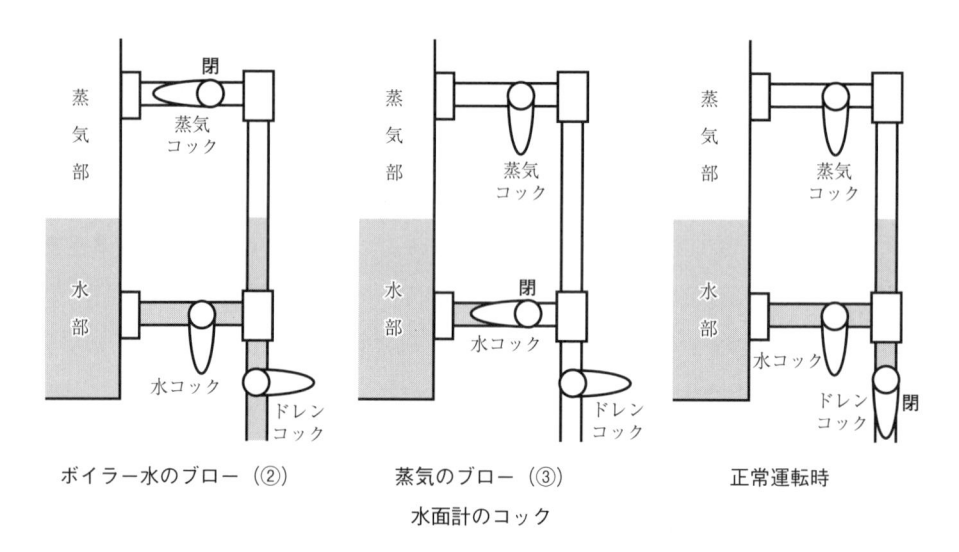

ボイラー水のブロー（②）　　蒸気のブロー（③）　　正常運転時
水面計のコック

問19

[解答(5) 高濃度の水酸化ナトリウムと鋼材（鉄）の反応による腐食は、アルカリ腐食で、高温腐食ではない]

[解説]
　腐食は、ボイラーで最も発生する損傷の一つであり、管理不良では運転中、休止中に関わらず発生する。ボイラー内側の腐食（**内面腐食**）は**電気化学的作用**で起こり、水中に溶存気体（O_2，CO_2など）が存在すれば、さらに腐食が**進行する**。

(1) 給水中に含まれる溶存気体のO_2，CO_2は、鋼材の**腐食**の原因となる。
(2) 腐食は、一般に**電気化学的作用**により鉄が**イオン化**することによって生じる。水中での鉄のイオン化を減少させるため、**酸消費量**を調整する方法がある。
(3) 腐食は、その形態によって**全面腐食**と**局部腐食**がある。全面腐食は、金属表面の全面に腐食が進行し、金属がはがれる状態をいう。
(4) 局部腐食には、**ピッチング**（孔食、点食）、**グルービング**（溝食）がある。ピッチング（孔食、点食）は、内面に発生する2～5mm程度の**粟粒、豆粒大**の点状の腐食で、原因は溶存気体のO_2，CO_2な作用による。グルーピング（溝食）は、細長く連続した**溝状**の腐食で、溝部の溶存O_2により腐食が進行し、**割れ**を生じることがある。
(5) **アルカリ腐食**は、**高温環境下で水酸化ナトリウム（NaOH）**の濃度が高くなると、**鋼材**と反応して生じる。

---（参考）---

高温腐食
　約300℃以上の高温環境下で生じる腐食を総称して高温腐食と呼んでいる。高温酸化を含めてプラントに特有な腐食現象が存在する。例えば廃棄物焼却プラントにおいてごみ焼却ボイラーの管壁温度と腐食による浸食速度の関係は、次図のように300～700℃ではごみを焼却した塩素など塩化物を含む低融点の溶融塩と塩化水素（HCl）ガスの共存によって浸食度が大きくなる。700℃以上になると、溶融塩が分解するのでガス腐食のみになる。また、重油ボイラーでは特に五酸化バナジウム（V_2O_5）を含む灰分は融点が600℃以下に低下し、過熱器の高温部に付着したり、鋼材の結晶粒界を腐食させる（バナジウムアタック）。
　低温腐食では燃料に硫黄(S)分を含む場合ボイラー燃焼によって硫黄酸化物（SO_2、SO_3）の発生によって燃焼ガス排気側の空気予熱器やエコノマイザー表面で露点温度以下となると、結露し硫酸（H_2SO_4）水溶液が形成され、腐食が生じる（硫酸露点腐食）。

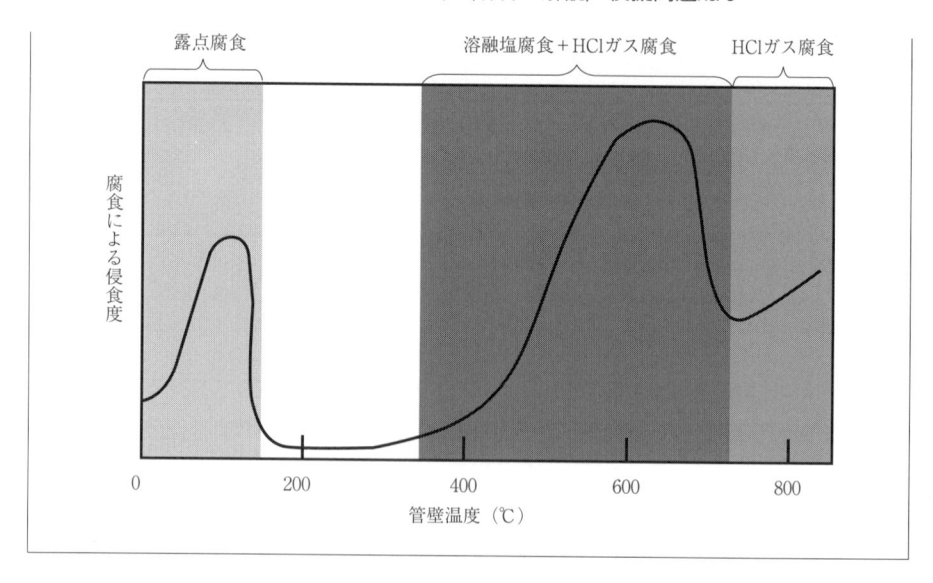

ボイラーの取扱いに関する知識（問11～問20）〈解答・解説〉模擬問題No. 5

グラフ：管壁温度（℃）と腐食による侵食度の関係
- 露点腐食（0～約350℃付近）
- 溶融塩腐食＋HClガス腐食（約350～750℃）
- HClガス腐食（約750℃以上）

問20

[解答⑷　脱酸素剤は、タンニン、亜硫酸ナトリウム（NaSO₃）、ヒドラジン（N₂H₄）である]

[解説]
　清缶剤使用の目的は、硬度成分の**塩類**を分解して沈殿させ、**スラッジ**として取り出しやすい状態にする（硬度成分の軟化、**軟化剤**）ことやpH及び酸消費量を調整することなどである。
(1)　**軟化剤**とは、ボイラー水中の**硬度成分**を、スケールを生成させずにスラッジを生成させる成分に変えるために添加する薬剤をいう。
(2)　軟化剤には、**炭酸ナトリウム、リン酸ナトリウム**などが用いられる。
(3)　脱酸素剤は、清缶剤の一種で、ボイラー給水中の酸素を除去（化学反応）して腐食を防止するために使用される。
(4)　脱酸素剤には、**亜硫酸ナトリウム（NaSO₃）、ヒドラジン（N₂H₄）、タンニン**がある。
(5)　**pH及び酸消費量の調整剤**には、ボイラー水に酸消費量を付与するものと、酸消費量の上昇を抑制するものがある。低圧ボイラーの酸消費量付与剤には**水酸化ナトリウム**と**炭酸ナトリウム**がある。
　なお、スラッジの分散剤とは、ボイラーで軟化して生じたスラッジが伝熱面に焼き付きスケールにならないように、沈殿物の結晶の成長を防止するもので、**タンニン**が用いられる。

清缶剤の種類

作用	代表的な薬品
軟化剤	炭酸ナトリウム りん酸ナトリウム
脱酸素剤	タンニン 亜硫酸ナトリウム ヒドラジン
pH及び酸消費量の調節剤	水酸化ナトリウム 炭酸ナトリウム
スラッジ分散剤	タンニン
給水・復水系統の防食剤	pH調節（防食）剤 被膜性防食剤

ボイラーの取扱いに関する知識（問11～問20）〈解答・解説〉模擬問題No.6

模擬問題No.6

問11

［解答(2)　主蒸気管、蒸気だめなどのドレン抜きを全開にして、ドレンを完全に排出し、主蒸気弁を少し開け、主蒸気管内に少量の蒸気を通し、管を暖める（暖管）］

［解説］
　送気始めに閉止していた主蒸気弁を開くときには、次の操作で段階的に弁を徐々に開いていく。
① 主蒸気管、管寄せ、蒸気だめなどの**ドレン抜き**を**全開**にして、ドレンを完全に**排出**する。
② 主蒸気弁を少し開け又はバイパスがあるときはバイパス弁を開けて、主蒸気管内に少量の蒸気を通し、管を暖める（**暖管**）、
③ 主蒸気管が十分暖まった後、**主蒸気弁**をゆっくりと開いていき、全開状態になったら少し**戻して**おく。
　送気開始直後の点検としては、次に注意する。
・ドレン弁、バイパス弁、その他の弁の**開閉状態**を点検する。
・送気を始めると、圧力が低下するので、圧力計を見ながら**燃焼量**を調節する。
・水位に**変動**が現れるので、給水装置の運転状態を確認しながら、水面計で**水位**を確認する。
・インターロックなど**自動制御装置**に異常がないか点検する。
　特に、主蒸気弁を始めて開くときには、**ウォータハンマ**（スチームハンマ）といって、これまで溜まっていたドレンや蒸気の凝縮によって生じた**ドレン**が高速で流れ、弁や曲管又はドレン同志が互いに衝突し、**衝撃音**や**振動**を発生させ、配管や装置に被害を及ぼすことがある。また、主蒸気弁の急開では、汽水ドラム缶内で**キャリオーバ**（気水共発）すなわちボイラーから蒸気が発生するときに、ボイラー水中の固形物の一部が蒸気へ移行する現象で、**プライミング現象**と**ホーミング現象**がある。プライミング現象とは、主蒸気弁の開などによって缶内が減圧され、激しく沸騰が行われ、水滴が蒸気中に飛び出す現象で、ホーミング現象とはボイラー水中の油脂類、溶解固形物、浮遊物などによってドラム水面に多量の泡が生ずるもので、いずれも蒸気中に同伴される。これによって蒸気純度は低下し、品質への影響や配管腐食などの問題を引き起こす危険性がある。
　すなわち、
(1)　送気するとボイラーの圧力が降下するから、圧力計を見て燃焼量を調節する。
(2)　蒸気を送り込む側の主蒸気管、蒸気だめなどにあるドレン弁を全開にして、ドレンを完全に排出し、主蒸気弁を少し開け、主蒸気管内に少量の蒸気を通し、管を暖める。
(3)　主蒸気弁にバイパス弁が設けられている場合、まずバイパス弁を開いて蒸気を送る。
(4)　暖管が十分行われたら、主蒸気弁を段階的に徐々に開き、全開状態になったら少し戻しておく。
(5)　送気すると、水面計の水位に変動が現れるから、給水装置の運転状態を見ながら水位

を監視する。

問12

[解答(2)　燃焼量を増すときは、空気量を先に増し、燃焼量を減ずるときは、燃料の供給量を先に減少させる]

[解説]
燃焼の維持・調節上の注意点は次のようである。
(1) ボイラーの圧力を常に一定に保持して運転するために、負荷の変動に応じて燃焼量を増減する。
(2) 燃焼量を増すときは、**空気量**を**先に増し**、燃焼量を減ずるときは、**燃料の供給量**を**先に減少**させる。
(3) 常に火炎の**流れ**の方向を監視し、ボイラー本体やれんが壁に火炎が**触れない**ように注意する。
(4) 空気量の過不足は、燃焼ガス計測器によってCO_2、CO又はO_2の含有値を知り、空気量を判断する。なお、空気量の過不足の判断は、次表の**炎の形**及び**炎の色**によっても知ることができる。
(5) 炎が短く、**輝白色**で炉内が明るい場合には、空気量が多いので、空気量を少なくする。

空気量と炎の形と色

空気量	炎	炉内
多い	短炎・輝白色	明るい
適量	オレンジ色	見通しが良い
少ない	暗赤色	煙発生、見通しが悪い

さらに、
・常に燃焼用空気量の過不足に注意し、**不完全燃焼**による**ばい煙発生**を防いで効率の高い燃焼を行う。
・不必要な空気の炉内侵入を防止し、炉内を高温に保つ。
・**加圧燃焼**においては、断熱材やケーシングの損傷、燃焼ガスの**漏出**を防止する。

問13

[解答(2)　バーナの油噴霧粒径は小さくても、炭化物生成の原因とはならない]

[解説]
(1) バーナの**油噴射角度**が適正でないと、**炭化物生成**の原因となる。
(2) バーナの**油噴霧粒径**は小さい方が燃え易く、炭化物生成の**原因**ではない。

(3) **燃料油**の**圧力**が適正でないと、炭化物生成の原因となる。
(4) **加熱温度**が高すぎると、バーナ管内で油が気化して正常に燃料が供給されなくなるベーパロック、いきづき燃焼及び炭化物生成の原因となる。また加熱温度が低すぎても、**すす**が生じて、炭化物が付着、生成の原因となる。
(5) 燃料油の**残留炭素**（石油を一定の方法で蒸発、加熱分解した後に残るコークス状の炭化残留物）が多いと、炭化物生成の原因となる。

問14

［解答(5)　鋳鉄製ボイラーは、復水を循環使用しているので、スラッジの生成は極めて少なく、吹出しは不要で、ボイラー水の一部を入れ替える場合には、停止時にボイラー水が冷えているときに行う］

［解説］
ボイラー底部から吹出す間欠吹出しは、ボイラー水の**濃縮**を防ぎ、ボイラーの底部にたまった**スラッジ**、**スケール**を排出するために行う。ボイラー内で蒸発が繰り返されると、ボイラー水中の不純物の**濃度**が高まり、ボイラーの腐食や過熱焼損の原因となる。

(1) 吹出し装置は、スケール、スラッジによって詰まることがあるので、装置の機能を維持するためにも適宜吹出しを行い、少なくとも1日に**1回以上**は行う。
(2) 吹出し弁を操作する者が、水面計の水位を直接見ることができない場合は、水面計の監視者と**共同**で合図しながら吹出しを行う。
(3) 吹出し弁が直列に2個設けられている場合には、ボイラー本体に近い**急開弁**を**先に開**き、次に漸開弁を開いて吹出しを行う。
(4) 給湯用温水ボイラーまたは閉回路で使用する温水ボイラーは、酸化鉄、スラッジなどの沈殿を考慮して、**ボイラー休止中**に適宜吹出しを行う。
(5) 鋳鉄製ボイラーは、復水を循環使用しているので、スラッジの生成は極めて少なく、吹出しは**不要**で、ボイラー水の一部を入れ替える場合には、**停止時**にボイラー水が冷えているときに行う。鋳鉄製ボイラーは、**運転中**に**吹出し**を行ってはならない。運転中に吹出しを行うと、**急冷**され、不同膨張によって割れが発生することがある。

さらに、
・水管ボイラーの**水冷壁**の吹出しは、運転中に行ってはならない（水冷壁の吹出しは、ボイラー水の排水を目的としてボイラー停止時に行うものである）。
・吹出し量は、一般に給水とボイラー水中の**塩化物イオンの濃度**又は**電気伝導率**を測定し、その許容値から決定する。

問15

[解答(4)　正解：ボイラーの停止後、炉内及び煙道の未燃焼ガスを排出（パージ）するために行う換気のこと]

[解説]
　ポストパージとは、ボイラーの**停止後**、炉内及び煙道の**未燃焼ガス**を**排出**（パージ）するために行う**換気**のことである。未燃焼ガスが炉内や煙道に滞留していると、炉内爆発の危険性があるために速やかに排出しておく必要がある。これに対して、ボイラーの**運転前**に炉内及び煙道の未燃焼ガスを排出（パージ）するために行うものを**プレパージ**と呼ぶ。

問16

[解答(3)　ボイラー水位が高水位であることはキャリオーバの発生原因の一つである]

[解説]
　キャリオーバ（気水共発）とは、水中に溶解または浮遊している**固形不純物**や**水滴**が、ボイラーで発生した**蒸気**に混じって、送気系統に運び出される現象である。これはプライミング（水気立ち）やホーミング（泡立ち）に伴って生じる。プライミングは、蒸気流量の急増などによってボイラー水が**水滴**となって蒸気と共に運び出される現象、**ホーミング**は水中の**溶解固形物**の濃縮や**有機物**の存在によってドラム内に**泡**が広がり、蒸気に混入して運びだされるものである。
　キャリオーバの発生原因は次のようである。
(1)　蒸気負荷が**過大**であること。
(2)　主蒸気弁を**急に開き**、送気した。
(3)　ボイラー水位が**高水位**もしくは水面と蒸気取出し口の位置が近い。
(4)　ボイラー水中の溶解性蒸発残留物が、過度に**濃縮**されていること。
(5)　**浮遊物、油脂、不純物**を多く含んでいる。

問17

[解答(3)　酸消費量（アルカリ度）とは、水中に含まれる水酸化物、炭酸塩、炭酸水素塩などのアルカリ分を示すものである]

[解説]
　水管理について、次のようである。
(1)　水（水溶液）が酸性かアルカリ性かは、水中の水素イオン（H^+）と水酸化物イオン（OH^-）の量により定まる。それを示す方法として、水素イオン指数pH（ペーハー或いはピーエイチ）が用いられる。
(2)　常温（25℃）で**7未満**が**酸**性、**7を超える**と**アルカリ**性、**7**が**中性**である。
(3)　**酸消費量（アルカリ度）**とは、水中に含まれる**水酸化物**、**炭酸塩**、**炭酸水素塩**などの

アルカリ分を示すものである。
(4) アルカリ分をpH4.8まで中和するのに必要な**酸消費量（pH4.8）**と、アルカリ分をpH8.3までに中和するに必要な**酸消費量（pH8.3）**の２種類がある。
(5) 水に含まれる**塩類**の度合いを示す水の硬度は、次のように区分される。
①**全硬度**：水中の**カルシウムイオン**及び**マグネシウムイオン**の量を、これに対応する**炭酸カルシウム**の量に換算して試料１ℓ中のmg数で表す。
②**カルシウム硬度**：水中のカルシウムイオンの量をこれに対応する炭酸カルシウムの量に換算して試料１ℓ中のmg数で表す。
③**マグネシウム硬度**：水中のマグネシウムイオンの量を、これに対応する炭酸カルシウムの量に換算して試料１ℓ中のmg数で表す。

なお、**ppm**（parts per million，百万分の１）とは、**質量100万分率**で、水１kgに含有する物質の**mg数**（mg/kg）あるいは水１トン中に含まれる物質の**g数**（g/t）である。また水１ℓ中の物質の**mg数**（mg/ℓ）を表す。

水管理の目的は、ボイラー水中に含まれている不純物による種々の悪影響を避けるためであり、次のようである。

①伝熱面へのスケールの生成付着を予防する。スケールの**熱伝導率**は、一般に軟鋼の$\frac{1}{20}$～$\frac{1}{100}$程度で断熱材のようなものなので、熱伝達性能が低下する。
②腐食の発生を防ぐ。
③キャリオーバを防止する。
④**アルカリ**による**苛性脆化**を防止する。ボイラー水中で分解されて生じた**水酸化ナトリウム（NaOH）**が過度に濃縮されると、水酸イオンが多くなり**アルカリ度**が**高く**なる。このアルカリ度の高いボイラー水が鋼材と反応して**水素**、あるいは高温高圧下で作用して生じる**ナトリウム**が、鋼材の**結晶粒界**を侵し、材質を劣化させる（**苛性脆化**）。

問18

[解答(5) 局部腐食として、ピッチング（孔食、点食）、グルービング（溝食）がある]

[解説]
　腐食は、ボイラーで最も発生する損傷の一つであり、管理不良で運転中、休止中に関わらず発生する。ボイラー内側の腐食（**内面腐食**）は**電気化学的作用**で起こり、水中に溶存気体（O_2，CO_2など）が存在すれば、さらに腐食が**進行**する。
(1) 腐食は、鉄が**イオン化**することによって生じる。
(2) 給水中に含まれる溶存気体のO_2，CO_2は、鋼材の腐食の原因となる。
(3) **アルカリ腐食**は、**高温環境下**で**水酸化ナトリウム（NaOH）**の濃度が高くなると鋼材と反応して生じる。水中での鉄のイオン化を減少させるため、**酸消費量**を調整する方法がある。
(4) 腐食は、その形態によって**全面腐食**と**局部腐食**がある。
(5) 全面腐食は、金属表面の全面に腐食が進行し、金属がはがれる状態である。**局部腐食**

としては、**ピッチング**（孔食、点食）、**グルービング**（溝食）がある。ピッチング（孔食、点食）は、内面に発生する2～5mm程度の**粟粒、豆粒大**の点状の腐食で、原因は溶存気体のO_2、CO_2の作用による。グルーピング（溝食）は、細長く連続した**溝状**の腐食で、溝部の溶存O_2により腐食が進行し、**割れ**を生じることがある。

問19

[解答(4)　シリカ分の多い硬質スケールを除去する場合、前処理としてシリカ溶解剤を用いてスケールを膨潤させる]

[解説]
(1) **酸洗浄**とは、ボイラー内の**スケール**（ボイラー水中の溶解性蒸発残留物が濃縮され、飽和状態となって析出し、伝熱面に固着したもの）を**溶解除去**するために薬液に**塩酸**などの酸を用いて洗浄する方法である。
(2) 酸による鋼材の腐食を防止するため**インヒビタ**（腐食抑制剤）が**添加**される。他に、スケール成分によってシリカ溶解剤、銅溶解剤、銅封鎖剤など種々の**添加剤**が使用される。
(3) 酸洗浄の工程は、前処理→**水洗**→酸洗浄→**水洗**→中和防せい（錆）処理である。
(4) シリカ分の多い硬質スケールを除去する場合は、酸洗浄を効果的に行うために、前処理として**シリカ溶解剤**を用いてスケールを**膨潤**させる。
(5) 酸洗浄の作業中、酸と鉄が反応して**水素**（H_2）が発生するので、薬液注入開始から酸洗浄終了まで**火気厳禁**とする。

問20

[解答(5)　バイメタルは、使用されていないので、故障原因ではない]

[解説]
燃料油用電磁弁は、燃料配管系のバーナ近くに設けられ、蒸気圧力、水位、点火・燃焼、油圧・ガス圧などに**異常**が発生した場合に、燃料供給を自動的に**遮断**するものである。
燃料油用電磁弁の故障の原因としては、次のようである。
(1) 燃料中や燃料用配管中の**異物**の弁へのかみ込み
(2) **電磁コイル**の**焼損**（弁の開閉異常）
(3) 電磁コイルの**絶縁低下**（弁の開閉異常）
(4) 弁ばねの**折損**や**張力低下**
(5) バイメタル（2種類の膨張係数の異なる薄い金属板を貼り合わせたもの）は、使用されておらず、故障原因ではない。
　次に、燃料油電磁弁の点検項目として、次のものがあげられる。
①接続部及びシール部からの**油漏れ**の有無
②弁座の漏れにより、バーナの油噴霧孔からの**油の滴下**の点検
③**電気配線**の**損傷**及び**接続端子**の**緩み**の点検

3章

燃料及び燃焼に関する知識
（問21～問30）

- ◆模擬問題No.1　（10問）
- ◆模擬問題No.2　（10問）
- ◆模擬問題No.3　（10問）　　計60問
- ◆模擬問題No.4　（10問）
- ◆模擬問題No.5　（10問）
- ◆模擬問題No.6　（10問）

- ◆模擬問題No.1～No.6の解答解説

燃料及び燃焼に関する知識（問21〜問30）

模擬問題No.1

問21

次の文中の　　　内に入れるA、B及びCの語句の組合わせとして、正しいものは(1)〜(5)のうちどれか。

「日本工業規格による燃料の工業分析は、　A　を気乾試料として水分、灰分及び　B　を測定し、残りを　C　として質量（％）で表す。」

	A	B	C
(1)	固体燃料	揮発分	固定炭素
(2)	固体燃料	炭素分	硫黄分
(3)	液体燃料	揮発分	硫黄分
(4)	気体燃料	窒素分	炭化水素
(5)	気体燃料	炭化水素	窒素分

問22

燃料の発熱量について、誤っているものは次のうちどれか。

(1) 発熱量とは、燃料を完全燃焼させたときに発生する熱量をいう。
(2) 発熱量の単位は、液体又は固体燃料では［MJ/kg］、気体燃料では［MJ/m^3_N］をもって表す。
(3) 低発熱量とは、高発熱量から水の顕熱を差し引いた発熱量で、真発熱量ともいう。
(4) ボイラー効率の算定に当たっては、一般に低発熱量が用いられる。
(5) 高発熱量と低発熱量との差は、燃料に含まれる水素及び水分によって決まる。

問23

ボイラーにおける燃料の燃焼について、誤っているものは次のうちどれか。

(1) 完全燃焼するのに理論上必要な最小の空気量を理論空気量という。
(2) 理論空気量の単位は、液体及び固体燃料では $[m^3_N/kg]$ で表し、気体燃料では $[m^3_N/m^3_N]$ で表す。
(3) 理論空気量（A_0）に対する実際空気量（A）の比を空気比（m）といい、$A = mA_0$ という関係が成り立つ。
(4) 燃焼ガスの成分割合は、燃料の成分、燃焼の方法及び空気比により決まる。
(5) 排ガス熱による熱損失を小さくするため、空気比を大きくして完全燃焼させる。

問24

ボイラーの熱損失のうち、一般に最も大きなものは次のうちどれか。

(1) 燃えがら中の未燃分による損失
(2) 不完全燃焼による損失
(3) 排ガス熱による損失
(4) ボイラー周壁からの放熱による損失
(5) 各部からのドレン、漏出等による損失

燃料及び燃焼に関する知識（問21〜問30）

問25

　液体及び固体燃料と比べた気体燃料の特徴として、誤っているものは次のうちどれか。

(1)　一般に硫黄分の含有量が多い。
(2)　燃焼ガスは清浄で、伝熱面及び火炉壁を汚損することが少ない。
(3)　点火及び消火時にガス爆発の危険性が多い。
(4)　均一な燃焼が得られ、調節が容易である。
(5)　単位体積当たりの発熱量が、きわめて小さい。

問26

　重油の性質として、誤っているものは次のうちどれか。

(1)　重油の密度は、温度が上昇すると減少する。
(2)　密度の小さい重油は、一般に引火点が高い。
(3)　重油の比熱は、温度及び密度によって変わる。
(4)　A重油は、一般にB重油より流動点が低い。
(5)　B重油は、C重油より単位質量当たりの発熱量が大きい。

問27

ボイラーの燃焼装置に使用する重油バーナについて、誤っているものは次のうちどれか。

(1) 圧力噴霧式バーナは、油に高圧力を加え、これをノズルチップから炉内に噴出させて微粒化する。
(2) 戻り油式圧力噴霧バーナは、単純な圧力噴霧式バーナよりターンダウン比が広い。
(3) 蒸気噴霧式バーナは、霧化媒体のエネルギーを利用して油を微粒化させるもので、ターンダウン比が狭い。
(4) 回転式バーナは、回転軸に取り付けられたカップの内面で油膜を形成し、遠心力により油を微粒化する。
(5) ガンタイプバーナは、ファンと圧力噴霧式バーナとを組み合わせたもので、燃焼量の調節範囲が狭い。

問28

油だきボイラーにおける重油の加熱について、誤っているものは次のうちどれか。

(1) 粘度の高い重油は、噴霧に適当な粘度に下げるため加熱する。
(2) C重油の加熱温度は、80～105℃、B重油の加熱温度は50～60℃が一般的である。
(3) 加熱温度が高すぎると、炭化物生成の原因となる。
(4) 加熱温度が高すぎると、バーナ管内で油が気化し、ベーパロックを起こす。
(5) 加熱温度が低すぎると、いきづき燃焼となる。

燃料及び燃焼に関する知識（問21〜問30）

問29

　重油燃焼において、エコノマイザなどの伝熱面における低温腐食を抑制する措置として、誤っているものは次のうちどれか。

(1)　硫黄分の少ない重油を選択する。
(2)　重油に添加剤を使用し、燃焼ガスの酸露点を上げる。
(3)　給水温度を上昇させて、エコノマイザの伝熱面の温度を高く保つ。
(4)　蒸気式空気予熱器を用いて、ガス式空気予熱器の伝熱面の温度が低くなり過ぎないようにする。
(5)　燃焼室及び煙道への空気漏入を防止し、煙道ガスの温度の低下を防ぐ。

問30

　ボイラーの燃焼装置に用いる圧力噴霧式バーナの噴油量を調節する方法として、誤っているものは次のうちどれか。

(1)　バーナの数を加減する。
(2)　バーナのノズルチップを取り替える。
(3)　戻り油式圧力噴霧バーナを用いる。
(4)　高圧蒸気の噴出量を加減する。
(5)　プランジャー式圧力噴霧バーナを用いる。

模擬問題No.2

問21

液体燃料と比較した都市ガス（気体燃料）の特徴として、誤っているものは次のうちどれか。

(1) メタンなどの炭化水素を主成分とし、成分中の炭素に対する水素の比率が高い。
(2) 発生する熱量が同じ場合、二酸化炭素の発生量が多い。
(3) 燃料中の硫黄分及び灰分が少なく、伝熱面、火炉壁を汚染することがほとんどない。
(4) 燃料費は割高である。
(5) 漏えいすると、可燃性混合気をつくりやすく爆発の危険がある。

問22

次の文中の　　　内に入れるA、B及びCの語句の組み合わせとして、正しいものは(1)〜(5)のうちどれか。

「ガンタイプオイルバーナは、　A　と　B　式バーナとを組み合わせたもので、燃焼量の調整範囲が　C　、オンオフ動作によって自動制御を行っているものが多い。」

	A	B	C
(1)	ファン	圧力噴霧	狭く
(2)	ファン	圧力噴霧	広く
(3)	ノズルチップ	蒸気噴霧	狭く
(4)	ノズルチップ	蒸気噴霧	広く
(5)	アトマイザ	圧力噴霧	広く

燃料及び燃焼に関する知識（問21〜問30）

問23

ボイラーの燃焼における一次空気及び二次空気について、誤っているものは次のうちどれか。

(1) 油・ガスだき燃焼における一次空気は、噴射された燃料近傍に供給され、初期燃焼を安定させる。
(2) 油・ガスだき燃焼における二次空気は、旋回又は軸流によって燃料と空気の混合を良好にして、燃焼を完結させる。
(3) 火格子燃焼における一次空気は、上向き通風では火格子から燃料層を通して送入される。
(4) 火格子燃焼における二次空気は、上向き通風では燃料層上の可燃ガスの火炎中に送入される。
(5) 微粉炭バーナ燃焼における二次空気は、微粉炭と予混合してバーナに送入される。

問24

ボイラーにおける石炭燃焼と比較した重油燃焼の特徴として、誤っているものは次のうちどれか。

(1) 少ない過剰空気で、完全燃焼させることができる。
(2) ボイラーの負荷変動に対して、応答性が優れている。
(3) 燃焼温度が低いため、ボイラーの局部過熱及び炉壁の損傷を起こしにくい。
(4) 急着火、急停止の操作が容易である。
(5) すす、ダストの発生が少ない。

問25

石炭について、誤っているものは次のうちどれか。

(1) 石炭の成分中の酸素は、褐炭から無煙炭になるにつれて減少する。
(2) 石炭の燃料比は、褐炭から無煙炭になるにつれて増加する。
(3) 石炭の揮発分は、炭化度の進んだものほど少ない。
(4) 石炭の固定炭素は、炭化度の進んだものほど少ない。
(5) 石炭の単位質量当たりの発熱量は、一般に炭化度の進んだものほど大きい。

問26

ボイラーにおける石炭燃料の流動層燃焼方式の特徴として、誤っているものは次のうちどれか。

(1) 低質な燃料でも使用できる。
(2) 層内に石灰石を送入することにより、炉内脱硫ができる。
(3) 層内での伝熱性能がよいので、ボイラーの伝熱面積が小さくできる。
(4) 高温燃焼のため、ばいじんの排出量が少ない。
(5) 微粉炭だきに比べ、石炭粒径が大きく、粉砕動力が軽減される。

燃料及び燃焼に関する知識（問21〜問30）

問27

次の文中の ☐ 内に入れるAの語句及びBの数値の組み合わせとして、正しいものは(1)〜(5)のうちどれか。

「燃焼室熱負荷とは、単位時間における燃焼室の単位容積当たりの ☐A☐ をいう。水管ボイラーの燃焼室熱負荷は、微粉炭バーナの時は ☐B☐ kW/m^3、油、ガスバーナの時は200〜1200 kW/m^{3}である。」

	A	B
(1)	発生熱量	150〜200
(2)	発生熱量	400〜1400
(3)	吸収熱量	400〜1400
(4)	放射伝熱量	150〜200
(5)	放射伝熱量	400〜1400

問28

ボイラーの通風について、誤っているものは次のうちどれか。

(1) 炉及び煙道を通して起こる空気及び燃焼ガスの流れを通風という。
(2) 煙突によって生じる自然通風力は、煙突内のガス温度が低いほど大きくなる。
(3) 押込通風は、空気流と燃料噴霧流が有効に混合するため、燃焼効率が高まる。
(4) 誘引通風は、比較的高温で体積の大きな燃焼ガスを取り扱うので、大型のファンを要する。
(5) 平衡通風に要する動力は、押込通風より大きいが、誘引通風より小さい。

問29

ボイラー用ガスバーナについて、誤っているものは次のうちどれか。

(1) ボイラー用ガスバーナは、ほとんどが拡散燃焼方式を採用している。
(2) 拡散燃焼方式ガスバーナは、空気の流速・旋回強さ、ガスの分散・噴射方法、保炎器の形状などで、火炎の形状、ガスと空気の混合速度を調節し、目的に合った火炎を形成させている。
(3) センタータイプガスバーナは、空気流中に数本のガスノズルがあり、ガスノズルを分割することでガスと空気の混合を促進する。
(4) リングタイプガスバーナは、リング状の管の内側に多数のガス噴射孔があり、空気流の外側からガスを内側に向かって噴射する。
(5) ガンタイプガスバーナは、バーナ、ファン、点火装置、燃焼安全装置、負荷制御装置などを一体としたもので、中・小容量ボイラーに用いられる。

問30

大気汚染物質について、誤っているのは次のうちどれか。

(1) 燃料により発生するNO_Xは、主としてNOであり、煙突から排出されて大気中に拡散する間に、酸化されてNO_2になるものがある。
(2) 燃焼により生ずるNO_Xには、サーマルNO_XとフューエルNO_Xの2種類がある。
(3) フューエルNO_Xは、燃料中の窒素化合物から酸化によって生ずる。
(4) ボイラーの煙突から排出されるSO_Xは、SO_2が主で、SO_3は少量である。
(5) ダストは、燃料の燃焼により分解した炭素が遊離炭素として残存したものである。

模擬問題No.3

問21

次の文中の□内に入れるA、B及びCの語句の組み合わせとして、正しいものは(1)～(5)のうちどれか。

「日本工業規格による燃料の工業分析は、□A□を気乾試料として水分、灰分及び□B□を測定し、残りを□C□として質量（%）で表す。」

	A	B	C
(1)	固体燃料	揮発分	固定炭素
(2)	固体燃料	炭素分	硫黄分
(3)	液体燃料	揮発分	硫黄分
(4)	気体燃料	窒素分	発熱量
(5)	気体燃料	炭化水素	発熱量

問22

燃料の燃焼について、誤っているものは次のうちどれか。

(1) 燃焼温度は、燃料の種類、燃焼用空気の温度及び空気比などにより変わる。
(2) 実際燃焼温度は、燃焼効率、伝熱面への吸収熱量などの影響により理論燃焼温度より低くなる。
(3) 実際空気量は、一般の燃焼では理論空気量より小さくなる。
(4) 燃焼ガスの成分割合は、燃料の成分、燃焼の方法及び空気比により決まる。
(5) 燃焼過程での熱損失を少なくするには、できるだけ空気比を小さくして完全燃焼を行わせる。

問23

気体燃料の燃焼の特徴として、誤っているものは次のうちどれか。

(1) 燃焼させるうえで、液体燃料のような微粒化や蒸発のプロセスが不要である。
(2) 空気との混合状態を比較的自由に設定でき、火炎の広がり、長さなどの火炎の調節が容易である。
(3) 安定な燃焼が得られ、点火、消火が容易で自動化しやすい。
(4) 重油のような燃料加熱、霧化媒体の高圧空気又は蒸気が不要である。
(5) ガス火炎は、油火炎に比べて放射率が高く、放射伝熱量が増し、対流伝熱量が減る。

問24

重油の性質について、誤っているものは次のうちどれか。

(1) 重油の密度は、温度が上昇すると減少する。
(2) 密度の小さい重油は、密度の大きい重油より一般に引火点が高い。
(3) 重油の比熱は、温度及び密度によって変わる。
(4) 重油の粘度は、温度が上昇すると低くなる。
(5) B重油は、C重油より単位質量当たりの発熱量が大きい。

燃料及び燃焼に関する知識（問21～問30）

問25

重油中に含まれる水分及びスラッジによる障害について、誤っているものは次のうちどれか。

(1) 水分が多いと、熱損失を招く。
(2) 水分が多いと、いきづき燃焼を起こす。
(3) 水分が多いと、油管内でベーパロックを起こす。
(4) スラッジは、弁、ろ過器、バーナチップなどを閉そくさせる。
(5) スラッジは、ポンプ、流量計、バーナチップなどを磨耗させる。

問26

ボイラーの重油バーナについて、誤っているものは次のうちどれか。

(1) 圧力噴霧式バーナは、油に高圧力を加え、これをノズルチップから炉内に噴出させて微粒化する。
(2) 蒸気噴霧式バーナは、圧力を有する蒸気を導入し、そのエネルギーを油の霧化に利用している。
(3) 低圧気流噴霧式油バーナは、4～10 kPaの比較的低圧の空気を霧化媒体として、油を微粒化している。
(4) 回転式バーナは、回転軸に取り付けられたカップの内面で油膜を形成し、遠心力により油を微粒化する。
(5) ガンタイプバーナは、ファンと空気噴霧式バーナを組み合わせて、油を霧化するもので、燃焼量の調整範囲が狭い。

問27

　重油燃焼によるボイラー及び附属設備の低温腐食の抑制措置として、誤っているものは次のうちどれか。

(1) 硫黄分の少ない重油を選択する。
(2) 燃焼室及び煙道への空気漏入を防止し、煙道ガスの温度の低下を防ぐ。
(3) 給水温度を上昇させて、エコノマイザの伝熱面の温度を高く保つ。
(4) 蒸気式空気予熱器を用いて、ガス式空気予熱器の伝熱面の温度が低くなり過ぎないようにする。
(5) 重油に添加剤を加え、燃焼ガスの露点を上げる。

問28

　重油燃焼の火炎に火花が生じる原因として、誤っているものは次のうちどれか。

(1) 通風の不足
(2) バーナの調節不良
(3) 燃料油の温度の不適正
(4) 燃料油の圧力の不適正
(5) 噴霧媒体の圧力の不適正

問29

ボイラーにおいて燃料を燃焼させる際に発生する硫黄酸化物（SO_X）又は窒素酸化物（NO_X）について、誤っているものは次のうちどれか。

(1) ボイラーの煙突から排出されるSO_Xは、SO_3が主で、SO_2は少量である。
(2) SO_Xは、人の呼吸器系統などの障害を起こすほか、酸性雨の原因となる。
(3) 燃焼室で発生するNO_Xは、NOが主で、煙突から排出されて大気中に拡散する間に、酸化されてNO_2になるものがある。
(4) 燃焼により生じるNO_Xには、サーマルNO_XとフューエルNO_Xの2種類がある。
(5) フューエルNO_Xは、燃料中の窒素化合物から酸化して生じる。

問30

ボイラーにおける液体燃料の供給装置について、誤っているものは次のうちどれか。

(1) 燃料油タンクは、地下に設置する場合と地上に設置する場合とがある。
(2) 燃料油タンクは、用途により貯蔵タンクとサービスタンクに分類される。
(3) サービスタンクの貯油量は、一般に最大燃焼量の24時間分以上とする。
(4) 油ストレーナは、油中の土砂、鉄さび、ごみなどの固形物を除去するものである。
(5) 油加熱器は、燃料油を加熱し、燃料油の噴霧に最適な粘度を得る装置である。

模擬問題No.4

問21

燃料の分析及び性質について、誤っているものは次のうちどれか。

(1) 組成を示すのに、通常、液体燃料及び固体燃料には元素分析が、気体燃料には成分分析が用いられる。
(2) 液体燃料に小火炎を近づけたとき、瞬間的に光を放って燃え始める最低の温度を着火温度という。
(3) 発熱量とは、燃料を完全燃焼させたときに発生する熱量をいう。
(4) 高発熱量は、水蒸気の潜熱を含んだ発熱量で、総発熱量ともいう。
(5) 高発熱量と低発熱量の差は、燃料に含まれる水素及び水分の割合によって定まる。

問22

液体燃料と比べた気体燃料（都市ガス）の特徴として、誤っているものは次のうちどれか。

(1) メタンなどの炭化水素を主成分とし、成分中の炭素に対する水素の比率が低い。
(2) 燃焼によるCO_2の発生割合は、発生する熱量が同じであれば、低くなる。
(3) 硫黄、窒素分、灰分の含有量が少なく、伝熱面、火炉壁を汚染することがほとんどない。
(4) ガス配管の口径が太くなるため、配管費、制御機器費などが高くなる。
(5) 漏えいすると、可燃性混合気を作りやすく爆発の危険がある。

問23

ボイラーにおける石炭燃焼と比較した重油燃焼の特徴として、誤っているものは次のうちどれか。

(1) 急着火、急停止の操作が容易である。
(2) 燃焼温度が低いため、ボイラーの局部過熱及び炉壁の損傷を起こしにくい。
(3) すす、ダストの発生が少ない。
(4) ボイラーの負荷変動に対して、応答性が優れている。
(5) 少ない過剰空気で完全燃焼させることができる。

問24

油だきボイラーにおける重油の加熱について、誤っているものは次のうちどれか。

(1) 粘度の高い重油は、噴霧に適した粘度にするため加熱する。
(2) C重油の加熱温度は、80～105℃、B重油の加熱温度は50～60℃が一般的である。
(3) 加熱温度が低すぎると、いきづき燃焼となる。
(4) 加熱温度が低すぎると、霧化不良となり、燃焼が不安定となる。
(5) 加熱温度が高すぎると、バーナ管内で油が気化し、ベーパロックを起こす。

問25

　重油中に含まれる成分等の燃焼に及ぼす影響について、誤っているものは次のうちどれか。

(1) 残留炭素分が多いほど、ばいじん量は増加する。
(2) 水分が多いと、バーナ管内でベーパロックを起こす。
(3) スラッジは、ポンプ、流量計、バーナチップなどを磨耗させる。
(4) 灰分は、ボイラーの伝熱面に付着し伝熱を阻害する。
(5) バナジウムは、ボイラーの伝熱面に付着し腐食させる。

問26

　固体燃料の流動層燃焼方式の特徴として、誤っているものは次のうちどれか。

(1) 低質な燃料でも使用できる。
(2) 層内に石灰石を送入することにより、ばいじん排出量を少なくできる。
(3) 層内温度を700～900℃に制御し、この部分に蒸発管などを配置することが多い。
(4) 層内での伝熱性能が良いので、ボイラーの伝熱面積を小さくすることができる。
(5) 低温燃焼のため、窒素酸化物（NO_X）の発生が少ない。

問27

　ボイラーにおいて燃料の燃焼により発生する窒素酸化物（NO$_X$）を抑制する措置として、誤っているものは次のうちどれか。

(1)　燃焼域での酸素濃度を高くする。
(2)　局所的高温域が生じないように燃焼温度を低くする。
(3)　高温燃焼域における燃焼ガスの滞留時間を短くする。
(4)　排ガス再循環法によって燃焼させる。
(5)　濃淡燃焼法によって燃焼させる。

問28

　ボイラーの通風について、誤っているものは次のうちどれか。

(1)　押込通風は、燃焼用空気をファンを用いて大気圧より高い圧力で炉内に押し込むものである。
(2)　押込通風は、空気流と燃料噴霧流が有効に混合するため、燃焼効率が高まる。
(3)　誘引通風は、燃焼ガスを煙道又は煙突入口に設けたファンによって吸い出し、煙突に放出するものである。
(4)　平衡通風は、押込ファンと誘引ファンを併用したもので、炉内圧を大気圧よりわずかに低く調節する。
(5)　平衡通風は、燃焼ガスの外部への漏れは無いが、誘引通風より大きな動力を要する。

問29

ボイラーの人工通風に用いられるファンについて、誤っているものは次のうちどれか。

(1) 多翼形ファンは、羽根車の外周近くに、浅く幅長で前向きの羽根を多数設けたもので、風圧が0.15～2 kPaである。
(2) 多翼形ファンは、小形、軽量で効率が高く、小さな動力で足りる。
(3) 後向き形ファンは、羽根車の主板及び側板の間に8～24枚の後向きの羽根を設けたもので、風圧が2～8 kPaである。
(4) 後向き形ファンは、高温、高圧、大容量のものに適する。
(5) ラジアル形ファンは、強度が高く、磨耗、腐食に強い。

問30

霧化媒体を必要とするボイラーの重油バーナは、次のうちどれか。

(1) プランジャ式圧力噴霧バーナ
(2) 回転式バーナ
(3) 戻り油式圧力噴霧バーナ
(4) ガンタイプバーナ
(5) 低圧気流噴霧式バーナ

模擬問題No.5

問21

気体燃料（都市ガス）の特徴として、誤っているものは次のうちどれか。

(1) 成分中の炭素に対する水素の比率が低い。
(2) 燃焼によるCO_2の発生量は、発生する熱量が同じであれば、液体燃料の約75％である。
(3) 硫黄、灰分の含有量が少なく、伝熱面、火炉壁を汚染することがほとんどない。
(4) ガス配管の口径が太くなるため、配管費、制御機器費などの設備費用が高くなる。
(5) 都市ガスの原料となる液化天然ガス（LNG）は、比重が空気より小さいので、漏えいすると天井部など高所に滞留しやすい。

問22

燃料の燃焼について、誤っているものは次のうちどれか。

(1) 燃焼とは、光と熱の発生を伴う急激な酸化反応をいう。
(2) 燃焼には、燃料、空気（酸素）及び温度（着火源）の三つの要素が必要とされる。
(3) 理論空気量とは、完全燃焼に必要な最小の空気量で、理論酸素量から求められる。
(4) 理論空気量をA_0、実際空気量をA、空気比をmとすると、$A = mA_0$という関係が成り立つ。
(5) 実際燃焼温度は、燃焼効率、火炎からの放射及び空気比などの影響により理論燃焼温度より高くなる。

問23

ボイラーの熱損失のうち、一般に最も大きな熱損失は次のうちどれか。

(1) 各部からのドレン、漏出等による損失
(2) ボイラー周壁からの放熱による損失
(3) 燃えがら中の未燃分による損失
(4) 排ガス熱による損失
(5) 不完全燃焼による損失

問24

気体燃料の燃焼方式について、誤っているものは次のうちどれか。

(1) 拡散燃焼方式は、ガスと燃焼用空気を別々にバーナから燃焼室に供給し、燃焼させる方法である。
(2) 拡散燃焼方式は、逆火の危険性が少ない。
(3) 予混合燃焼方式は、火炎の広がり、長さ、温度分布などの火炎特性の調節が容易である。
(4) 予混合燃焼方式は、安定な火炎を作りやすいが逆火の危険性がある。
(5) 予混合燃焼方式は、大容量バーナには利用されにくいが、ボイラー用のパイロットバーナに利用されることがある。

燃料及び燃焼に関する知識（問21〜問30）

> 問25

重油の性質について、誤っているものは次のうちどれか。

(1) 重油の比熱は、温度及び密度によって変わる。
(2) 重油の粘度は、温度が高くなると低くなる。
(3) 重油の密度は、温度が上昇すると減少する。
(4) 密度の大きい重油は、密度の小さい重油より単位質量当たりの発熱量が大きい。
(5) 流動点の高い重油は、重油の予熱や配管などの加熱・保温を行い、流動点以上の温度にして取り扱う。

> 問26

重油燃焼の特徴について、誤っているものは次のうちどれか。

(1) 貯蔵管理や運搬が容易である。
(2) バーナの構造によっては、騒音を発生しやすい。
(3) 燃焼温度が高く、ボイラーの局部過熱や炉壁の損傷を起こしやすい。
(4) 重油の成分によっては、ボイラーを腐食させやすく、大気を汚染しやすい。
(5) ボイラーの急停止や急着火の操作が困難である。

問27

重油燃焼によるボイラー及び附属設備の低温腐食の抑制措置として、誤っているものは次のうちどれか。

(1) 硫黄分の少ない重油を選択する。
(2) 燃焼ガス中の酸素濃度を上げる。
(3) 燃焼室及び煙道への空気漏入を防止する。
(4) 給水温度を上昇させて、エコノマイザの伝熱面の温度を高く保つ。
(5) 添加剤を使用し、燃焼ガスの酸露点を下げる。

問28

燃料の燃焼により発生する大気汚染物質について、誤っているものは次のうちどれか。

(1) ボイラーの煙突から排出される硫黄酸化物（SO_X）は、SO_2が主で、SO_3は少量である。
(2) 燃料を燃焼させた場合の窒素酸化物（NO_X）は、主としてNOが発生し、煙突から排出されて大気中に拡散する間に、酸化されてNO_2になるものがある。
(3) 燃料の燃焼により生じるNO_Xには、サーマルNO_XとフューエルNO_Xの2種類がある
(4) サーマルNO_Xは、燃料中の窒素化合物から酸化して生じる。
(5) ダストは、灰分が主体で、これに若干の未燃分が含まれたものである。

問29

ボイラーの燃料タンクについて、誤っているものは次のうちどれか。

(1) 燃料油タンクは、用途により貯蔵タンクとサービスタンクに分類される。
(2) サービスタンクの貯油量は、一般に最大燃焼量の2時間分以上とする。
(3) 屋外貯蔵タンクの油逃がし管はタンクの上部に、油送入管はタンクの底部から20〜30 cm上方に取り付ける。
(4) 屋外貯蔵タンクには、油面計及び温度計を取り付ける。
(5) サービスタンクには、油面計のほか、自動油面調節装置を設ける。

問30

固体燃料の流動層燃焼方式について、誤っているものは次のうちどれか。

(1) 石炭のほか、木くず、廃タイヤなどの低質な燃料にも使用できる。
(2) 層内に石灰石を送入することにより、炉内脱硫ができる。
(3) 層内温度は、石灰石の溶融を避けるため700〜900℃に制御される。
(4) 層内での伝熱性能が良いので、ボイラーの伝熱面積を小さくすることができる。
(5) 低温燃焼のため、窒素酸化物（NO_X）の発生が多い。

模擬問題No.6

問21

次の文中の ☐ 内に入れる。A及びBの語句の組み合わせとして、正しいものは(1)〜(5)のうちどれか。

「液体燃料を加熱すると、 A が発生し、これに小火炎を近づけると瞬間的に光を放って燃え始める。この光を放って燃える最低の温度を B という。」

	A	B
(1)	酸素	引火点
(2)	水素	着火温度
(3)	蒸気	引火点
(4)	蒸気	着火温度
(5)	酸素	着火温度

問22

燃料の燃焼について、誤っているものは次のうちどれか。

(1) 燃焼とは、光と熱の発生を伴う急激な酸化反応をいう。
(2) 燃焼には、燃料、空気（酸素）及び温度（着火源）の三つの要素が必要とされる。
(3) 燃焼に重要なのは、着火性と燃焼速度である。
(4) ボイラーにおける燃焼は、燃料と空気を接触させ、点火源及び燃焼室の温度が燃料の着火温度以上に維持されていなければならない。
(5) 着火温度は、液体燃料を加熱すると蒸気が発生し、これに小火炎を近づけると、瞬間的に光を放って燃え始める最低の温度である。

問23

気体燃料について、誤っているものは次のうちどれか。

(1) 気体燃料は、石炭や液体燃料に比べ、成分中の炭素に対する水素の比率が高い。
(2) 都市ガスは、一般に天然ガスを原料としている。
(3) 都市ガスは、液体燃料に比べ、NO_X、CO_2の排出量が少なく、SO_Xは排出しない。
(4) 液化石油ガスは、空気より軽く、都市ガスに比べ発熱量が小さい。
(5) 液体燃料ボイラーのパイロットバーナの燃料は、液化石油ガスを使用することが多い。

問24

重油中に水分が含まれる場合の影響について、正しいものは次のうちどれか。

(1) 引火点が下がる。
(2) 燃焼時に分解して、発熱量が上昇する。
(3) 燃焼速度が調整しやすくなる。
(4) 流動性が向上する。
(5) いきづき燃焼を起こす。

問25

ばいじんの発生防止対策として、誤っているものは次のうちどれか。

(1) 集じん装置を設置する。
(2) 燃焼室及び燃焼装置を改善する。
(3) 通風力を少なめに設定する。
(4) 無理だきをしない。
(5) ボイラーに合った適切な燃料を用いる。

問26

石炭について、誤っているものは次のうちどれか。

(1) 石炭の水分は、吸着水分ともいわれ、褐炭で5～15％、瀝青炭で1～5％である。
(2) 石炭の揮発分は、炭化度の進んだものほど少ない。
(3) 石炭の燃料比は、炭化度の進んだものほど小さい。
(4) 石炭の発熱量は、灰分が多いほど小さい。
(5) 石炭の固定炭素は、主成分をなすものであり、炭化度の進んだものほど多い。

問27

燃料の燃焼による窒素酸化物（NOx）の発生を抑制する方法として、誤っているものは次のうちどれか。

(1) 炉内燃焼ガス中の酸素濃度を高くする。
(2) 燃焼温度を低くし、特に局所的高温域が生じないようにする。
(3) 高温燃焼域における燃焼ガスの滞留時間を短くする。
(4) 排ガスの一部を再循環して、燃焼用空気に使用する。
(5) 二段燃焼法によって燃焼させる。

問28

油だきボイラーの燃焼室が具備すべき構造上の要件として、誤っているものは次のうちどれか。

(1) バーナタイルを設ける等により着火を容易にする構造であること。
(2) 炉壁は、空気や燃焼ガスの漏入、漏出が無く、放射熱損失の少ない構造であること。
(3) 燃焼室は、燃焼ガスの炉内滞留時間を燃焼完結時間より長くすることができる構造であること。
(4) バーナの火炎が伝熱面又は炉壁を直射し、伝熱効果を高める構造であること。
(5) 燃料と燃焼用空気との混合が有効に、かつ、急速に行われる構造であること。

問29

ボイラーの通風について、誤っているものは次のうちどれか。

(1) 通風力は、炉及び煙道に通風を起こさせる圧力差のことをいい、単位には一般にPaまたはkPaが用いられる。
(2) 煙突によって生じる自然通風力は、煙突内ガスの密度と外気の温度との差に煙突の高さを乗じて求められる。
(3) 押込ファンによる加圧燃焼は、一般に常温の空気を取り扱い、所要動力が小さいので広く用いられている。
(4) 誘引通風では、すす、ダスト、腐食性物質等が含まれる高温の燃焼ガスによってファンの腐食、磨耗が起こりやすい。
(5) 平衡通風は、押込ファンと誘引ファンとを併用した通風であり、炉内圧は大気圧より高く調節する。

問30

ボイラーの高温腐食を防止する方法に関する記述として、誤っているものは次のうちどれか。

(1) 高温伝熱面は、燃焼ガスや付着灰によって腐食される。
(2) 伝熱面の表面温度が高くならないように、燃焼室を設計する。
(3) バナジウムやナトリウムの含有量が少ない燃料を使用する。
(4) 止め金やハンガーなどの突起物を高温燃焼ガスのルートに設けないようにする。
(5) 空気比を高い状態で運転し、融点の高いバナジウム酸化物を生成するようにする。

燃料及び燃焼に関する知識〈解答・解説〉（問21～問30）
模擬問題No.1

問21

[解答(1)　正解]

[解説]

燃料の分析方法として、①**元素分析**、②**成分分析**、及び③**工業分析**がある。その対象と測定方法を次表に示す。

分析法	対象	測定方法
元素分析	液体燃料 固体燃料	あらかじめ水分を除いた**無水ベース**から、**炭素、水素、窒素、及び硫黄**を測定し、水分を除いた質量を100%として、これらの成分質量を差し引いた値を**酸素**とする。「**質量%**」で表す。
成分分析	気体燃料	**メタン、エタン**などの含有成分を測定し、「**容積%**」で表す。
工業分析	固体燃料	石炭などの**固体燃料**の分析に用い、**自然乾燥**した状態の**気乾試料**として**水分**、灰分、**揮発分**を測定し、残りを**固定炭素**として「**質量%**」で表す。

問22

[解答(3)　低発熱量は、高発熱量から水の蒸発（凝縮）潜熱を差し引いた発熱量で、**真発熱量**ともいう。差し引くのは顕熱でなく、潜熱である]

[解説]
(1) **発熱量**とは、燃料を完全燃焼させたときに発生する熱量のことである。
(2) 発熱量の単位は、液体または固体燃料では［MJ/kg］、気体燃料では［MJ/m³_N］で表す。ここで、$1\,MJ = 10^6\,J$である。気体の容積は、温度や圧力などの状態によって大きく変化するので、基準となる状態を**標準状態**として用いる。添え字のNが、標準（Normal）状態を意味し、一般に**0℃**、**大気圧**の状態をいう。
(3) **低発熱量**は、高発熱量から水の**蒸発（凝縮）潜熱**を差し引いた発熱量で、**真発熱量**ともいう。
(4) ボイラー効率［%］$= G \times (h_2 - h_1) \times \dfrac{100}{毎時燃料消費量 \times 低発熱量}$

ここで、G：実際蒸発量［kg/h］、h_1、h_2：給水及び発生蒸気の比エンタルピ［kJ/kg］

一般に、ボイラーのような工業用熱利用設備では、水蒸気の潜熱まで利用することは

できないので、実用では入熱として**低発熱量**が使用されることが多い。
(5) **高発熱量（総発熱量）**は、低発熱量に水蒸気の潜熱を加えたものであるから、両者の大きさの差は燃料に含まれる**水素**及び**水分**の割合によって決まる。

問23

［解答(5)　排ガスの熱損失を小さくするためには、空気比を出来るだけ小さくして、完全燃焼させることである］

［解説］
(1) 完全燃焼させるのに理論上必要な最小の空気量を**理論空気量**という。実際に送入される空気量はそれより多く、**実際空気量**と呼ぶ。
(2) 理論空気量の単位は、液体及び固体では〔m^3_N/kg〕で表し、気体燃料では〔m^3_N/m^3_N〕で表す。気体の容積は、温度や圧力などの状態によって変化するので、基準となる状態を**標準状態**として用い、添え字の**N**が、標準（Normal）状態を意味し、一般に**0℃**、**大気圧**の状態を表す。
(3) **実際空気量**（A）と**理論空気量**（A_0）の比を**空気比**あるいは**空気過剰率**m（$m = \dfrac{A}{A_0}$）といい、通常実際空気量の方が多いので、$m > 1$である。
(4) 燃焼ガスの成分は、燃焼反応によって生じる**酸化物**（CO，CO_2，H_2O，SO_X，NO_X）などである。その成分割合は、燃料成分、燃焼方法、空気比により変わる。
(5) ボイラーに関して最大の熱損失は、煙突や大気に放出される**排ガスの熱損失**である。小さくするためには、①**空気比**をできるだけ**小さく**して、完全燃焼に近づける、②**熱吸収**を良くし、**燃焼ガス熱**の**回収**をできるだけ図ることである。

問24

［解答(3)　正解：煙突に逃げる排ガスの保有熱量による損失（排ガス損失）］

［解説］
　ボイラーの主要な熱損失は、次のようである。
①煙突に逃げる排ガスの保有熱量による損失（**排ガス損失**）。
②燃料の一部が燃えかす中に混入したり、不完全燃焼によって燃焼ガス中にCOやH_2が生じることによる損失（**未燃損失**）。
③周囲に放射や対流で放熱する損失（**放射対流損失**）。
④その他の**雑損失**（保有水の吹出し、すす吹きに蒸気を使うなど）がある。
　ボイラーでは一般に、上記①の**排ガス損失**がボイラーの熱損失のほとんどを占める。

問25

［解答(1)　硫黄や灰分の含有量が少なく、伝熱面や火炉壁を汚染することはない］

［解説］
液体及び固定燃料と比べた気体燃料の特徴は、次の通りである。
(1)　**硫黄**や**窒素分**、**灰分**の含有量が少ない。
(2)　燃焼ガスや排ガスは**清浄**で、伝熱面や火炉壁を汚損することはない。
(3)　点火及び消火時に**ガス爆発**の危険性が大きい。漏洩すると、空気と混合し、**可燃性混合気体**となって爆発の危険がある。
(4)　空気との混合状態を比較的自由に設定でき、火炎の広がり、長さなどの火炎の**調節**が容易である。**安定した燃焼**が得られ、点火、消火も容易で自動化しやすい。
(5)　単位体積当たりの**発熱量**が、例えば重油の $\frac{1}{1,000}$ 位と非常に**小さい**。

ほか、
・石炭や液体燃料に比べ、成分中の炭素に対する**水素**の**比率**が**高い**。
・液体燃料に比べて、NO_x、CO_2の排出量が**少なく**、SO_xは排出しない。
・液体燃料のような微粒化や蒸発のプロセスが不要である。

問26

［解答(2)　密度の小さい燃料油は、引火点が低い］

［解説］
重油の性質は、次のようである（次表参照）。
　重油は動粘度によって、1種（A重油、動粘度20 mm^2/s以下）、2種（B重油、50 mm^2/s以下）及び3種（C重油、250〜1,000 mm^2/s以下）に分類される。
(1)　重油の**密度**は、温度が**上昇する**と**減少**する。一般に比重は、**0.84〜0.96 g/cm³**（15℃）で水に浮く。
(2)　一般に、**密度**の小さい燃料油は、**引火点**が**低い**。密度の大きさは、C重油＞B重油＞A重油で、A重油の密度が小さい。
(3)　重油の比熱は、温度と密度によって変わる。50〜200℃における重油の**平均比熱**は、約**2.3 kJ/（kg・K）**である。
(4)　**A重油**は、B重油、C重油に比べて流動点が低い。**流動点**とは、油を冷却したときに**流動状態**を保持することができる**最低**の温度で、一般に**凝固点**（液体を冷却すると凝固が始まる温度）より**2.5℃高い**温度をいう。流動点の高い重油は、油の予熱や配管加熱、保温などを行って、流動点以上の温度にして取り扱う。
(5)　**B重油**は、C重油より**密度**が小さく、単位質量当たりの発熱量は大きい。

	A重油	B重油	C重油
密度	小	←	大
低発熱量	大	→	小
引火点、粘度、流動点	低	←	高
残留炭素、硫黄分	少	←	多

問27

[解答(3)　ターンダウン比が広いのが利点である]

[解説]
液体燃料のバーナは、燃料油を噴霧して微粒化することにより、表面積を大きくして気化を促し、空気との接触を良好にして、燃焼反応を速やかに完結させるための装置である。種類は次のようで、それぞれについて説明する（次頁図参照）。

液体燃料のバーナの種類

・圧力噴霧式バーナ	・蒸気（空気）噴霧式バーナ
・低圧気流噴霧式バーナ	・回転式（ロータリ）バーナ
・ガンタイプバーナ	

(1) **圧力噴霧式**バーナは、燃料油に**高圧力（0.5～3 MPa）**を加えて**ノズルチップ**から噴出させるもので、油は**旋回**しながら傘状に広がり、空気との摩擦や油の表面張力によって微粒化される。圧力の加減によって油量の調整を行うため**ターンダウン比**（バーナ負荷調整範囲）が**狭い**ので、バーナ本数の調整やノズルチップの取り替えなどによって補う。ここで、**ターンダウン比**（バーナ負荷調整範囲）とはバーナ１本当たりの定格燃料と制御可能な最小燃料流量の比をいい、一般にガスバーナで10：1、油バーナで4：1程度である。

(2) 戻り油の調節によって噴油量が調整できる**戻り油式圧力噴霧バーナ**は、ターンダウン比が狭いという油式圧力噴霧式バーナの欠点を**改善**したものである。

(3) **蒸気（空気）噴霧式**バーナは、燃料油より**高い圧力**の蒸気（または空気）を用い、その圧力を利用して油を霧化する。**ターンダウン比が広い**のが利点であるが、騒音は大きい。

(4) **回転式（ロータリ）**バーナは、回転軸に取り付けたカップの内面に**油膜**が形成し、**遠心力**によって油を**微粒化**する。カップの内面が汚れていると、油膜が不均一になり、噴霧状態が悪くなる。小、中容量のボイラーに用いられる。

(5) **ガンタイプ**バーナは、ファンと圧力噴霧式バーナを組み合わせたもので、形がピストル状でこの名称が用いられる。燃焼量の調節範囲は**狭く**、**オン・オフ操作**で自動制御を行う。主に、暖房用ボイラーや小容量ボイラーに用いられる。

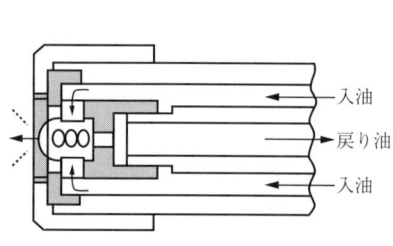

燃料及び燃焼に関する知識〈解答・解説〉（問21～問30）模擬問題No.1

戻り油式圧力噴霧バーナの原理

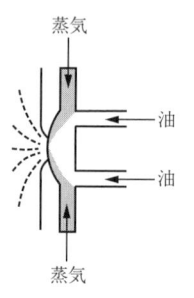

蒸気噴霧式バーナの一例

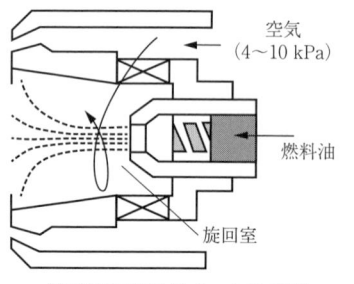

低圧気流噴霧式バーナの原理

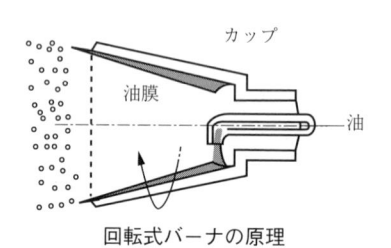

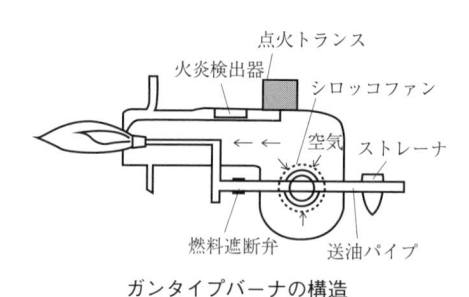

回転式バーナの原理

ガンタイプバーナの構造

問28

［解答(5)　いきづき燃焼は、加熱温度が高すぎてベーパロックを起こして、空気と油の混合にむらができて発生する］

［解説］
(1)　粘度の**高い**B重油、C重油では、噴霧に適した粘度に下げるために、加熱しなければならない。
(2)　加熱温度は、B重油で**50～60℃**、C重油で**80～105℃**である。A重油以下の**軽質油**では、

通常加熱を必要としないが、**寒冷地**で特に粘度の高いときは加熱を必要とすることがある。
(3),(4) 加熱温度が高すぎると、①ベーパロックを起こす。ベーパロックとは、**バーナ管内**で油が**気化**して気泡が発生し、燃料が正常に供給されなくなる状態をいう。②空気と油の混合に**むら**ができ、**いきづき燃焼**を生じる、いきづき燃焼とは噴霧状態にむらができ、炎の勢いが強くなったり、消えそうになる状態を間欠的に繰り返す燃焼状態のことである、③**炭化物生成**の原因になる。
(5) 加熱温度が低すぎると、①**霧化不良**となって、燃焼が悪くなる。②**すす**が発生し、**炭化物（カーボン）** が付着する。

問29

[解答(2)　**重油に添加剤を使用し、燃焼ガスの露点を下げる**]

[解説]
　重油燃焼による**低温腐食**は、燃料中に含まれる**硫黄（S）** 分から**硫酸（H_2SO_4）** 蒸気が生成され、燃焼ガス通路の低温部に接触し、**露点以下**になると硫酸蒸気が凝縮して水溶液となり、金属面を腐食させる。燃料中の硫黄（S）から硫酸（H_2SO_4）蒸気発生への反応は、次のようである。①硫黄分が燃焼して**二酸化硫黄（SO_2）** が生じる。$S + O_2 \rightarrow SO_2$、②二酸化硫黄が過剰の酸素と反応して、**三酸化硫黄（SO_3）** になる。$SO_2 + \frac{1}{2} \cdot O_2 \rightarrow SO_3$、③三酸化硫黄が燃焼ガス中の水蒸気と反応して、**硫酸蒸気**になる。$SO_3 + H_2O \rightarrow H_2SO_4$、④硫酸（$H_2SO_4$）蒸気が燃焼ガス通路の低温部に接触して**露点**（蒸気が凝縮し始める温度）以下になると結露して硫酸水溶液が形成され金属面を**腐食**させる。
　重油燃焼によるエコノマイザや空気予熱器への硫酸による**低温腐食**を防ぐために、次の措置をとる。
(1) 硫黄分の少ない重油を使用する。
(2) 重油に**添加剤**を使用し、燃焼ガスの**露点**を下げる。
(3) 給水温度を上げて、エコノマイザの伝熱面の温度を**上げる**。
(4) **蒸気式空気予熱器**を用いて、ガス式空気予熱器の伝熱面の温度が低くなり過ぎないようにする。
(5) 燃焼室、煙道への空気の漏入を防ぎ、煙道ガスの**温度低下**を防止する。
ほか、
・排ガス中の**酸素**を減少させ、**三酸化硫黄**の生成を抑える。
・低温伝熱面材料に耐食性の強い材料とするか、表面を保護被膜で覆う。

問30

[解答(4) 高圧蒸気を用いるのは、蒸気噴霧式バーナである。圧力噴霧式バーナは、蒸気を用いない]

[解説]
　圧力噴霧式バーナは、バーナの**負荷調整範囲（ターンダウン比）**が**狭く**、圧力の増減によって油量を調整するが、油量を減らすほど噴霧状態が**悪く**なるので、その欠点を補うために、次の方法をとる（下図参照）。
①バーナの**数**を加減する、②容量の小さい**ノズルチップ**に取り替える、③**戻り油式圧力噴霧バーナ**を使用する、④**プランジャー式**圧力噴霧バーナを使用する。

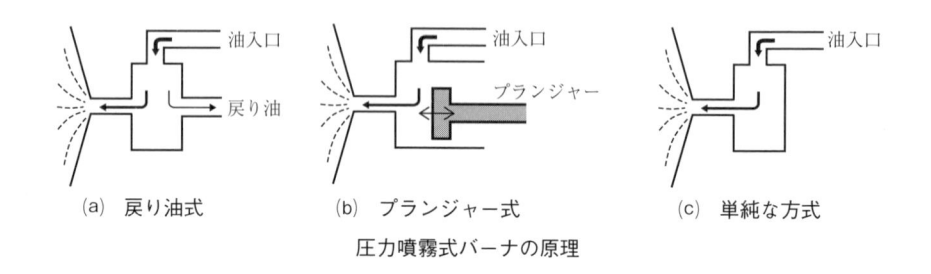

(a) 戻り油式　　(b) プランジャー式　　(c) 単純な方式

圧力噴霧式バーナの原理

・**戻り油式**圧力噴霧バーナは、戻り油の量を加減して油量を調整するので、圧力は**ほぼ一定**に保たれ、ターンダウン比が改善できる。
・**プランジャー式**圧力噴霧バーナは、プランジャーの移動により油の通過面積を変え、良好な噴霧状態を得る。ターンダウン比が改善できる。
　また、圧力噴霧式バーナは、燃料油に**0.5〜3 MPa**という高い圧力を加えて、ノズルチップから炉内に噴出させるが、高圧蒸気を用いない。高圧蒸気を用いるのは、**蒸気噴霧式バーナ**である。

模擬問題No.2

問21

[解答(2)　都市ガス（気体燃料）は、液体燃料や固体燃料に比べて、炭酸ガス（CO_2）の排出量が少ない。発生する熱量が同一の場合、CO_2の発生割合は、石炭の約60％、液体燃料の約75％と少ない]

［解説］
(1) 都市ガス（気体燃料）は、**メタン（CH_4）**などの**炭化水素**を主成分とする。液体燃料や固体燃料に比べると、成分中の炭素に対する水素の**比率**が**高い**。
(2) 都市ガス（気体燃料）は、液体燃料や固体燃料に比べると、炭酸ガス（CO_2）の排出量が少ない。同じ熱量を発生させる場合のCO_2の排出量は、石炭の**約60％**、液体燃料の**約75％**と少なく、**温室効果ガス削減**に有効である。
(3) 気体燃料は、**硫黄**、**灰分**の含有量が少なく、伝熱面や火炉壁をほとんど汚染しない。バーナの閉塞や磨耗、汚れ、作業環境の汚れなども少ない。
(4) 液体燃料や固体燃料に比べて、**燃料費**は**割高**である。また、液体燃料よりも配管の口径が太くなるので、配管や制御機器費用も高くなる。
(5) 気体燃料は、漏えいした場合、可燃性の混合気をつくりやすく、**爆発**する危険性が大きく、漏えい防止、漏えい検知に十分な配慮が必要である。
　また、都市ガスの原料である液化天然ガス（LNG）は、空気より**軽く**、漏えいした場合は、天井などの**高所**に滞留しやすい。一方、**液化石油ガス（LPG）**は、空気より**重く**、漏えいした場合は、窪みなどの底部に滞留しやすいが、都市ガスに比べ発熱量は大きく、液体燃料ボイラーの**パイロットバーナ**の燃料として**液化石油ガス（LPG）**を使用することが多い。

問22

[解答(1)　正解：ガンタイプバーナは、ファンと圧力噴霧式バーナを組み合わせたもので燃焼量の調節範囲が狭い]

［解説］
　ガンタイプバーナは、**ファン**と**圧力噴霧式バーナ**を組み合わせたもの（次図参照）で、形がピストル状でこの名称が用いられる。燃焼量の調節範囲は**狭く**、**オン・オフ操作**で自動制御を行っているが、最近はノズルを**複数**にして**ハイ・ロー・オフ動作**（三位置動作、次図参照）のものが多い。主に、**暖房用**ボイラーや**小容量**ボイラーに用いられる。

燃料及び燃焼に関する知識〈解答・解説〉（問21～問30）模擬問題No.2

(a) ガンタイプオイルバーナの例

(b) 三位置動作の一例

問23

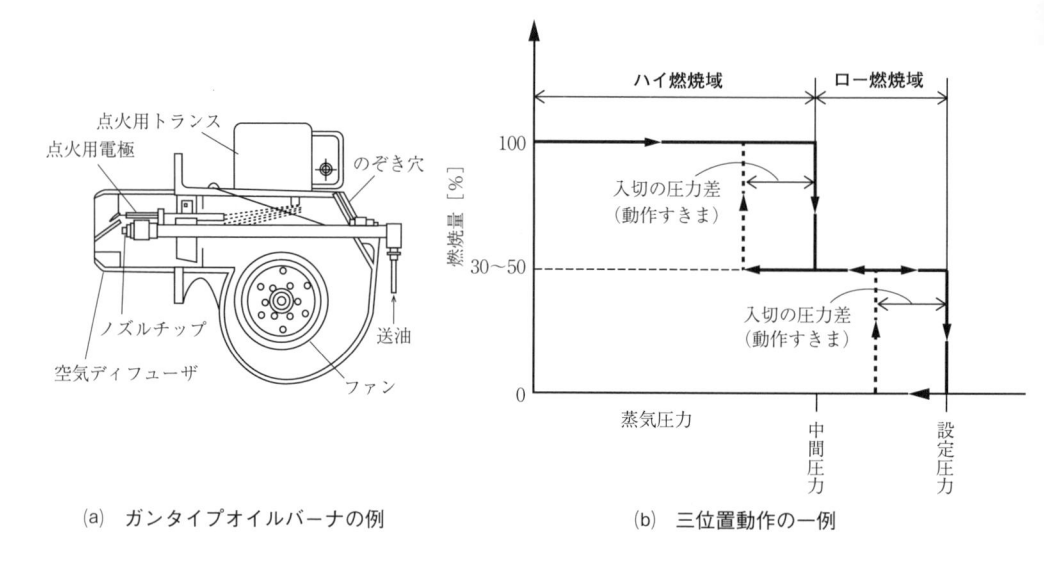

[解答(5)　微粉炭と予混合してバーナに送入されるのは、一次空気である]

[解説]
　ボイラー燃焼の一次空気および二次空気について説明すると、次のようである。
①**一次空気**：**微粉炭燃焼**の場合には、微粉炭をバーナに送る空気をいう。**油燃焼**では、バーナから燃料とともにまたは燃料近くに噴射する空気をいう。**ガス燃焼**では、バーナ内でガスと混合して噴射する空気をいう（次図(a)参照）。**火格子燃焼**の場合は、火格子の下方から燃料層を通過させる、主として燃焼に使用される空気をいう（次図(b)参照）。
②**二次空気**：一次空気だけで燃料を完全燃焼できない場合、また燃焼方式によっては一次空気のないものもある。これらにおいて燃焼室内に供給して、燃料と空気の混合を良好に

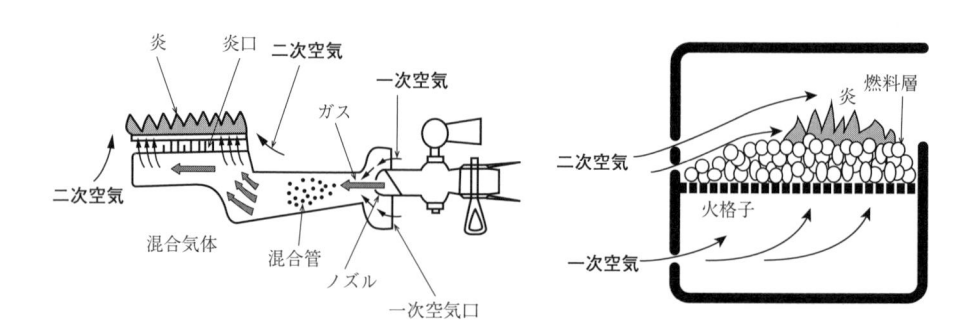

(a) ガスレンジの一次空気と二次空気

(b) 火格子の一次空気と二次空気

して、燃焼の完結を図るもので、一般に一次空気だけで完全燃焼できない場合に供給する。
(1) 油・ガスだき燃焼における**一次空気**は、噴射された燃料近傍に供給され、**初期燃焼**を**安定**させる。油・ガスだき燃焼の場合、一次空気はバーナに供給される。
(2) 油・ガスだき燃焼における**二次空気**は、旋回又は軸流によって燃料と空気の混合を良好にして、**燃焼**を**完結**させる。
(3) 火格子燃焼における**一次空気**は、上向き通風では火格子から**燃料層**を通して送入される。
(4) 火格子燃焼における**二次空気**は、上向き通風では燃料層上の可燃ガスの**火炎中**に送入される。
(5) 微粉炭と予混合してバーナに送入されるのは、**一次空気**である。

問24

[解答(3) 重油燃焼は、石炭燃焼に比べて、**燃焼温度**が高いので、ボイラーの局部過熱や炉壁の損傷を生じやすい]

[解説]
　重油燃焼は、石炭燃焼に比べて次のような特徴がある。
(1) **少ない空気比**で**完全燃焼**させられる。
(2) ボイラーの負荷変動に対して、**応答性**が優れている。
(3) 燃焼温度が**高い**ので、ボイラーの**局部過熱**や炉壁の**損傷**を生じやすい。
(4) ボイラーの負荷変動に対して、**応答性**が優れている。
(5) **すす、ダスト**（灰分を主成分とし、あと若干未燃分を含むもの）の発生が**少なく**、灰処理の必要がない。

ほか、
・重油の**発熱量**は、石炭よりはるかに**大きい**。
・貯蔵中に発熱量の**低下**や**自然発火**の恐れがない。
・**運搬**や**貯蔵管理**が容易である。
・**燃焼操作**が**容易**である。
　一方、石炭燃焼と比べた重油燃焼の短所は、以下のようである。
・燃焼温度が**高い**ので、ボイラーの**局部過熱**や炉壁の**損傷**を生じやすい。
・油の**漏れ込み**や**点火操作**に気を付けないと、**炉内ガス爆発**の危険性がある。
・油の**引火点**が低いので、取り扱いに注意が要する。
・バーナの構造によって**騒音**が発生する。

問25

[解答(4)　石炭の主成分をなす固定炭素は、炭化度の進んだものほど多い]

[解説]

　石炭は、地下に埋没した太古の植物が、地熱や圧力作用によって分解、炭化したもので、炭化の進行の度合（**炭化度**）によって、**褐炭**、**瀝青炭**（れきせいたん）、**無煙炭**に分類される。炭化度が進むほど**炭素**が**増加**し、**酸素**は**減少**する。

　石炭の**燃料比**とは、固定炭素（質量%）÷揮発分（質量%）の値であり、褐炭から無煙炭と炭化度が**進む**につれて、固定炭素が大になり、揮発分が少なくなるので、燃料比は**大きくなる**。石炭の単位質量当たりの**発熱量**は、炭化度の進んだものほど**大きい**。

(1) 炭化度が進む、すなわち**褐炭**から**無煙炭**になるにつれて、成分中の**酸素**は**減少**し、炭

	褐　炭	歴青炭	無煙炭
固定炭素	小 ←	→	大
揮発分	大 ←	→	小
燃料化	小 ←	→	大

　　素が**増加**する。
(2) 石炭の**燃料比**は、褐炭から無煙炭と炭化度が**進む**につれて、固定炭素が大きく、揮発分が少なくなるので、燃料比は**大きくなる**。
(3) 石炭の**揮発分**は、炭化度の**進んだ**ものほど**少ない**。
(4) 石炭の**固定炭素**は、石炭の主成分をなすもので、炭化度の進んだものほど**多い**。
(5) 炭化度の進んだ石炭ほど、固定炭素の含有率が大きく、石炭の単位質量当たりの**発熱量**が**大きい**。

問26

[解答(4)　石炭燃料の流動層燃焼方式は、低温燃焼（700〜900℃）でばいじんの排出が多いので、集塵装置の設置が必要でなる]

[解説]

　石炭の燃焼方式には、①**火格子（ストーカ）**燃焼方式、②**微粉炭バーナ**燃焼方式、③**流動層**燃焼方式　がある。流動層燃焼方式は、炉内脱硫用の**石灰石**の**溶融**を防ぐため、流動層の層内温度を700〜900℃に制御する必要がある。そのため、蒸発管などを流動層内に配置している（図参照）。

(1) 流動層燃焼方式では、低質な燃料を使用することができる。粒子状にした石炭を流動化して燃焼させるので、**燃焼効率**が良く、燃えにくい低質な燃料も使用できる。
(2) 流動層燃焼方式では、**石灰石（CaCO$_3$）**を流動層内に送入するので、**炉内脱硫**（硫

黄分を取り除く）ができ、**硫黄酸化物（SO$_X$）**の排出が**抑えられる**。
(3) 流動層内では熱伝導率が大きく、**伝熱性能**は**良い**ので、ボイラーの伝熱面積が**小さく**なる。
(4) 流動層燃焼方式は、**低温燃焼（700～900℃）**なので**窒素酸化物**の発生が**少ない**。一方、ばいじんの排出はあるので、**集じん装置**の設置が必要とされる。
(5) 微粉炭バーナ燃焼方式では石炭を微粉にするが、流動層燃焼方式では**粒径1～5mm**に粉砕すれば良いので、粉砕動力が**少なくてすむ**。
ほか、流動層燃焼方式は、空気量が多く必要なので、**通風動力**が**増す**。

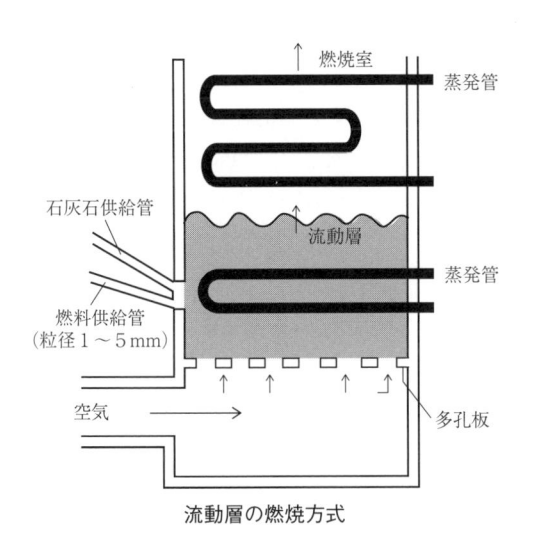

流動層の燃焼方式

問27

［解答(1)　正解］

［解説］
　燃焼室熱負荷とは、燃焼室の単位時間・単位容積当たりの**発生熱量**をいい、単位はkW/m³で表される。各ボイラーの燃焼室熱負荷は、下表の通りである。

ボイラーの種類	燃焼方式	燃焼室熱負荷　kW/m³
炉筒煙管ボイラー	油・ガスバーナ	400～1200
水管ボイラー	油・ガスバーナ	200～1200
	微粉炭バーナ	150～200

問28

[解答(2)　自然通風力は、煙突内のガスの温度が高い（密度が小さい）ほど大きい]

[解説]

通風には、煙突だけで発生させる**自然**通風と機械的動力（ファンなど）を用いた**人工**通風がある。人工通風には、必要動力の大きい順に**誘引**通風、**平衡**通風、**押込**通風の3種類がある。通風力とは、通風を起こさせる**圧力差**のことで、通風力の単位は、**パスカル（Pa）**、又はその1,000倍の**キロパスカル**（kPa）が用いられる。

(1) 炉及び煙道内を通る空気と燃焼ガスの流れを通風という。通風力とは、通風を生じさせる**圧力差**のことである。

(2) 自然通風とは、煙突の吸引力だけで通風を行う方式である。自然通風力は煙突内のガスの**温度**が**高い**（密度が小さい）ほど、煙突の**高さ**が**高い**ほど**大きく**、次式で表される。

　　自然通風力 $h = (\rho_a - \rho_b)gH$　[Pa]

　ここで、ρ_a：外気の密度 [kg/m^3]、ρ_b：煙突内の平均ガス密度 [kg/m^3]、
　　　　　H：煙突の高さ [m]、g：重力加速度（=9.8）[m/s^2]

(3) 押込通風は、大気圧より高い圧力の炉内に空気を押し込むもので、空気流と燃料噴霧流が良く混じり合うように通風することによって、**燃焼効率**（完全燃焼させたときの発生熱量に対する実際の発生熱量の割合）が**高まる**。所要動力が**小さい**。

(4) 誘引通風は、ファンを用いて燃焼ガスを誘引するもので、比較的高温で体積の大きなガスを扱うので、**所要動力**が**大きい**。

(5) 平衡通風は、押込ファンと誘引ファンを併用する方式で、通常は、炉内の圧力が大気圧よりわずかに低くなるように調節する。**所要動力**は、押込通風より**大きく**、誘引通風よりは**小さい**。

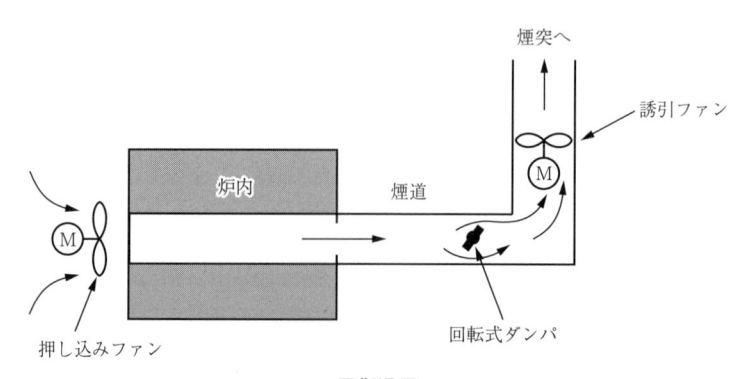

平衡通風

問29

[解答(3)　センタータイプバーナは、空気流の中心にガスノズルがあり、先端からガスを放射状に噴射する構造である]

[解説]
　ガスバーナには、①**拡散形**バーナ、②**予混合形**バーナに分けられる。ボイラー用ガスバーナは、殆どが**拡散燃焼方式**でガスと空気を別々に噴出し、拡散しながら燃焼させるバーナで、操作範囲が広く、逆火の危険性が少ないので、広く用いられている。燃料噴出ノズルの形式によって、(a)**センタータイプ**、(b)**リングタイプ**、(c)**スパッドタイプ**、(d)**アニュラータイプ**がある（次図参照）。また、アニュラータイプにファン、点火装置、火炎検出器などを一体化としたものを**ガンタイプガスバーナ**と呼ぶ。

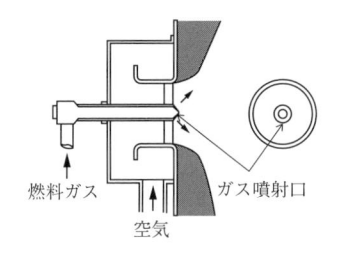

(a)　センタータイプ（中央筒形）　　　(b)　リングタイプ（輪状形）

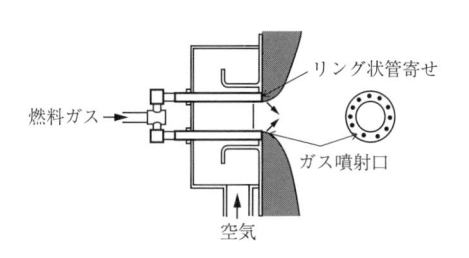

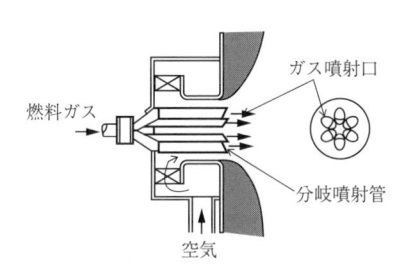

(c)　スパッドタイプ（多分岐噴射形）　(d)　アニュラータイプ（環状形）

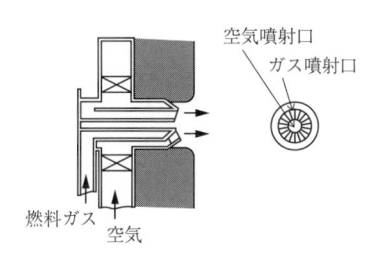

拡散形ガスバーナの種類

(1)　気体燃料を使用するボイラー用バーナ（ガスバーナ）のほとんどは、**拡散燃焼方式**を採用している。
(2)　拡散形バーナは、ガスと空気を別々に噴出し、拡散しながら燃焼させるバーナで、操作範囲が広くて、**逆火**の**危険性**が**少ない**ので、ボイラー用として広く用いられている。燃料噴出ノズルの**形状**によって、①ガンタイプ、②リングタイプ、③スパッドタイプ、④センタータイプなどがある。
(3)　もっとも単純な基本的バーナである**センタータイプ**バーナは、空気流の中心にガスノ

ズルがあり、先端からガスを放射状に噴射する構造である。空気流中に数本のガスノズルがあり、ガスノズルを分割することでガスと空気の混合を促進するタイプは、**マルチスパッドバーナ**である。
(4) **リングタイプガスバーナ**は、リング状の内側に多数のガス噴射孔があり、空気流の外側からガスを内側に向かって噴射する。
(5) **ガンタイプガスバーナ**は、バーナ、ファン、点火装置、燃焼安全装置、負荷制御装置などを一体としたもので、中・小容量ボイラーに用いられる。

問30

［解答(5)　燃料の燃焼により分解した炭素が遊離炭素として残存したものは、すすである。ダストは、灰分が主体で少しの未燃分を含んだものである］

［解説］
燃焼により発生する有害物質である**硫黄酸化物（SO$_X$）**及び**窒素酸化物（NO$_X$）**について、
(1) 燃焼室で発生するNO$_X$は、**NO**が主である。煙突から排出されて大気中に拡散する間に、酸化されて**NO$_2$**になるものがある。
(2) 燃焼により生ずるNO$_X$には、**サーマルNO$_X$**と**フューエルNO$_X$**の2種類がある。
(3) フューエルNO$_X$は、燃料中の窒素化合物から**酸化**によって生ずる。一方、サーマルNO$_X$は、**空気中**の窒素が**高温酸化**して生じる。
(4) ボイラーの煙突から排出されるSO$_X$は、**SO$_2$**が主で、**SO$_3$**は少量である。SO$_X$は、人の**呼吸器**系統などに障害を起こすが、**酸性雨**の原因にもなる。
(5) 燃料の燃焼により分解した炭素が**遊離炭素**として残存したものは、**すす**である。ダストは、**灰分**が主体で少しの未燃分を含んだものである。

模擬問題No.3

問21

[解答(1)　正解]

[解説]

　燃料の分析方法として、①元素分析、②成分分析、及び③工業分析がある。その対象と測定方法を次表に示す。

分析法	対象	測定方法
元素分析	液体燃料 固体燃料	あらかじめ水分を除いた**無水ベース**から分析する。**炭素、水素、窒素、**及び**硫黄**を測定し、水分を除いた質量を100%として、これらの成分質量を差し引いた値を**酸素**とする。「**質量%**」で表す。
成分分析	気体燃料	**メタン、エタン**などの含有成分を測定する。「**容積%**」で表す。
工業分析	固体燃料	石炭などの**固体燃料**の分析に用い、**自然乾燥**した状態の**気乾試料**として**水分、灰分、揮発分**を測定し、残りを**固定炭素**として「**質量%**」で表す。

問22

[解答(3)　実際空気量は、理論空気量よりも多い]

[解説]

　燃料の燃焼について、次のようである。
(1)　**燃焼温度**は、燃料の化学反応による発熱量、空気量、熱損失などによって影響を受ける。すなわち、①燃料の種類、②空気比、③燃焼効率、④火炎からの放射、⑤炉壁や伝熱面への伝熱、⑥燃焼用空気の温度によって大きく変化する。
(2)　**実際燃焼温度**は、燃焼効率、外部への熱損失、伝熱面への吸収熱量などの影響によって断熱理論燃焼温度より低くなる。**断熱理論燃焼温度**とは、基準温度下で燃料が**完全燃焼**し、外部への熱損失が全く**無い**とした場合に到達しえる理論上の燃焼ガス温度である。すなわち、発生した熱量が全て温度上昇に使われた場合の温度（上昇した温度＋最初の温度）をいう。
(3)　理論空気量は、**完全燃焼**に必要となる最小の空気量である。一般に、**実際空気量**は、それよりも多く、その比を**空気比**（空気過剰率）と呼び、その差が過剰空気量である。
(4)　燃焼ガスの組成は、燃焼反応**酸化物**（CO, CO_2, H_2O, SO_X, NO_X）で、その割合は燃料成分、燃焼方法、空気比により変わる。

(5) ボイラーの最大の熱損失は、廃棄される**排ガス**の保有する熱量である。小さくするためには、①**空気比**を出来るだけ**小さく**して、**完全燃焼**に近づける、②熱吸収を良くし、**燃焼ガス熱の回収**を図ることである。

問23

[解答(5) ガス火炎は、油火炎に比べて放射率が低いので、火炉での放射伝熱量は減るが、接触伝熱面での対流伝熱量は増す]

[解説]
ボイラーの気体燃料の特徴は、次のようである。
(1) 気体燃料は、もともと気体なのでそのまま燃焼させられ、液体燃料のような微粒化や**気化プロセスを必要としない**。
(2) 空気との混合状態を比較的自由に設定できるので、**火炎の広がり**、**長さ**などの調節がしやすい。気体燃料の燃焼方式は、ガスと空気の混合方法の違いによって**拡散燃焼**方式と**予混合燃焼**方式に分類できる。特に、拡散燃焼は、空気流速、旋回強度、ガスの噴射角度などにより、火炎の広がり、長さ、温度分布などの**火炎特性**を容易に調節できる。
(3) 安定な燃焼が得られ、点火、消火が容易で自動化しやすい。
(4) 気体燃料はもともと気体なので、そのまま燃焼させられる。したがって、重油のような燃料加熱、霧化媒体とした高圧空気または蒸気は不要である。
(5) ガス火炎は、油火炎に比べて**放射率**が低いので、**火炉**での放射伝熱量は減るが、接触伝熱面での**対流伝熱量**は増す。

問24

[解答(2) 密度の小さい燃料油は、引火点が低い]

[解説]
重油の性質は、次のようである。
重油の動粘度によって、1種（A重油、動粘度20 mm^2/s以下）、2種（B重油、50 mm^2/s以下）及び3種（C重油、250〜1,000 mm^2/s以下）に分類されている。各重油の性状は次表のようである。
(1) 重油の**密度**は、温度が**上昇する**と**減少**する。一般に比重は、**0.84〜0.96 g/cm^3 (15℃)** で水に浮く。
(2) 一般に、**密度の小さい**燃料油は、**引火点**が**低い**。密度の大きさは、C重油＞B重油＞A重油で、A重油の密度が小さい。
(3) 重油の比熱は、温度と密度によって変わる。50〜200℃における重油の**平均比熱**は、約**2.3 kJ/（kg・K）**である。
(4) 重油の**粘度**は、温度が**上昇**すると**低く**なる。重油の温度が高くなると、粘度が低くなるので、粘度の高いB重油やC重油は、**予熱**して使用する。
(5) B重油は、C重油より**密度**が小さく、単位質量当たりの発熱量が大きい。

	A重油	B重油	C重油
密度	小 ◀――――――――――――――― 大		
低発熱量	大 ―――――――――――――▶ 小		
引火点、粘度、流動点	低 ◀――――――――――――――― 高		
残留炭素、硫黄分	少 ◀――――――――――――――― 多		

問25

[解答(3)　加熱温度が高すぎるとバーナ管内で油が気化してベーパロックを起こし、正常に燃料が供給されなくなる。水分には直接関係しない]

[解説]
　重油中に水分及びスラッジが多いときの障害は、次のようである。
(1)　水分が多いと、熱損失を招く。
(2)　水分が多いと、**いきづき燃焼**を起こす。いきづき燃焼とは、水と油の蒸気の発生によって燃料が瞬間的に中断して炎の勢いが強くなったり、消えそうになって**火炎が断続燃焼**する状態をいう。
(3)　**ベーパロック**とは、バーナ管内で**油が気化**して正常に燃料が供給されなくなる現象である。加熱温度が高すぎると発生し、水分には直接関係しない。
(4)　スラッジは、**弁、ろ過器、バーナチップ**などを閉そくさせる。
(5)　スラッジは、ポンプ、流量計、バーナチップなどを**磨耗**させる。
　これらの障害を防止するには、重油中への**水分**や異物の混入を防ぐことであり、燃料タンクの**ドレン抜き**やろ過器の清掃を行う。
　なお、ボイラーの低温部で生じる低温腐食の原因は、燃料中の**硫黄成分**であり、水分やスラッジには直接関係しない。

問26

[解答(5)　ガンタイプバーナは、ファンと圧力噴霧式バーナとを組み合わせたものである]

[解説]
　液体燃料のバーナは、燃料油を噴霧して微粒化することにより、表面積を大きくして気化を促し、空気との接触を良好にして、燃焼反応を速やかに完結させる装置である（次頁図参照）。
(1)　**圧力噴霧式**バーナは、燃料油に**高圧力**（0.5〜3 MPa）を加えて**ノズルチップ**から噴出するバーナで、油は**旋回**しながら傘状に広がり、空気との摩擦や油の表面張力によって微粒化される。圧力の加減によって油量の調整を行うため**ターンダウン比**（バーナ負

荷調整範囲）は、**狭い**ので、バーナの数の調整やノズルチップの取り替えなどによって補う。ここで、**ターンダウン比**とはバーナ１本当たりの定格燃料と制御可能な最小燃料流量の比をいい、一般にガスバーナで10：1、油バーナで4：1程度である。

(2) **蒸気噴霧式バーナ**は、蒸気の持つエネルギーで油を微粒化している。流量調整範囲が広く、**ターンダウン比**（バーナ１本当たりの最大、最小燃焼時の燃料の流量比）が**広い**。

(3) **低圧気流噴霧式油バーナ**は、4～10 kPaの比較的**低圧**の空気を霧化媒体として、油を微粒化している。

(4) **回転式（ロータリ）バーナ**は、回転軸に取り付けられたカップの内面に**油膜**を形成し、**遠心力**により油を**微粒化**する。カップの内面が汚れていると、油膜が不均一となり、噴霧状態が悪くなる。小、中容量のボイラーに用いられる。

(5) **ガンタイプバーナ**は、**ファン**と**圧力噴霧式バーナ**を組み合わせたもので、形がピストル状でこの名称が用いられる。燃焼量の調節範囲は**狭く**、**オン・オフ操作**で自動制御を

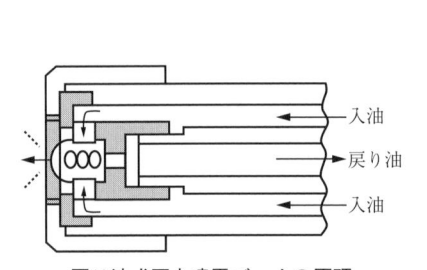

戻り油式圧力噴霧バーナの原理

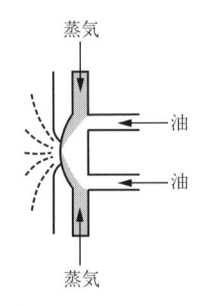

蒸気噴霧式バーナの一例

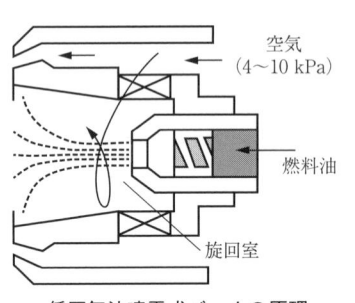

低圧気流噴霧式バーナの原理

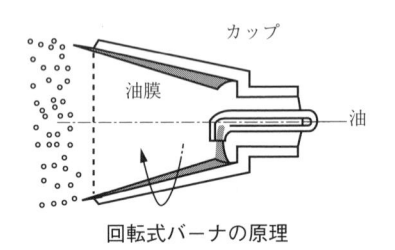

回転式バーナの原理

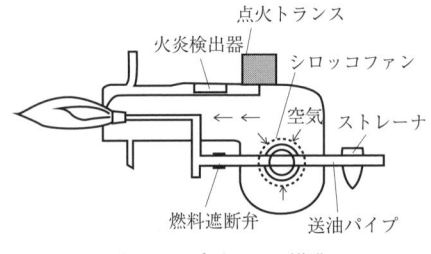

ガンタイプバーナの構造

行う。主に、暖房用ボイラーや小容量ボイラーに用いられる。

問27

［解答(5)　重油に添加物を使用し、燃焼ガスの露点を下げる。露点が下がると、硫酸蒸気は凝縮しにくくなる］

［解説］
　重油燃焼による**低温腐食**は、燃料中に含まれる**硫黄（S）**分から**硫酸（H₂SO₄）**蒸気が生成され、燃焼ガス通路の低温部に接触し、**露点以下**になると硫酸蒸気が結露して金属面を腐食させる。硫黄（S）から硫酸（H₂SO₄）蒸気発生への反応は、次のようである。①硫黄分が燃焼して**二酸化硫黄（SO₂）**が生じる。S＋O₂→SO₂、②二酸化硫黄が過剰の酸素と反応して、**三酸化硫黄（SO₃）**になる。$SO_2+\frac{1}{2}\cdot O_2 \rightarrow SO_3$、③三酸化硫黄が燃焼ガス中の水蒸気と反応して、**硫酸蒸気**になる。SO₃＋H₂O→H₂SO₄、④硫酸（H₂SO₄）蒸気が燃焼ガス通路の低温部に接触して**露点**（蒸気が凝縮し始める温度）以下になると硫酸蒸気が凝縮して金属面を**腐食**させる。
　重油燃焼によるエコノマイザや空気予熱器への硫酸による**低温腐食**を防ぐために、次の措置をとる。
(1)　硫黄分の少ない重油を使用する。
(2)　燃焼室、煙道への空気の漏入を防ぎ、煙道ガスの**温度低下**を**防止**する。
(3)　給水温度を上げて、エコノマイザの伝熱面の温度を**上げる**。
(4)　蒸気式空気予熱器を用いて、ガス式空気予熱器の**伝熱面**の温度が**低くなり過ぎない**ようにする。
(5)　重油に添加剤を使用し、燃焼ガスの**露点**を下げる。露点が下がると、硫酸蒸気は凝縮しにくくなる。
ほか、
・排ガス中の**酸素**を減少させ、**三酸化硫黄**の生成を抑える。
・低温伝熱面材料に耐食性の強い材料を使用するか、表面を保護被膜で覆う。

問28

［解答(1)　火花の発生原因となるのは、通風の強すぎである］

［解説］
　重油燃焼の火炎に**火花**が生じる場合の原因は次のようである。
(1)　通風の**強すぎ**
(2)　バーナの故障、または調節の不良
(3)～(5)　油、または噴霧媒体の**温度**や**圧力**の**不適正**

問29

[解答(1)　ボイラーの煙突から排出されるSO$_X$は、SO$_2$が主で、SO$_3$は少量である]

[解説]
　ボイラーの燃焼により発生する**大気汚染物質**には、**硫黄酸化物（SO$_X$）、窒素酸化物（NO$_X$）、ばいじん（すすやダスト）**がある。燃料の燃焼により生じるNO$_X$には、二種類、すなわち①燃焼に使用される空気中の窒素が、高温条件下で酸素と反応して生じる**サーマルNO$_X$**、②燃料に含まれる窒素化合物が酸化されて生じる**フューエルNO$_X$**がある。燃焼により生じるNO$_X$の大半の95％は**一酸化窒素（NO）**で、主に次の要因で生じる。①**燃焼温度**が高い、②**酸素濃度**が高い、③**高温部での反応時間**が長い。
　したがって、NO$_X$発生を抑制、除去するには、次の方法をとる。
①燃焼ガス中の**酸素濃度**を**低く**する。
②**燃焼温度**を**低く**する。特に、局所的高温域が生じないようにする。
③燃焼ガスが高温燃焼域に**滞留**する時間を**短く**する。
④**窒素化合物の少ない燃料**を使用する。
⑤排煙脱硝装置を設け、NO$_X$を除去する。
　また、燃焼方法の改善策として、①**二段燃焼**（燃焼領域を二段に分け、一段目、二段目の燃焼領域で空気比を変える）、②**濃淡燃焼**（燃焼領域の二つで空気過剰部分と空気不足分をつくる）、③**低酸素（低空気比）燃焼**、④排ガスの**再循環**、⑤低NO$_X$バーナの使用などがある。
　また、
・ボイラーから排出される硫黄酸化物（SO$_X$）は、大部分が二酸化硫黄（SO$_2$）で、三酸化硫黄（SO$_3$）が**数％**である。SO$_X$は、**人体に有害**で、呼吸器系統や循環器に障害をもたらす。さらに、窒素酸化物（NO$_X$）とともに**酸性雨**の原因になる。
・燃料を燃焼させたときに生じる固体微粒子に**すす**（炭素が遊離炭素として、不完全燃焼で生じたもの）と**ダスト**（**灰分**が主体で、わずかの未燃分）があり、二つを総称して**ばいじん**といい、人体に有害で呼吸器障害の原因になる。
　すなわち、
(1)　ボイラーの煙突から排出されるSO$_X$は、**SO$_2$**が主で、**SO$_3$**は少量である。
(2)　SO$_X$は、人の**呼吸器系統**などに障害を起こすほか、**酸性雨**の原因になる。
(3)　燃焼室で発生するNO$_X$は、**NO**が主である。煙突から排出されて大気中に拡散する間に、酸化されて**NO$_2$**になるものがある。
(4)　燃焼により生ずるNO$_X$には、**サーマルNO$_X$**と**フューエルNO$_X$**の２種類がある。
(5)　フューエルNO$_X$は、燃料中の窒素化合物から**酸化**によって生ずる。一方、サーマルNO$_X$は、**空気中の窒素**が**高温酸化**して生じる。

問30

[解答(3) サービスタンクは、ボイラーに燃料油を円滑に供給するための油だめの役割で、一般に容量は、最大燃焼量の2時間分以上とする]

[解説]
　ボイラーにおける液体燃料の供給装置について、次のようである。
(1) **燃料油タンク**は、地上又は地下に設置される場合がある。**貯蔵タンク**は、一般に1週間～1ヶ月の使用量に相当する燃料油を貯蔵する。
(2) ボイラーの燃料油タンクには、**貯蔵タンク**と**サービスタンク**がある。
(3) **サービスタンク**は、ボイラーに燃料油を円滑に供給するための油だめの役割で、一般に容量は、最大燃焼量の**2時間分以上**とする。
(4) **油ストレーナ**は、油中の土砂、鉄さび、ごみなどの固形物を除去するものである。
(5) **油加熱器**は、燃料油を加熱し、燃料油の**噴霧**に適した粘度を得るための装置である。
　なお、
・屋外貯蔵タンクの油送入管はタンクの**上部**に、油取出し管はタンク底部から**20～30 cm上方**に取り付ける。
・屋外貯蔵タンクには、**油面計、温度計**などを取り付ける。消防法により、他に通気管、水抜き管、油逃がし管、油加熱器、掃除孔、アースなどを取り付けねばならない。
・サービスタンクには、油面計、温度計などのほかに、バーナに燃料油を安定供給するための**自動油面調節装置**を設け、異常低位、異常高位を知らせる警報用の接点が設けられる。

模擬問題No.4

問21

[解答(2)　液体燃料に小火炎を近づけたとき、瞬間的に光を放って燃え始める最低の温度を引火点という]

[解説]
燃料の分析及び性質について、次のようである。
(1) 燃料の分析方法としては、**元素**分析、**成分**分析、及び**工業**分析の三種類がある。**元素**分析は、**液体及び固体**燃料に用いられ、**元素の組成比**（通常、炭素、水素、酸素、窒素、及び硫黄の5成分）を**質量%**で表す。**成分**分析は**気体**燃料に用いられ、**含有成分**（メタン、エタンなど）を**容量%**で表す。
(2) 着火温度（発火温度）とは、**液体**燃料を空気中で加熱して温度を上げていき、自然に燃え始める**最低**の温度をいう。引火点とは、**液体**燃料の可燃性蒸気に小火炎を近づけると液体温度が引火点以上の場合、光を放って燃え始める最低の温度である。ガソリンの引火点は－40℃以下で、重油では60～120℃程（重油の種類のA、B、C重油によって幅がある）である。
(3) **発熱量**とは、燃料を完全燃焼させたときに発生する熱量である。**高発熱量（総発熱量）**と**低発熱量（真発熱量）**の二つがある。両者の差は、燃料に含まれる水素及び水分によって決まり、水蒸気の潜熱分を含むか含まないかの違いである。
(4) 高発熱量（総発熱量）は**水蒸気**の**潜熱**を含んだ発熱量で、総発熱量ともいう。
(5) 低発熱量（真発熱量）は水蒸気の潜熱を**含まない**発熱量である。したがって、両者の値の差は、水蒸気の**潜熱量**で、燃料に含まれる**水素**及び**水分**の割合によって定まる。

問22

[解答(1)　気体燃料は、液体燃料や固体燃料に比べると、成分中の炭素に対する水素の比率が高い]

[解説]
(1) 気体燃料は、**メタン（CH_4）**などの**炭化水素**を主成分とする。液体燃料や固体燃料に比べると、成分中の炭素に対する水素の**比率**が**高い**。
(2) 同じ熱量を発生させる場合のCO_2の排出量は、石炭の**約60%**、液体燃料の**約75%**と少なく、**温室効果ガス削減**に有効である。
(3) 気体燃料は、**硫黄、灰分**の含有量が少なく、伝熱面や火炉壁をほとんど汚染しない。バーナの閉塞や磨耗、汚れ、作業環境の汚れなども少ない。
(4) 液体燃料や固体燃料に比べて、**燃料費**は**割高**である。また、液体燃料よりも配管の口径が大きくなるので、配管や制御機器費用も高くなる。
(5) 気体燃料は、漏えいした場合、可燃性の混合気をつくりやすく、**爆発**する危険性が大

きく、漏えい防止、漏えい検知に十分な配慮が必要である。また、都市ガスの原料である液化天然ガス（LNG）は、空気より**軽く**、漏えいした場合は、天井部などの**高所**に滞留しやすい。一方、液化石油ガス（LPG）は、空気より**重く**、漏えいした場合は、窪み部などの底部の滞留しやすい。しかし、都市ガスに比べ発熱量は大きく、液体燃料ボイラーの**パイロットバーナ**の燃料に**液化石油ガス（LPG）**を使用することが多い。

問23

［解答(2)　重油は石炭に比べて発熱量が大きく燃焼温度が高く、ボイラーの局部過熱及び炉壁の損傷を起こしやすい］

［解説］
　石炭燃焼と比べた重油燃焼の特徴は、次のようである。
(1)　**急着火、急停止**の操作が容易である。
(2)　燃焼温度が高いため、ボイラーの**局部過熱**及び**炉壁の損傷**を起こしやすい。
(3)　**すす、ダスト**の発生が少ない。
(4)　ボイラーの**負荷変動**に対して**応答性**が優れている。
(5)　少ない過剰空気で**完全燃焼**させることができる。
　ただし、重油は液体燃料であるため弁の漏れなどによって**バーナ先端**より炉内に漏れて炉内で**ガス爆発**の恐れがあるので、点火の際には十分な**プレパージ**が必要である。

問24

［解答(3)　いきづき燃焼は、加熱温度が高すぎて生じる］

［解説］
　油だきボイラーにおける重油の加熱について、次のようである。
(1)　粘度の**高い**B重油、C重油では、適当な粘度に下げるために、加熱しなければならない。
(2)　加熱温度は、B重油で**50～60℃**、C重油で**80～105℃**である。A重油以下の**軽質油**では、通常加熱を必要としないが、**寒冷地**で特に粘度の高いときは加熱を必要とすることがある。
(3), (5)　加熱温度が高すぎると、①**ベーパロック**を起こす。ベーパロックとは、**バーナ管内**で油が**気化**して気泡が発生し、燃料が正常に供給されなくなる状態をいう。②空気と油の混合にむらができ、**いきづき燃焼**を生じる、いきづき燃焼とは噴霧状態にむらができ、炎の勢いが強くなったり、消えそうになる状態を間欠的に繰り返す燃焼状態のことである、③**炭化物生成**の原因になる。
(4)　加熱温度が低すぎると、①**霧化不良**となって、燃焼が悪くなる、②**すす**が発生し、**炭化物（カーボン）**が付着する。

問25

[解答(2)　ベーパロックは、バーナ管内で油が気化して正常に燃料が供給されなくなる現象である]

[解説]
　重油中に含まれる成分などが燃焼に及ぼす影響について、次のようである。
(1)　**残留炭素分**が多いほど、**ばいじん量**は増加する。残留炭素とは、一定の試験方法で燃え切らない炭化物をいう。
(2)　水分が多い場合、**いきづき燃焼**を起こす。いきづき燃焼とは、水と油の蒸気の発生によって燃料が瞬間的に中断して火炎が**断続燃焼**することをいう。一方、ベーパロックはバーナ管内で油が**気化**して正常に燃料が供給されなくなる現象をいう。
(3)　スラッジは、**ポンプ、流量計、バーナチップ**などを**磨耗**させる。重油中のスラッジは、油などの分解や変質により生成された**沈殿物**である。
(4)　無機物の不燃分である**灰分**は、ボイラーの伝熱面に付着し伝熱を阻害する。
(5)　燃料中の**バナジウム（V）**は、ボイラー伝熱面に付着し、**高温腐食**を起こす原因となる。

　なお、これらの障害を防止するには、重油への**水分**や**異物**の混入を防ぐこと、燃料タンクの**ドレン抜き**やろ**過器の清掃**を行うことが重要である。
・ボイラーの低温部で生じる**低温腐食**を起こすのは、燃料中の**硫黄成分**であり、水分やスラッジには直接関係ない。

問26

[解答(2)　石灰石を流動層内に送入することにより、炉内脱硫ができ、硫黄酸化物の排出を抑えられる]

[解説]
　石炭の燃焼方式には、①**火格子（ストーカ）**燃焼方式、②**微粉炭バーナ**燃焼方式、③**流動層**燃焼方式、がある。固体燃料の流動層燃焼方式の特徴について、次のようである。
(1)　流動層燃焼方式では、低質な燃料を使用することができる。粒子状にした石炭を流動化して燃焼させるので、**燃焼効率**が良く、燃えにくい低質の燃料も使用できる。
(2)　流動層燃焼方式では、**石灰石（CaCO₃）** を流動層内に送入するので、**炉内脱硫**（硫黄分を取り除く）ができ、**硫黄酸化物（SO$_X$）** の排出が**抑えられる**。
(3)　流動層燃焼方式は、石灰石の**溶融**を防ぐため、流動層の層内温度を**700～900℃**に制御する必要がある。そのため、蒸発管などを流動層内に配置している（次図参照）。
(4)　流動層内では熱伝導率が大きく、**伝熱性能**が良いので、ボイラーの伝熱面積が**小さく**なる。
(5)　低温燃焼（700～900℃）のため、**窒素酸化物（NO$_X$）** の発生が少ない。一方、ばいじんの排出はあるので、**集じん装置の設置**が必要である。
　また、空気量が多く必要なので、**通風動力**が増す。

流動層の燃焼方式

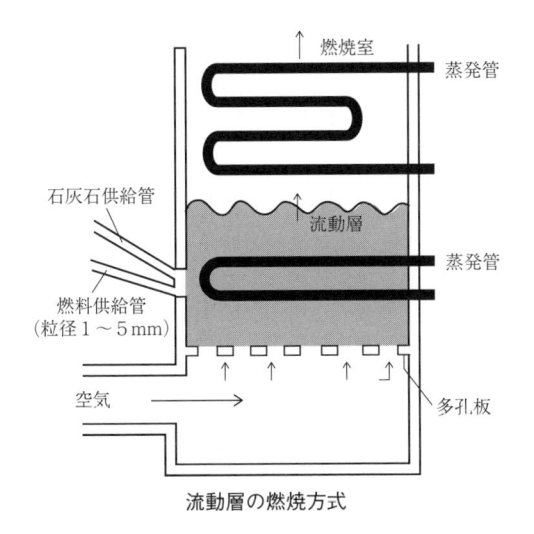

問27

［解答(1)　燃焼ガス中の酸素濃度を低くする］

［解説］
　燃料の燃焼により生じるNOxには、二種類、すなわち①燃焼に使用される空気中の窒素が、高温条件下で酸素と反応して生じる**サーマル**NOx、②燃料に含まれる窒素化合物が酸化されて生じる**フューエル**NOxがある。燃焼により生じるNOxの大半の95%は**一酸化窒素（NO）**で、主に次の要因で生じる。①**燃焼温度**が高い、②**酸素濃度**が高い、③高温部での**反応時間**が長い。
したがって、NOx発生を抑制する方法は、次のようである。
(1)　燃焼ガス中の**酸素濃度**を**低**くする。
(2)　**燃焼温度**を**低**くする。特に、局所的高温域が生じないようにする。
(3)　燃焼ガスが高温燃焼域に**滞留**する時間を**短**くする。
(4)、(5)　燃焼方法の改善策として、次がある。
　①**二段燃焼**（燃焼領域を二段に分け、一段目、二段目の燃焼領域で空気比を変える）、
　②**濃淡燃焼**（燃焼領域の二つで空気過剰部分と空気不足分をつくる）、
　③低酸素（低空気比）燃焼、
　④排ガスの**再循環**、
　⑤低NOxバーナの使用、などがある。

問28

[解答(5)　平衡通風は、燃焼ガスの外部への漏れはないが、所要動力は、押込通風より大きく、誘引通風よりは小さい]

[解説]
　通風には、煙突だけで発生させる**自然**通風と機械的動力を用いた**人工**通風がある。人工通風には、必要動力の大きい順に**誘引**通風、**平衡**通風、**押込**通風の3種類がある。
・ボイラーの通風とは、炉及び煙道内を通る空気と燃焼ガスの流れのことである。
・通風力とは、通風を起こさせる**圧力差**のことである。通風力の単位は、**パスカル（Pa）**、又はその1,000倍の**キロパスカル**（kPa）が用いられる。
(1) 押込通風は、燃焼用空気をファンを用いて大気圧より高い圧力の炉内に押し込むもので、所要動力が**小さい**。
(2) 押込通風は、空気流と燃料噴霧流が有効に混合するため、**燃焼効率**が高まる。
(3) 誘引通風は、ファンを用いて燃焼ガスを誘引するもので、比較的高温で体積の大きなガスを扱うので、所要動力が**大きい**。
(4) 平衡通風は、押込ファンと誘引ファンを併用する方式で、通常は、炉内の圧力が大気圧よりわずかに低くなるように調節する。
(5) 平衡通風は、燃焼ガスの外部への漏れはないが、**所要動力**は、押込通風より大きく、誘引通風よりは小さい。
　さらに、
・自然通風は、煙突の吸引力だけで通風を行う方式であるが、この通風力は煙突内のガスの**温度**が**高い**（密度が小さい）ほど大きく、煙突の**高さ**が**高い**ほど**大きく**なる。次式で表される。

$$自然通風力 h = (\rho_a - \rho_b) gH \quad [Pa]$$

　　ここで、ρ_a：外気の密度　[kg/m^3]、ρ_b：煙突内の平均ガス密度　[kg/m^3]、
　　　　　H：煙突の高さ　[m]、g：重力加速度（9.8）　[m/s^3]

問29

[解答(2)　多翼形ファンは、小型、軽量、安価であるが、効率が低いため、動力が大きい]

[解説]
　ボイラーの人工通風に用いられる主要なファンとして、①**多翼形**ファン、②**後向き**ファン（ターボ形ファン）、③ラジアル形ファン（**プレート形ファン**）の三つの形式（次図参照）があり、風圧は次表のようである。
(1) 多翼形ファンは、羽根車の外周近くに、浅く幅長で前向きな羽根が多数設けられている。風圧は比較的低く、**0.15～2 kPa**である。
(2) 多翼形ファンは、①**小型**、**軽量**、**安価**である、②**効率**が**低い**ため、**動力**が**大きい**、③羽根の形式がぜい弱で、**高温**、**高圧**、**高速**に適さない。

ファンの形式と風圧

No.	形式	風圧 [kPa]
①	多翼形ファン	0.15～2
②	後向きファン（ターボ形ファン）	2～8
③	ラジアル形ファン（プレート形ファン）	0.5～5

(3) 後向きファン（ターボ形ファン）は、羽根車の主板及び側板の間に8～24枚の**後向き**の羽を設けている。風圧は、**2～8 kPa**である。

(4) 後向きファン（ターボ形ファン）は、①**効率**が**良く**、**小さな動力**ですむ、②高温、高圧、大容量に適する、③形状が大きく、**高価**である。

(5) ラジアル形ファン（プレート形ファン）は、中央の回転軸から放射状に**6～12枚**のプレートを取り付けている。風圧は、**0.5～5 kPa**である。その特徴は、①強度があり、**磨耗**、**腐食**に**強い**、②簡単な形状で、プレートの取り替えが容易である、③大型で**重量**が**大きく**、**設備費**が**高い**。

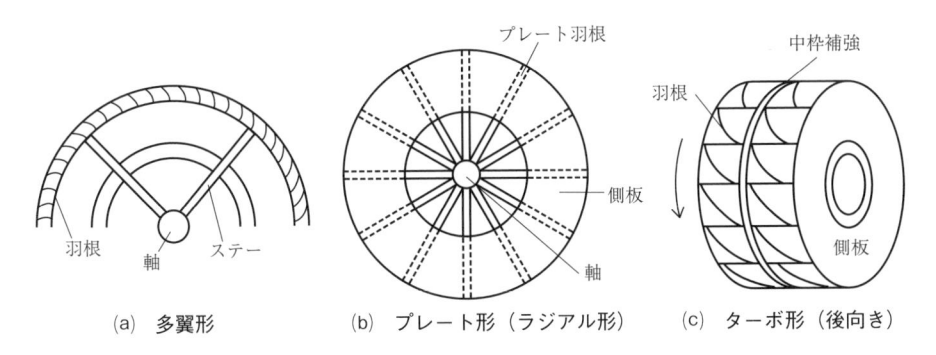

(a) 多翼形　　(b) プレート形（ラジアル形）　　(c) ターボ形（後向き）

問30

[解答(5)　正解]

[解説]

　重油バーナの**霧化媒体**とは、燃料の**霧化**のために用いる燃料以外の**流体**のことで、次表のようである。圧力噴霧式、回転式及びガンタイプバーナは、霧化媒体はなく、燃料に圧力エネルギーや運動エネルギーを与えて、燃料を霧化している。

バーナの種類と霧化媒体

バーナの種類	霧化媒体
圧力噴霧式、回転式（ロータリー）、ガンタイプ	—
蒸気噴霧式	蒸気
空気噴霧式	空気
低圧気流噴霧式	空気

模擬問題No.5

問21

［解答(1)　気体燃料は、液体燃料や固体燃料に比べると、成分中の炭素に対する水素の比率が高い］

［解説］
　気体燃料（都市ガス）は、**メタン（CH₄）** などの**炭化水素**を主成分とする。
(1)　気体燃料は、液体燃料や固体燃料に比べると、成分中の炭素に対する水素の**比率**が**高い**。
(2)　同じ熱量を発生させる場合のCO₂の排出量が、石炭の**約60%**、液体燃料の**約75%**と**少なく、温室効果ガス削減**に有効である。
(3)　気体燃料は、**硫黄、灰分**の含有量が少なく、伝熱面や火炉壁をほとんど汚染しない。バーナの閉塞や磨耗、汚れ、作業環境の汚れなども少ない。
(4)　液体燃料や固体燃料に比べて、**燃料費**は**割高**である。また、液体燃料よりも配管の口径が太くなるので、配管や制御機器費用も高くなる。
(5)　都市ガスの原料である液化天然ガス（LNG）は、空気より**軽く**、漏えいした場合は、天井部などの**高所**に滞留しやすい。一方、液化石油ガス（LPG）は、空気より**重く**、漏えいした場合は、窪み部などの底部の滞留しやすい。しかし、都市ガスに比べ発熱量は大きく、液体燃料ボイラーのパイロットバーナの燃料に**液化石油ガス（LPG）** を使用することが多い。

問22

［解答(5)　実際燃焼温度は、燃焼効率、外部への熱損失、伝熱面への吸収熱量などの影響によって理論燃焼温度より低くなる］

［解説］
　燃料の燃焼について、次のようである。
(1)　燃焼とは、**光**と**熱**の発生を伴う急激な**酸化反応**である。
(2)　燃焼には、三つの要素—**燃料、空気（酸素）** 及び**温度（着火源）**—が必要である。
(3)　**理論空気量**は、完全燃焼に必要な**最小**の空気量のことで、燃焼に必要な**理論酸素消費量**と乾き空気の**容積組成**（O₂：21%，N₂：78.05%，残りAr，CO₂など）から該当する**乾き空気量**が相当する。
(4)　実際空気量（A）と理論空気量（A_0）の比を**空気比**あるいは**空気過剰率** m $\left(m = \dfrac{A}{A_0}\right)$ と呼び、$m > 1$ である。
(5)　**理論燃焼温度**は、燃料が完全燃焼し、外部への熱損失が全く**無い**とした場合の燃焼ガス温度である。**実際燃焼温度**は、燃焼効率、外部への熱損失、伝熱面への吸収熱量など

の影響によって理論燃焼温度より**低く**なる。

問23

[解答(4)　正解]

[解説]
　ボイラーの主要な熱損失は、つぎのようである。
①煙突に逃げる排ガスの保有熱量による損失（**排ガス損失**）、
②燃料の一部が燃えかす中に混入したり、不完全燃焼によって燃焼ガス中にCOやH_2が生じることによる損失（**未燃損失**）、
③周囲に放射や対流で放熱する損失（**放射対流損失**）、
④その他の**雑損失**（保有水の吹出し、すす吹きに蒸気を使うなど）がある。
　ボイラーでは一般に、①の**排ガス損失**がボイラーの熱損失のほとんどを占める。

問24

[解答(3)　火炎特性の調節が容易なのは、拡散燃焼方式である]

[解説]
　気体燃料の燃焼方式には、**拡散燃焼**方式と**予混合燃焼**方式がある（次図参照）。
(1)　**拡散燃焼方式**は、燃料ガスと空気を**別々**にバーナに供給して燃焼させるものである。
　一方、**予混合燃焼方式**は、ガスに空気を**予め**混合して燃焼させるものである。
(2)　バーナの内部で**可燃性混合気**がつくられないので、**逆火**の恐れがない。
(3)　拡散燃焼は、空気の流速、旋回強度、ガスの噴射角度などにより火炎の広がり、長さ、温度分布などの**火炎特性**を容易に調節できる利点を持つ。
(4)　予混合燃焼は、**安定な火炎**をつくりやすい反面、**逆火**の危険性がある。
(5)　予混合燃焼方式は、大容量バーナに適してなく、小容量のバーナや**パイロットバーナ**に適している。
　なお、気体燃料を使用するボイラー用バーナのほとんどが、拡散燃焼方式を採用している。

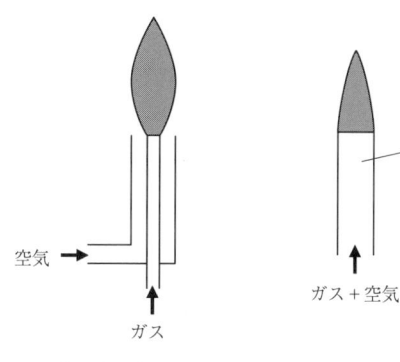

・ろうそくの炎
・ブンゼンバーナーで空気供給口を閉めた場合

・ガスコンロの炎
・ブンゼンバーナーで空気供給口から空気を十分に入れた場合

(a) 拡散燃焼方式　　　(b) 予混合燃焼方式

問25

［解答(4)　重油の単位質量当たりの発熱量は、密度が小さくなると大きくなる］

［解説］

重油の性質は、次のようである（下表参照）。

重油の動粘度によって、1種（A重油、動粘度20 mm²/s以下）、2種（B重油、50 mm²/s以下）及び3種（C重油、250〜1,000 mm²/s以下）に分類されている。

(1) 重油の比熱は、温度と密度によって変わる。50〜200℃における重油の**平均比熱**は、約**2.3 kJ/（kg・K）**である。
(2) 重油の**粘度**は、温度が**上昇する**と**低く**なる。重油の温度が高くなると、粘度が低くなるので、粘度の高いB重油やC重油は、**予熱**して使用する。
(3) 重油の**密度**は、温度が**上昇する**と**減少**する。一般に比重は、**0.84〜0.96 g/cm³（15℃）**で水に浮く。
(4) 重油の単位質量当たりの**発熱量**は、**密度**が**小さく**なると**大きく**なる。**B重油**は、C重油より**密度**が小さいので、発熱量は大きい。
(5) 流動点の高い重油は、重油の予熱や配管などの加熱・保温を行い、**流動点以上**の温度

	A重油	B重油	C重油
密度	小 ←		→ 大
低発熱量	大 →		→ 小
引火点、粘度、流動点	低 ←		→ 高
残留炭素、硫黄分	少 ←		→ 多

にして取り扱う。

問26

［解答(5)　重油燃焼ボイラーでは、一般に急停止や急着火の操作は容易である］

［解説］
(1) 粒状や粉状の**固体燃料**や容積の大きい**気体燃料**に比べて、液体の重油は、貯蔵管理や運搬が容易である。
(2) バーナの構造によっては、**燃焼音**を発生しやすい。
(3) 重油の**発熱量**はかなり**大きい**ので、燃焼温度が高く、ボイラーの**局部過熱**や炉壁の**損傷**を起こしやすい。
(4) 硫黄分を含む重油では、ボイラーの**低温腐食**の恐れや**二酸化硫黄**による大気汚染の心配がある。また、**バナジウム**を含む場合には**高温腐食**の恐れがある。
(5) 重油燃焼ボイラーでは、一般に**急停止**や**急着火**の**操作**は**容易**である。

ほか、
・ボイラーの**負荷変動**に対して、**応答性**が優れている。

問27

［解答(2)　排ガス中の酸素を減少させ、三酸化硫黄の生成を抑え、燃焼ガスの露点を下げる］

［解説］
重油燃焼による**低温腐食**は、燃料中に含まれる**硫黄（S）**分から**硫酸（H_2SO_4）**蒸気が生成され、燃焼ガス通路の低温部に接触し、**露点以下**になると硫酸蒸気が凝縮して金属面を腐食させる。硫黄（S）から硫酸（H_2SO_4）蒸気発生への反応は、次のようである。①硫黄分が燃焼して**二酸化硫黄（SO_2）**が生じる。$S+O_2 \rightarrow SO_2$、②二酸化硫黄が過剰の酸素と反応して、**三酸化硫黄（SO_3）**になる。$SO_2 + \frac{1}{2} \cdot O_2 \rightarrow SO_3$、③三酸化硫黄が燃焼ガス中の水蒸気と反応して、**硫酸蒸気**になる。$SO_3 + H_2O \rightarrow H_2SO_4$、④硫酸（$H_2SO_4$）蒸気が燃焼ガス通路の低温部に接触して**露点**（蒸気が凝縮し始める温度）以下になると硫酸蒸気が凝縮して金属面を**腐食**させる。

重油燃焼によるエコノマイザや空気予熱器への硫酸による**低温腐食**を防ぐために、次の措置をとる。
(1) 硫黄分の少ない重油を使用する。
(2) 排ガス中の**酸素**を減少させ、**三酸化硫黄**の生成を抑え、燃焼ガスの**露点**を下げる。
(3) 燃焼室、煙道への空気の漏入を防ぎ、煙道ガスの温度低下を防止する。
(4) 給水温度を上げて、エコノマイザの伝熱面の温度を**上げ**る。
(5) 重油に添加物を使用し、燃焼ガスの**露点**を下げる。
ほか、低温伝熱面材料に耐食性の強いものを使用するか、表面を保護被膜で覆う。

問28

[解答(4)　サーマルNO_xは、空気中の窒素が高温酸化して生じる]

[解説]
　ボイラーの燃焼により発生する**大気汚染物質**には、**硫黄酸化物（SO_x）、窒素酸化物（NO_x）、ばいじん（すすやダスト）**がある。燃料の燃焼により生じるNO_xには、二種類、すなわち①燃焼に使用される空気中の窒素が、高温条件下で酸素と反応して生じる**サーマルNO_x**、②燃料に含まれる窒素化合物が酸化されて生じる**フューエルNO_x**がある。燃焼により生じるNO_xの大半の95％は**一酸化窒素（NO）**で、主に次の要因で生じる。①**燃焼温度が高い**、②**酸素濃度が高い**、③**高温部での反応時間が長い**。

　したがって、NO_x発生を抑制する方法は、次のようである。
(1)　燃焼ガス中の**酸素濃度**を**低く**する。
(2)　**燃焼温度を低く**する。特に、局所的高温域が生じないようにする。
(3)　燃焼ガスが高温燃焼域に**滞留**する時間を**短く**する。
(4)　**窒素化合物の少ない燃料**を使用する。
(5)　排煙脱硝装置を設け、NO_xを除去する。

　また、燃焼方法の改善策として、①**二段燃焼**（燃焼領域を二段に分け、一段目、二段目の燃焼領域で空気比を変える）、②**濃淡燃焼**（燃焼領域の二つで空気過剰部分と空気不足分をつくる）、③**低酸素（低空気比）燃焼**、④排ガスの**再循環**、⑤低NO_xバーナの使用、などがある。

ほか、
- ボイラーから排出される硫黄酸化物（SO_x）は、大部分が二酸化硫黄（SO_2）で、三酸化硫黄（SO_3）が**数％**である。SO_xは、**人体に有害**で、呼吸器系統や循環器に障害をもたらす。さらに、窒素酸化物（NO_x）とともに**酸性雨**の原因になる。
- 燃料を燃焼させたときに生じる固体微粒子に**すす**（炭素が遊離炭素として、不完全燃焼で生じたもの）と**ダスト**（灰分が主体で、わずかの未燃分）があり、二つを総称して**ばいじん**といい、人体に有害で呼吸器障害の原因になる。

すなわち、
(1)　ボイラーの煙突から排出されるSO_xは、**SO_2**が主で、**SO_3**は少量である。
(2)　燃焼により生じるNO_xの大半の95％は**一酸化窒素（NO）**であり、煙突から大気に排出される間に、酸化されて**NO_2**になるものがある。
(3)　燃焼により生ずるNO_xには、**サーマルNO_x**と**フューエルNO_x**の2種類がある。
(4)　**フューエル**NO_xは、燃料中の窒素化合物から**酸化**によって生ずる。一方、サーマルNO_xは、**空気中**の窒素が**高温酸化**して生じる。
(5)　**ダスト**は、灰分が主体で、これに若干の**未燃分**が含まれたものである。
　なお、・SO_xは、人の**呼吸器**系統などに障害を起こすほか、**酸性雨**の原因になる。
　　　　・燃焼室で発生するNO_xは、**NO**が主である。煙突から排出されて大気中に拡散する間に、酸化されて**NO_2**になるものがある。

問29

[解答(3)　屋外貯蔵タンクの油送入管はタンクの上部に、油取出し管はタンク底部から20〜30 cm上方に取り付ける]

[解説]
(1)　ボイラーの燃料油タンクには、**貯蔵タンク**と**サービスタンク**がある。
(2)　**サービスタンク**は、ボイラーに燃料油を円滑に供給するための油だめの役割で、一般に容量は、最大燃焼量の**2時間分以上**とする。
(3)　屋外貯蔵タンクの油送入管はタンクの**上部**に、油取出し管はタンク底部から20〜30 **cm上方**に取り付ける（次図参照）。
(4)　屋外貯蔵タンクには、**油面計**、**温度計**などを取り付ける。消防法により、他に通気管、水抜き管、油逃がし管、油加熱器、掃除孔、アースなどを取り付けねばならない。
(5)　サービスタンクには、油面計、温度計などのほかに、バーナに燃料油を安定供給するための**自動油面調節装置**を設け、異常低位、異常高位を知らせる警報用の接点が設けられる。

ほか、
・**油ストレーナ**は、油中の土砂、鉄さび、ごみなどの固形物を除去するものである。
・**油加熱器**は、燃料油を加熱し、燃料油の**噴霧**に適した粘度を得る装置である。
・**貯蔵**タンクは、地上又は地下に設置され、一般に**1週間〜1ヶ月**の使用量に相当する燃料油を貯蔵する。

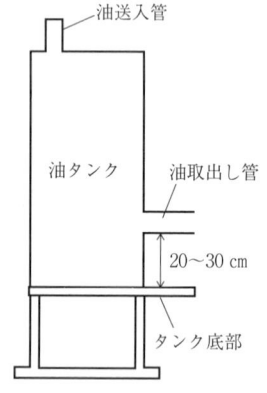

油送入管と油取出し管の取付け位置

問30

[解答(5)　低温燃焼（700〜900℃）のため、窒素酸化物（NO_x）の発生が少ない]

[解説]
石炭の燃焼方式には、①**火格子（ストーカ）**燃焼方式、②**微粉炭バーナ**燃焼方式、③**流動層**燃焼方式、がある。
(1)　流動層燃焼方式では、石炭のほか、木くず、廃タイヤなどの低質な燃料を使用することができる。粒子状にした石炭を流動化して燃焼させるので、**燃焼効率**が良く、燃えにくい低質の燃料も使用できる。
(2)　流動層燃焼方式では、**石灰石（$CaCO_3$）**を流動層内に送入するので、**炉内脱硫**（硫黄分を取り除く）ができ、**硫黄酸化物（SO_x）**の排出が**抑えられる**。
(3)　流動層燃焼方式は、石灰石の**溶融**を防ぐため、流動層の層内温度を**700〜900℃**に制御する必要がある。そのため、蒸発管などを流動層内に配置している。

(4) 流動層内では熱伝導率が大きく、**伝熱性能**が**良い**ので、ボイラーの伝熱面積が**小さく**なる。
(5) 低温燃焼（700～900℃）のため、**窒素酸化物（NOx）**の発生が少ない。一方、ばいじんの排出はあるので、**集じん装置**の設置が必要である。
また、空気量が多く必要なので、**通風動力**が**増す**。

模擬問題No.6

問21

[解答(3)　正解]

[解説]
　液体燃料を加熱すると、蒸気が発生し、**小火炎**を近づけると、瞬間的に**光**を放って燃える。この**最低**の温度を**引火点**と呼ぶ。一方、**着火温度（発火温度）** は、液体燃料を**空気中**で加熱して温度を上げていくと、点火源がなくても自然に燃え始める**最低**の温度をいう。引火点と異なり、発火点（着火温度）を超えると、点火源がなくても自然に燃え始める。

問22

[解答(5)　着火温度とは、燃料を空気中で加熱して温度が徐々に上昇していき、自然に燃え始める最低の温度をいう。液体燃料を加熱すると蒸気が発生し、これに小火炎を近づけると、瞬間的に光を放って燃え始める最低の温度は、引火点である]

[解説]
　燃料の燃焼について、次のようである。
(1)　燃焼とは、**光と熱**の発生を伴う急激な**酸化反応**である。
(2)　燃焼には、3つの要素―**燃料、空気（酸素）及び温度（着火源）**―が必要である。このうち一つでも欠けると、燃焼は起きない。
(3)　燃焼に大切なのは、**着火性**と**燃焼速度**である。
(4)　ボイラーの燃焼は、燃料と空気を接触させ、**点火源**及び**燃焼室温度**が燃料の**着火温度**以上に維持されていなければならない。
(5)　**着火温度**とは、燃料を空気中で加熱して温度が徐々に上昇していき、自然に燃え始める最低の温度をいう。液体燃料を加熱すると**蒸気**が発生し、これに小火炎を近づけると、瞬間的に光を放って燃え始める最低の温度は、**引火点**である。

問23

[解答(4)　液化石油ガス（LPG）は、空気より重く、漏えいすると、窪み部などの底部に滞留しやすい。都市ガスに比べて発熱量が大きい]

[解説]
　気体燃料について、次のようである（次表参照）。
(1)　気体燃料は、**メタン（CH$_4$）** などの**炭化水素**を主成分とする。液体燃料や固体燃料に比べると、成分中の炭素に対する水素の**比率**が**高い**。
(2)　都市ガスは、一般に天然ガスを原料としている。比重は、空気より小さく軽い。

(3) 都市ガスは、液体燃料に比べ、NO_X、CO_2の排出量が少なく、SO_Xは排出しないので、環境保全性に優れている。同じ熱量を発生させる場合のCO_2の排出量が、石炭の**約60%**、液体燃料の**約75%**と少なく、**温室効果ガス削減**に有効である。
(4) 液化石油ガス（LPG：Liquefied Petroleum Gas、LPガス）は、空気より**重く**、漏えいすると、窪み部などの**底部**に滞留しやすい。都市ガスに比べて**発熱量**が大きい。主成分がプロパンの場合はプロパンガス、ブタンの場合はブタンガスと呼ぶ。
(5) 液体燃料ボイラーの**パイロットバーナ**の燃料に**液化石油ガス（LPG）**を使用することが多い。

ほか、
・気体燃料は、液体燃料や固体燃料に比べて、**燃料費**は**割高**である。また、液体燃料よりも配管の口径が太くなるので、配管や制御機器費用も高くなる。
・気体燃料は、漏えいした場合、可燃性の混合気をつくりやすく、**爆発**する危険性が大きく、漏えい防止、漏えい検知に十分な配慮が必要である。

都市ガスとLPGの低発熱量と比重

	都市ガス	液化石油ガス	
	13A	プロパン	ブタン
低発熱量　MJ/m^3_N	40.6	91.0	118
比重（空気＝1）	0.64	1.52	2.00

問24

[解答(5)　重油中に水分が含まれると、水と油の蒸気の発生によって燃料が瞬間的に中断して炎の勢いが強くなったり、消えそうになったりの火炎が断続的に燃焼する状態、いきづき燃焼を起こす]

[解説]
(1) 一般に重油中に水分が含まれても**引火点**は下がらない。
(2) 重油中に水分が含まれても一般に**発熱量**が上がることはない。
(3) **燃焼速度**が調整しやすくなることはない。
(4) **流動性**が向上することは一般にない。
(5) 重油中に水分が含まれると、水と油の蒸気の発生によって燃料が瞬間的に中断して炎の勢いが強くなったり、消えそうになったりの火炎が**断続的**に**燃焼**する状態、**いきづき燃焼**を起こす。
　いきづき燃焼以外に、水分が含まれる影響として、①熱損失が増加する、②貯蔵中にエマルジョンスラッジ（懸濁浮遊物）を形成する、がある。

問25

[解答(3)　通風力を適切にする。通風力が不十分だと、不完全燃焼が起こってばいじんが発生しやすくなる]

[解説]
　ばいじんとは、物が燃えた際に発生・飛散するすすや**燃えかす**の微細な**固体粒子状物質**をいう。発生防止対策は、次のようである。
(1) **集じん装置**を設置する。
(2) **完全燃焼**が行えるように、燃焼室及び燃焼装置を望ましい設備とする。
(3) **通風力**を**適切**にして、不完全燃焼ををを起こさないようにする。
(4) 無理な状態でボイラーをたかない。
(5) 燃焼時に**灰分**や**残留炭素**が少ない適切な**燃料**を選択する。

問26

[解答(3)　石炭の燃料比は、炭化度の進んだものほど大きくなる。炭化度の進んだものほど、固定炭素が多く、炭素以外の水素、酸素、揮発分、水分が少なくなるので、燃料比（固定炭素／揮発分）が大きくなる]

[解説]
(1) 石炭の水分は、**吸着水分**ともいわれ、炭化度の進んだものほど少なく、**褐炭**で5〜15%、瀝青炭で1〜5%である。
(2) 石炭の**炭化度**の進んだものほど、炭素以外の**水素**、**酸素**、**揮発分**、**水分**は少なくなる。
(3) 炭化度の進んだものほど、**固定炭素**が**多**く、炭素以外の水素、酸素、揮発分、水分が少なくなるので、**燃料比（固定炭素／揮発分）**が大きくなる。
(4) 石炭中の**灰分**は、燃焼に寄与しないので、灰分が多いほど**発熱量**は、**減少**する。
(5) 炭化度の**進んだ**ものほど、石炭の主成分の**固定炭素**が多くなる。

問27

[解答(1)　燃焼ガス中の酸素濃度を低くする]

[解説]
　ボイラーの燃焼により発生する**大気汚染物質**には、**硫黄酸化物（SO_X）**、**窒素酸化物（NO_X）**、**ばいじん（すすやダスト）**がある。燃料の燃焼により生じるNO_Xには、二種類、すなわち、①燃焼に使用される空気中の窒素が、高温条件下で酸素と反応して生じる**サーマルNO_X**、②燃料に含まれる窒素化合物が酸化されて生じる**フューエルNO_X**、がある。燃焼により生じるNO_Xの大半の95%は**一酸化窒素（NO）**で、主に次の要因で生じる。①**燃焼温度**が高い、②**酸素濃度**が高い、③高温部での**反応時間**が長い。
　したがって、NO_X発生を抑制する方法は、次のようである。

(1) 燃焼ガス中の**酸素濃度**を**低く**する。
(2) **燃焼温度**を**低く**する。特に、局所的高温域が生じないようにする。
(3) 燃焼ガスが高温燃焼域に**滞留**する時間を**短く**する。
(4) 排ガスの一部を**再循環**して、燃焼用空気に使用する。
(5) **二段燃焼法**によって燃焼させる。**二段燃焼**とは、燃焼領域を二段に分け、一段目、二段目の燃焼領域で空気比を変える方法である。

さらに、・**濃淡燃焼**（燃焼領域の二つで空気過剰部分と空気不足分をつくる）、・**低酸素（低空気比）燃焼**、・低NO$_X$バーナの使用などがある。

問28

[解答(4)　火炎が伝熱面あるいは炉壁を直射するのは、不適合バーナであり、伝熱面あるいは炉壁を損傷したり、不完全燃焼の危険性がある]

[解説]
　油だきボイラーの燃焼室について、①燃焼室の形は、使用バーナの特性に適合したもの、②**燃焼室**の**大きさ**は、燃料が燃焼室内で**燃焼**を**完結**するもの、③**燃焼室温度**を**適当**に**保つ**構造であること、すなわち炉壁は、空気や燃焼ガスの**漏入**、**漏出**がなく、放射熱損失の少ない構造とし、④バーナの火炎が放射伝熱面あるいは炉壁を**直射しない**構造でなければならない、火炎が伝熱面あるいは炉壁を直射するのは不適合バーナであり、その結果伝熱面あるいは炉壁を**損傷**したり、**不完全燃焼**を起こす恐れがある。
　すなわち、油だきボイラーの具備すべき構造上の要件は、次のようである。
(1) バーナタイルを設ける等により着火を容易にする構造であること。
(2) 炉壁は、空気や燃焼ガスの漏入、漏出が無く、放射熱損失の少ない構造であること。
(3) 燃焼室は、燃焼ガスの炉内**滞留時間**を**燃焼完結時間**より**長く**することができる構造であること。
(4) 火炎が伝熱面あるいは炉壁を直射するのは、不適合バーナであり、伝熱面あるいは炉壁を**損傷**したり、**不完全燃焼**の危険性がある。
(5) 燃料と燃焼用空気との混合が**有効**に、かつ、急速に行われる構造であること。

問29

[解答(5)　平衡通風は、押込ファンと誘引ファンを併用する方式で、通常は、炉内の圧力が大気圧よりわずかに低くなるように調節する]

[解説]
　通風には、煙突だけで発生させる**自然**通風とファンなどの機械的動力を用いた**人工**通風がある。人工通風には、必要動力の大きい順に**誘引**通風、**平衡**通風、**押込**通風の３つがある。ボイラーの通風とは、炉及び煙道内を通る空気と燃焼ガスの流れのことである。
(1) 通風力とは、通風を起こさせる**圧力差**のことである。通風力の単位は、**パスカル（Pa）**、又はその1,000倍の**キロパスカル（kPa）**が用いられる。

(2) 自然通風は、煙突の吸引力だけで通風を行う方式であるが、煙突内のガスの**温度**が**高い**（密度が小さい）ほど大きく、煙突の**高さ**が高いほど**大きく**なる。次式で表される。

自然通風力 $h = (\rho_a - \rho_b) gH$ ［Pa］

ここで、ρ_a：外気の密度 ［kg/m³］、ρ_b：煙突内の平均ガス密度 ［kg/m³］、H：煙突の高さ ［m］、g：重力加速度（9.8）［m/s²］

(3) 押込通風は、燃焼用空気を押込ファンを用いて大気圧より高い圧力の炉内に押し込むもので、所要動力が**小さく**、広く用いられている。

(4) 誘引通風は、すす、ダスト、腐食性物質等が含まれる高温の燃焼ガスによってファンの**腐食**や**摩耗**が起こりやすい。また、ファンを用いて燃焼ガスを誘引するもので、比較的高温で体積の大きなガスを扱うので、所要動力が**大きい**。誘引通風の炉内圧は、大気圧よりやや低い。

(5) 平衡通風は、押込ファンと誘引ファンを併用する方式で、通常は、炉内の圧力が大気圧よりわずかに**低く**なるように調節する。

ほか、
・押込通風は、空気流と燃料噴霧流が有効に混合するため、**燃焼効率**が高まる。
・平衡通風は、燃焼ガスの外部への漏れはないが、**所要動力**は、押込通風より大きく、誘引通風よりは小さい。

問30

［解答⑸　「空気比を高い状態で運転し」は誤り。空気比の低い状態で運転し、融点の高いバナジウム酸化物を生成するようにする］

［解説］
　ボイラーの高温伝熱面は、**燃焼ガスや付着灰**によって腐食される恐れがある。特に、**バ**ナジウムを含む灰による腐食は、**バナジウムアタック（高温腐食）**と呼ばれる。特に、重油の灰分に含まれるバナジウムが燃焼によって**五酸化バナジウム（V_2O_5）**となり、過熱器や支持金具の高温部で腐食を起こす。ナトリウムも同様の腐食を起こすことがある。
防止法としては、次が挙げられる。
(1) **高温伝熱面**は、燃焼ガスや付着灰によって腐食される。
(2) 伝熱面の表面温度が、**高くなり過ぎない**ような設備設計とする。
(3) バナジウム、ナトリウムの**少ない**燃料を使用する。
(4) 止め金やハンガーなどの**突起物**を高温燃焼ガスのルートに設けないようにする。
(5) **空気比**の**低い状態**で運転し、**融点**の高いバナジウム酸化物を生成するようにする。
ほか、
・高温伝熱面に**耐食材料**を使用する。
・バナジウムなどの融点を上げる**添加剤**を用いて、付着を防止する。

4章

関係法令

（問31〜問40）

- ◆模擬問題No.1 （10問）
- ◆模擬問題No.2 （10問）
- ◆模擬問題No.3 （10問）　計60問
- ◆模擬問題No.4 （10問）
- ◆模擬問題No.5 （10問）
- ◆模擬問題No.6 （10問）

- ◆模擬問題No.1〜No.6の解答解説

関係法令（問31～問40）

模擬問題No.1

問31

　ボイラー（移動式ボイラー及び屋外式のボイラーを除く。）を設置するボイラー室について、法令上、誤っているものは次のうちどれか。

(1) 伝熱面積が3 m²を超えるボイラーは、ボイラー室に設置しなければならない。
(2) ボイラー室は、原則として2以上の出入口を設けなければならない。
(3) ボイラーの最上部から天井、配管その他のボイラーの上部にある構造物までの距離は、原則として1.2 m以上としなければならない。
(4) 金属製の煙突又は煙道の外側から0.15 m以内にある可燃性の物は、原則として金属以外の不燃性の材料で被覆しなければならない。
(5) ボイラー室に重油タンクを設置する場合は、原則としてボイラーの外側から1.2 m以上離しておかなければならない。

問32

　ボイラー（小型ボイラーを除く。）の定期自主検査における項目と点検事項との組合せとして、法令上、誤っているものは次のうちどれか。

	項目	点検事項
(1)	バーナタイル	汚れ又は損傷の有無
(2)	燃料送給装置	損傷の有無
(3)	火炎検出装置	機能の異常の有無
(4)	空気予熱器	通風圧の異常の有無
(5)	給水装置	損傷の有無及び作動の状態

問33

法令上、ボイラーの伝熱面積に算入しない部分は、次のうちどれか。

(1)　管寄せ
(2)　煙管
(3)　水管
(4)　炉筒
(5)　蒸気ドラム

問34

鋼製ボイラー（貫流ボイラー及び小型ボイラーを除く。）の安全弁について、法令上、誤っているものは次のうちどれか。

(1)　ボイラー本体（胴）の安全弁は、ボイラー本体の容易に検査できる位置に直接取り付け、かつ、弁軸を鉛直にしなければならない。
(2)　伝熱面積が50 m^{2}を超える蒸気ボイラーには、安全弁を2個以上備えなければならない。
(3)　水の温度が120℃を超える温水ボイラーには、安全弁を備えなければならない。
(4)　過熱器には、過熱器の出口付近に過熱器の温度を設計温度以下に保持することができる安全弁を備えなければならない。
(5)　過熱器用安全弁は、ボイラー本体（胴）の安全弁より後に作動するように調整しなければならない。

問35

法令上、鋳鉄製温水ボイラー（小型ボイラーを除く。）に取り付けなければならない附属品は、次のうちどれか。

(1) 験水コック
(2) ガラス水面計
(3) 温度計
(4) 吹出し弁
(5) 水柱管

問36

次の文中の　　　内に入れるA及びBの語句の組み合わせとして、法令上、正しいものは(1)〜(5)のうちどれか。

「所轄労働基準監督署長は、　A　に合格したボイラー又は当該検査の必要がないと認めたボイラーについて、ボイラー検査証を交付する。ボイラー検査証の有効期間は、　B　に合格したボイラーについて更新される。」

	A	B
(1)	落成検査	使用検査
(2)	落成検査	性能検査
(3)	構造検査	使用検査
(4)	構造検査	性能検査
(5)	使用検査	性能検査

問37

　法令上、ボイラー取扱作業主任者として2級ボイラー技士を選任できるボイラーは、次のうちどれか。ただし、他にボイラーはないものとする。

(1) 伝熱面積が100 m^{2}の貫流ボイラー
(2) 伝熱面積が30 m^{2}の鋳鉄製蒸気ボイラー
(3) 伝熱面積が40 m^{2}の炉筒煙管ボイラー
(4) 伝熱面積が30 m^{2}の鋳鉄製温水ボイラー
(5) 伝熱面積が60 m^{2}の廃熱ボイラー

問38

　ボイラー（小型ボイラーを除く。）の次の部分又は設備を変更しょうとするとき、法令上、ボイラー変更届を所轄労働基準監督署長に提出する必要のないものはどれか。ただし、計画届の免除認定を受けていない場合とする。

(1) 燃焼装置
(2) 水管
(3) 据付基礎
(4) 管板
(5) 管寄せ

関係法令（問31〜問40）

問39

ボイラー（小型ボイラーを除く。）について、掃除、修繕等のためボイラー（燃焼室を含む。）又は煙道の内部に入るとき行うべき措置として、法令上、誤っているものは次のうちどれか。

(1) ボイラー又は煙道を冷却すること。
(2) ボイラー又は煙道の内部の換気を行うこと。
(3) ボイラー又は煙道の内部で使用する移動電灯は、ガードを有するものを使用させること。
(4) ボイラー又は煙道の内部で使用する移動電線は、ビニルコード又はこれと同等以上の絶縁効力及び強度を有するものを使用させること。
(5) 使用中の他のボイラーとの管連絡を確実に遮断すること。

問40

次の文中の [ ] 内に入れるA及びBの数値の組み合わせとして、法令上、正しいものは(1)〜(5)のうちどれか。

「鋳鉄製温水ボイラーで圧力が [A] MPaを超えるものには、温水温度が [B] ℃を超えないように温水温度自動制御装置を設けなければならない。」

	A	B
(1)	0.1	100
(2)	0.1	120
(3)	0.3	100
(4)	0.3	120
(5)	0.4	100

模擬問題No.2

問31

使用を廃止した溶接によるボイラー（移動式ボイラー及び小型ボイラーを除く。）を再び設置する場合の手続き順序として、法令上、正しいものは次のうちどれか。ただし、計画届の免除認定を受けていない場合とする。

(1)　使用検査　→　構造検査　→　設置届
(2)　使用検査　→　設置届　　→　落成検査
(3)　設置届　　→　落成検査　→　使用検査
(4)　溶接検査　→　使用検査　→　落成検査
(5)　溶接検査　→　落成検査　→　設置届

問32

次の文中の　　　　内に入れるAの数値及びBの語句の組み合わせとして、法令上、正しいものは(1)～(5)のうちどれか。

「事業者は、移動式ボイラー、屋外式ボイラー及び小型ボイラーを除き、伝熱面積が　A　m^2を超えるボイラーについては、　B　又は建物の中の障壁で区画された場所に設置しなければならない。」

　　　　A　　　　　　B
(1)　　3　　　　専用の建物
(2)　　3　　　　耐火構造物
(3)　 25　　　　密閉された室
(4)　 30　　　　耐火構造物
(5)　 30　　　　専用の建物

関係法令（問31〜問40）

問33

ボイラー取扱作業主任者の職務として、法令に定められていない事項は次のうちどれか。

(1) 圧力、水位及び蒸気の温度を監視すること。
(2) 低水位燃焼しゃ断装置、火炎検出装置その他の自動制御装置を点検し、及び調整すること。
(3) 1日に1回以上水面測定装置の機能を点検すること。
(4) 排出されるばい煙の測定濃度及びボイラー取扱い中における異常の有無を記録すること。
(5) ボイラーについて異常を認めたときは、直ちに必要な措置を講ずること。

問34

ボイラーの性能検査についての説明として、誤っているものは次のうちどれか。

(1) 性能検査を受ける者は、性能検査に立ち会わなければならない。
(2) 性能検査は、ボイラー検査証の有効期間が満了するまでに受検しなければならない。
(3) 所定の手続きをし、使用を休止したボイラーを再び使用しようとする者は、性能検査を受けなければならない。
(4) 性能検査を受ける者は、原則としてボイラー（燃焼室を含む。）及び煙道を冷却し、掃除し、その他性能検査に必要な準備をしなければならない。
(5) ボイラー検査証の有効期間の更新を受けようとする者は、性能検査を受けなければならない。

問35

第1種圧力容器の説明について、誤っているものは次のうちどれか。

(1) 大気圧における沸点を超える温度の液体を内部に保有する容器。
(2) 原子核反応によって蒸気が発生し、圧力が大気圧を超える容器。
(3) 蒸気によって固体を加熱し、容器内の圧力が大気圧を超える容器。
(4) 大気圧における水の沸点を超える温度の気体を保有する容器。
(5) 液体の成分を分離するために、これを加熱して蒸気を発生させ、容器内の圧力が大気圧を超える容器。

問36

ボイラー（小型ボイラーを除く。）の附属品の管理のため行うべき事項として、法令上、誤っているものは次のうちどれか。

(1) 圧力計の目盛りには、ボイラーの最高使用圧力を示す位置に見やすい表示をすること。
(2) 水高計の目盛りには、ボイラーの常用水位を示す位置に見やすい表示をすること。
(3) 圧力計は、使用中その機能を害するような振動を受けることがないようにし、かつ、その内部が凍結し、又は80℃以上の温度にならない措置を講ずること。
(4) 燃焼ガスに触れる給水管、吹出管及び水面測定装置の連絡管は、耐熱材料で防護すること。
(5) 温水ボイラーの返り管は、凍結しないように保温その他の措置を講ずること。

問37

蒸気止め弁を備えなければならない機能について、誤っているものは次のうちどれか。

(1) 過熱器には、ドレン抜きを設けなくてよい。
(2) ドレンの溜まる位置には、ドレン抜きを備えること。
(3) 最高蒸気温度に耐えること。
(4) 最高使用圧力に耐えること。
(5) 最高使用圧力が0.8 MPa以下のときは、0.8 MPaに耐えること。

問38

起動時にボイラー水が不足している場合及び運転時にボイラー水が不足した場合に、自動的に燃料の供給を遮断する装置又はこれに代わる安全装置を設けなければならないボイラー（小型ボイラーを除く。）は、法令上、次のうちどれか。

(1) 鋳鉄製蒸気ボイラー
(2) 熱媒ボイラー
(3) 炉筒煙管ボイラー
(4) 貫流ボイラー
(5) 立てボイラー

問39

　ボイラー（小型ボイラーを除く。）の検査及び検査証について、法令上、誤っているものは次のうちどれか。

(1) 所轄労働基準監督署長は、落成検査に合格したボイラー又は落成検査の必要がないと認めたボイラーについて、ボイラー検査証を交付する。
(2) ボイラー検査証の有効期間の更新を受けようとする者は、性能検査を受けなければならない。
(3) 性能検査を受ける者は、原則としてボイラー（燃焼室を含む。）及び煙道を冷却し、掃除し、その他性能検査に必要な準備をしなければならない。
(4) 使用を廃止したボイラーを再び設置し、又は使用しようとする者は、使用再開検査を受けなければならない。
(5) ボイラーを輸入した者は、原則として、使用検査を受けなければならない。

問40

　ボイラー（小型ボイラーを除く。）の次の部分又は設備を変更しようとするとき、法令上、ボイラー変更届を所轄労働基準監督署長に提出する必要のないものは次のうちどれか。ただし、計画届の免除認定を受けていない場合とする。

(1) 管寄せ
(2) 管ステー
(3) 水管
(4) 過熱器
(5) 節炭器（エコノマイザ）

模擬問題No.3

問31

ボイラーの伝熱面積に算入しない部分は、法令上、次のうちどれか。

(1) 管寄せ
(2) 煙管
(3) 水管
(4) 炉筒
(5) 過熱器

問32

ボイラーを設置している者が、ボイラー検査証の再交付を所轄労働基準監督署長から受けなければならない場合は、法令上、次のうちどれか。

(1) ボイラー取扱作業主任者を変更したとき
(2) 変更検査を申請し、変更検査に合格したとき
(3) ボイラー検査証を損傷したとき
(4) ボイラーを設置する事業者に変更があったとき
(5) ボイラーの設置場所を移設したとき

問33

給水が水道その他圧力を有する水源から供給される場合に、給水管を返り管に取り付けなければならないボイラー（小型ボイラーを除く。）は、法令上、次のうちどれか。

(1) 立てボイラー
(2) 鋳鉄製ボイラー
(3) 炉筒煙管ボイラー
(4) 水管ボイラー
(5) 貫流ボイラー

問34

次の文中の　　　内に入れるA、B及びCの語句の組み合わせとして、法令上、正しいものは(1)～(5)のうちどれか。

「ボイラー検査証の有効期間の更新を受けようとする者は、当該検査証に係るボイラー並びにボイラー室、ボイラー及びその　A　の配置状況、ボイラーの据付基礎並びに燃焼室及び　B　の構造について　C　検査を受けねばならない。」

	A	B	C
(1)	配管	煙道	性能
(2)	配管	通風装置	使用
(3)	自動制御装置	通風装置	性能
(4)	自動制御装置	煙突	使用
(5)	附属品	煙道	使用

問35

ボイラーの使用再検査を受けなければならない場合は、法令上、次のうちどれか。

(1) ボイラーを輸入したとき
(2) 使用検査を受けた後、1年以上設置されなかったボイラーを設置しようとするとき
(3) ボイラー検査証の有効期間を超えて使用を休止していたボイラーを、再び使用しようとするとき
(4) 使用を廃止したボイラーを再び設置し、又は使用しようとするとき
(5) 構造検査を受けた後、1年以上設置されなかったボイラーを設置しようとするとき

問36

ボイラー（小型ボイラーを除く。）の定期自主検査における項目と点検事項との組み合わせとして、法令上、誤っているものは(1)～(5)のうちどれか。

	項目	点検事項
(1)	ストレーナ	つまり又は損傷の有無
(2)	水処理装置	機能の異常の有無
(3)	燃料しゃ断装置	機能の異常の有無
(4)	煙道	損傷の有無及び保温の状態
(5)	給水装置	損傷の有無及び作動の状態

問37

次の文中の□内に入れるAの語句及びBの数値の組み合わせとして、法令上、正しいものは(1)〜(5)のうちどれか。

「ボイラー（小型ボイラーを除く。）に設けられた A の位置がボイラー技士の作業場所から B m以内にあるときは、当該ボイラーに爆発ガスを安全な方向へ分散させる装置を設けなければならない。」

	A	B
(1)	ガス供給装置	2
(2)	重油サービスタンク	5
(3)	爆発戸	2
(4)	重油サービスタンク	2
(5)	爆発戸	5

問38

2級ボイラー技士を受けた者をボイラー取扱作業主任者として選任することができるボイラーは、法令上、次のうちどれか。

(1) 伝熱面積が50 m^2の鋳鉄製温水ボイラー
(2) 伝熱面積が40 m^2の炉筒煙管ボイラー
(3) 伝熱面積が25 m^2の外だき横煙管ボイラー
(4) 伝熱面積が200 m^2の貫流ボイラー
(5) 最大電力設備容量が600 kWの電気ボイラー

問39

ボイラー（小型ボイラーを除く。）の定期自主検査について、法令上誤っているものは次のうちどれか。

(1) 自主検査の結果を記録し、これを２年間保持しなければならない。
(2) 自主検査は、１ヶ月を超える期間使用しない場合を除き、１ヶ月以内ごとに１回、定期的に行わなければならない。
(3) 自主検査は、「ボイラー本体」、「燃焼装置」、「自動制御装置」、「附属装置及び附属品」の各項目について行わなければならない。
(4) 自主検査項目の「附属装置及び附属品」の水処理装置については、機能の異常の有無を点検しなければならない。
(5) 自主検査項目の「自動制御装置」の電気配線については、端子の異常の有無を点検しなければならない。

問40

起動時にボイラー水が不足している場合及び運転時にボイラー水が不足した場合に、自動的に燃料の供給を遮断する装置又はこれに代わる安全装置を設けなければならないボイラー（小型ボイラーを除く。）は、法令上、次のうちどれか。

(1) 鋳鉄製蒸気ボイラー
(2) 炉筒煙管ボイラー
(3) 熱媒ボイラー
(4) 貫流ボイラー
(5) 立てボイラー

模擬問題No.4

問31

次の文中の□内に入れるAの数値及びBの語句の組合わせとして、法令上、正しいものは(1)～(5)のうちどれか。

「事業者は、移動式ボイラー及び屋外式ボイラーを除き、伝熱面積が□A□m²を超えるボイラーについては、□B□又は建物の中の障壁で区画された場所に設置しなければならない。」

	A	B
(1)	3	専用の建物
(2)	3	耐火構造物
(3)	25	密閉された室
(4)	30	耐火構造物
(5)	30	専用の建物

問32

ボイラー（小型ボイラーを除く。）の水面測定装置について、次の文中の□内に入れるAからCの語句の組み合わせとして、法令上、正しいものは(1)～(5)のうちどれか。

「□A□側連絡管は、管の途中にドレンのたまる部分がない構造とし、かつ、これを水柱管及びボイラーに取り付ける口は、水面計で見ることができる□B□水位より□C□であってはならない。」

	A	B	C
(1)	蒸気	最高	下
(2)	蒸気	最低	下
(3)	蒸気	最高	上
(4)	水	最低	下
(5)	水	最高	上

関係法令（問31〜問40）

問33

　ボイラー（小型ボイラーを除く。）の次の部分又は設備を変更しようとするとき、法令上、ボイラー変更届を所轄労働基準監督署長に提出する必要のないものは次のうちどれか。ただし、計画届の免除認定を受けていない場合とする。

(1)　給水装置
(2)　過熱器
(3)　節炭器
(4)　燃焼装置
(5)　据え付け基礎

問34

　温水ボイラー（小型ボイラーを除く。）に取り付けなければならない附属品は、次のうちどれか。

(1)　験水コック
(2)　ガラス水面計
(3)　温度計
(4)　吹出し弁
(5)　水柱管

問35

次の文中の□内に入れるA及びBの語句の組み合わせとして、法令上、正しいものは(1)～(5)のうちどれか。

「蒸気ボイラー（小型ボイラーを除く。）の　A　は、ガラス水面計又はこれに接近した位置に、　B　と比較することができるように表示しなければならない。」

	A	B
(1)	標準水位	常用水位
(2)	常用水位	現在水位
(3)	標準水位	最低水位
(4)	最低水位	最高水位
(5)	現在水位	標準水位

問36

次の文中の□内に入れるAの数値及びBの語句の組み合わせとして、法令上、正しいものは(1)～(5)のうちどれか。

「水の温度が　A　℃を超える鋼製温水ボイラー（小型ボイラーを除く。）には、内部の圧力を最高使用圧力以下に保持することができる　B　を備えなければならない。」

	A	B
(1)	100	安全弁
(2)	100	温水温度自動制御装置
(3)	120	安全弁
(4)	120	温水温度自動制御装置
(5)	130	温水循環装置

関係法令（問31～問40）

問37

次の文中の□□□内に入れるAからCの語句又は数値の組み合わせとして、法令上、正しいものは(1)～(5)のうちどれか。

「蒸気ボイラー（小型ボイラーを除く。）に取り付ける圧力計の目盛盤の最大指度は、　A　の　B　倍以上　C　倍以下の圧力を示す指度としなければならない。」

	A	B	C
(1)	最高使用圧力	1.2	2
(2)	常用圧力	1.2	2
(3)	最高使用圧力	1.2	3
(4)	常用圧力	1.5	3
(5)	最高使用圧力	1.5	3

問38

ボイラー（小型ボイラーを除く。）に関する次の文中の□□□内に入れるA、B及びCの語句の組み合わせとして、法令上、正しいものは(1)～(5)のうちどれか。

「ボイラー検査証の有効期間の更新を受けようとする者は、当該検査証に係るボイラー並びにボイラー室、ボイラー及びその　A　の配置状況、ボイラーの　B　並びに燃焼室及び煙道の構造について　C　検査を受けねばならない。」

	A	B	C
(1)	配管	煙道	性能
(2)	配管	通風装置	使用
(3)	自動制御装置	通風装置	性能
(4)	自動制御装置	煙突	使用
(5)	附属品	煙道	使用

問39

貫流ボイラー（小型ボイラーを除く。）の附属品について、法令上、誤っているものは次のうちどれか。

(1) 水面測定装置は、ボイラー本体に2個以上設けなければならない。
(2) ボイラーの最大蒸発量以上の吹出し量の安全弁を、ボイラー本体ではなく過熱器の出口付近に取り付けることができる。
(3) 給水装置の給水管には、給水弁を取り付けなければならないが、逆止め弁は設けなくてもよい。
(4) 起動時にボイラー水が不足している場合及び運転時にボイラー水が不足した場合に、自動的に燃料の供給を遮断する装置又はこれに代わる安全装置を設けなければならない。
(5) 沈殿物を排出する吹出し管は、設けなくてもよい。

問40

次の文中の ☐ 内に入れるAの語句及びBの数値の組み合わせについて、法令上、正しいものは(1)〜(5)のうちどれか。

「安全弁が2個以上ある場合、1個の安全弁を ☐A☐ 以下で作動するように調整したとき、他の安全弁を最高使用圧力の ☐B☐ ％増し以下で作動するように調整することができる。」

	A	B
(1)	最高使用圧力の80％	10
(2)	最高使用圧力の90％	10
(3)	最高使用圧力	3
(4)	最高使用圧力	5
(5)	最高使用圧力	7

模擬問題No.5

問31

ボイラー(移動式ボイラー、屋外式ボイラー及び小型ボイラーを除く。)を設置するボイラー室について、法令上、誤っているものは次のうちどれか。

(1) 伝熱面積が5 m²の蒸気ボイラーは、ボイラー室に設置しなければならない。
(2) ボイラーの最上部から天井，配管その他のボイラーの上部にある構造物までの距離は、原則として1.2 m以上としなければならない。
(3) ボイラーの外側から0.15 m以内にある可燃性の物は、金属製の材料で被覆しなければならない。
(4) 立てボイラーは、ボイラーの外壁から壁、配管その他のボイラーの側部にある構造物(検査及び掃除に支障のない物は除く)までの距離を原則として0.45 m以上としなければならない。
(5) ボイラー室に重油タンクを設置する場合は、ボイラーの外側から原則として2 m以上離しておかなければならない。

問32

ボイラーの伝熱面積に算入しない部分は、法令上、次のうちどれか。

(1) 蒸気ドラム
(2) 管寄せ
(3) 煙管
(4) 水管
(5) 炉筒

問33

　ボイラー技士免許を受けた者でなければ取り扱うことができないボイラーは、法令上、次のうちどれか。

(1)　伝熱面積が15 m^{2}の温水ボイラー
(2)　胴の内径が750 mmで、その長さが1300 mmの蒸気ボイラー
(3)　伝熱面積が30 m^{2}の気水分離器を有しない貫流ボイラー
(4)　伝熱面積が3 m^{2}の蒸気ボイラー
(5)　最大電力設備容量が60 kWの電気ボイラー

問34

　ボイラー（小型ボイラーを除く。）の次の部分又は設備を変更しようとするとき、法令上、ボイラー変更届を所轄労働基準監督署長に提出する必要のないものは次のうちどれか。ただし、計画届の免除認定を受けていない場合とする。

(1)　管板
(2)　空気予熱器
(3)　過熱器
(4)　節炭器
(5)　燃焼装置

関係法令（問31～問40）

問35

　ボイラーを設置している者が、ボイラー検査証の再交付を所轄労働基準監督署長から受けなければならない場合は、法令上、次のうちどれか。

(1) ボイラー取扱作業主任者を変更したとき
(2) ボイラーの変更検査を申請したとき
(3) ボイラーを設置する事業者に変更があったとき
(4) ボイラー検査証を損傷したとき
(5) ボイラーの設置場所を移設したとき

問36

　ボイラーの附属品の管理について、次の文中の　　　内に入れるA及びBの語句の組み合わせとして、法令上、正しいものは(1)～(5)のうちどれか。

「温水ボイラーの　A　及び　B　については、凍結しないように保温その他の措置を講ずること。」

	A	B
(1)	吹出し管	給水管
(2)	返り管	吹出し管
(3)	給水管	返り管
(4)	返り管	逃がし管
(5)	逃がし管	給水管

問37

ボイラーの定期自主検査における項目と点検事項との組み合せとして、法令に定められていないものは次のうちどれか。

　　　　項目　　　　　　　　点検事項
(1)　圧力調整装置…………機能の異常の有無
(2)　ストレーナ……………つまり又は損傷の有無
(3)　ボイラー本体…………水圧試験による漏れの有無
(4)　バーナ…………………汚れまたは損傷の有無煙道
(5)　煙道……………………漏れその他の損傷の有無及び通風圧の異常の有無

問38

最高使用圧力1.0 MPaの蒸気ボイラーに取り付ける圧力計について、法令上、誤っているものは次のうちどれか。

(1)　蒸気が直接圧力計に入らないようにする。
(2)　圧力計への連絡管は、容易に閉そくしない構造であること。
(3)　コック又は弁の開閉状況を知ることができること。
(4)　目盛盤の径は、目盛を確実に確認できるものであること。
(5)　目盛盤の最大指度は、1.3 MPa以上3.0 MPa以下の圧力を示す指度とすること。

> 問39

　ボイラー取扱作業主任者が行わなければならない職務として、法令に定められていないものは次のうちどれか。

(1) 圧力、水位及び燃焼状態を監視すること。
(2) 低水位燃焼しゃ断装置、火炎検出装置その他の自動制御装置を点検し、及び調整すること。
(3) 適宜、吹出しを行い、ボイラー水の濃縮を防ぐこと。
(4) 水処理装置の機能を点検すること。
(5) 排出されるばい煙の測定濃度及びボイラー取扱い中における異常の有無を記録すること。

> 問40

　鋼製ボイラーの給水装置について、法令上、誤っているものは次のうちどれか。

(1) 蒸気ボイラーには、最大蒸発量以上を給水することができる給水装置を備えなければならない。
(2) 近接した2以上の蒸気ボイラーを結合して使用する場合には、結合して使用する蒸気ボイラーを1の蒸気ボイラーとみなして、給水装置を設置することができる。
(3) 自動給水調整装置は、2基の蒸気ボイラーに共通のものとすることができる。
(4) 給水内管は、取外しができる構造のものでなければならない。
(5) 貫流ボイラーの給水装置の給水管には、逆止め弁を省略して、給水弁のみとすることができる。

模擬問題№6

問31

　ボイラーの伝熱面積の算定方法として、法令上、誤っているものは次のうちどれか。

(1)　横管式立てボイラーの横管の伝熱面積は、管の内径側で算定する。
(2)　多管式立てボイラーの煙管の伝熱面積は、管の内径側で算定する。
(3)　横煙管ボイラーの煙管の伝熱面積は、管の内径側で算定する。
(4)　水管ボイラーの水管の伝熱面積は、管の外形側で算定する。
(5)　水管ボイラーの耐火れんがによっておおわれた水管の伝熱面積は、管の外側の壁面に対する投影面積で算定する。

問32

　鋼製蒸気ボイラー（小型ボイラーを除く。）で、安全弁を1個とすることができる最大の伝熱面積は、法令上、次のうちどれか。

(1)　30 m^2
(2)　50 m^2
(3)　60 m^2
(4)　80 m^2
(5)　100 m^2

関係法令（問31〜問40）

問33

次の文中の□□□内に入れるA及びBの語句の組み合わせとして、法令上、正しいものは(1)〜(5)のうちどれか。

「蒸気ボイラー（小型ボイラーを除く。）の　A　は、ガラス水面計又はこれに接近した位置に、　B　と比較することができるように表示しなければならない。」

	A	B
(1)	標準水位	常用水位
(2)	常用水位	現在水位
(3)	標準水位	最低水位
(4)	最低水位	最高水位
(5)	現在水位	標準水位

問34

次の文中の□□□内に入れるA及びBの用語の組み合わせとして、法令上、正しいものは(1)〜(5)のうちどれか。

「ボイラー検査証の有効期間の更新を受けようとする者は、当該検査証に係るボイラー及び①ボイラー室、②ボイラー及びその配管の配置状況、③ボイラーの据付基礎並びに　A　及び煙道の構造について　B　検査を受けねばならない。」

	A	B
(1)	燃焼室	性能
(2)	燃焼室	性能
(3)	吸水装置	性能
(4)	自動制御装置	使用
(5)	自動制御装置	使用

問35

ボイラーの定期自主検査について、法令上、誤っているものは次のうちどれか。

(1) 自主検査は、原則として1ヶ月以内ごとに1回、定期に行わなければならない。
(2) 自主検査は、「ボイラー本体」、「燃焼装置」、「自動制御装置」及び「附属装置及び附属品」の4項目について行わなければならない。
(3) 「燃焼装置」のバーナは、汚れ又は損傷の有無について点検しなければならない。
(4) 「自動制御装置」の電気配線は、端子の異常の有無について点検しなければならない。
(5) 自主検査の結果を記録し、1年間保存しなければならない。

問36

ボイラー取扱作業主任者が行わなければならない職務として、法令に規定されていない事項は次のうちどれか。

(1) 圧力、水位及び燃焼状態を監視すること。
(2) 低水位燃焼しゃ断装置、火炎検出装置その他の自動制御装置を点検し、及び調整すること。
(3) 適宜、吹出しを行い、ボイラー水の濃縮を防ぐこと。
(4) 1週間に1回、水面測定装置の機能を点検すること。
(5) 排出されるばい煙の測定濃度及びボイラー取扱い中における異常の有無を記録すること。

問37

ボイラーを設置している者が、ボイラー検査証の再交付を受けなければならない場合は、法令上、次のうちどれか。

(1) ボイラー取扱作業主任者を変更したとき
(2) 変更検査を申請し、変更検査に合格したとき
(3) ボイラー検査証を損傷したとき
(4) ボイラーを設置している事業者の変更があったとき
(5) ボイラーの設置場所を変更したとき

問38

ボイラーの附属品の管理に関する説明につき、誤っているものは次のうちどれか。

(1) 燃焼ガスに触れる水面測定装置の連絡管は、耐熱材料で保護する。
(2) 圧力計は、その内部が凍結し、または90℃以上の温度にならないようにする。
(3) 逃がし管は、凍結しないように保温などの措置を講ずる。
(4) 水高計の目盛には、当該ボイラーの最高使用圧力を示す位置に見やすい表示をする。
(5) 蒸気ボイラーの常用水位は、ガラス水面計またはこれに接近した位置に、現在水位と比較することができるように表示する。

問39

鋼製ボイラー及び附属設備の安全弁について、法令上、誤っているものは次のうちどれか。

(1) 安全弁は、ボイラー本体の容易に検査できる位置に直接取り付け、かつ、弁軸を鉛直にしなければならない。
(2) 伝熱面積が50 m^{2}以下の蒸気ボイラーには、安全弁を1個とすることができる。
(3) 水の温度が100℃を超える温水ボイラーには、安全弁を備えなければならない。
(4) 過熱器には、過熱器の出口付近に過熱器の温度を設計温度以下に保持することができる安全弁を備えなければならない。
(5) 貫流ボイラーにあっては、ボイラーの最大蒸発量以上の吹出し量の安全弁を過熱器の出口付近に取り付けることができる。

問40

ボイラー(小型ボイラーを除く。)の次の部分又は設備を変更しようとするとき、法令上、ボイラー変更届を所轄労働基準監督署長に提出する必要のないものは次のうちどれか。ただし、計画届の免除認定を受けていない場合とする。

(1) 給水装置
(2) 過熱器
(3) 燃焼装置
(4) 管板
(5) 節炭器

関係法令〈解答・解説〉（問31～問40）
模擬問題№.1

問31

［解答(5)　ボイラー室に重油タンクを設置する場合は、原則としてボイラーの外側から2 m以上（固体燃料の場合は1.2 m以上）離す必要がある］

［解説］
　ボイラー（移動式ボイラー及び屋外式ボイラーを除く）を設置するボイラー室について、次のように規定されている。ここで、ボイラー室とは、ボイラーを設置するための**専用の建物**、または建物の中の**障壁**で区画された場所のことをいう。
(1) **伝熱面積が3 m^{2}を超える**ボイラーは、**ボイラー室**に設置しなければならない。しかし、伝熱面積が3 m^{2}以下のボイラー及び**移動式**ボイラー、**屋外式**ボイラーは、ボイラー室に設置の必要はない。
(2) ボイラー室は、**2以上の出入口**を設けなければならない。
(3) ボイラーの最上部から、天井、配管、その他のボイラーの**上部**にある**構造物**までの距離は、原則として**1.2 m以上**なければならない。
(4) ボイラー及びボイラー煙突、煙道の外側から**0.15 m以内**にある**可燃物**は、金属以外の**不燃性の材料**で被覆しなければならない。ただし、ボイラーや煙突、煙道が、厚さ**100 mm以上**の**不燃性材料**で被覆されている場合は、前述の制限を受けない。
(5) ボイラー室に**重油タンク**を設置する場合は、原則としてボイラーの外側から**2 m以上**（固体燃料の場合は1.2 m以上）離す必要がある。ただし、ボイラーと燃料又は燃料タンクとの間に**障壁**を設けるなど、**防火のための措置**が取られている場合は、距離の制限はない。

ほか、
・**立てボイラー**の据え付けは、ボイラー外壁から壁、配管その他のボイラー側部にある構造物までの距離を原則**0.45 m以上**とする。
・ボイラー室には、煙突からの**排ガスの排出状況**を観測できるように、**窓**を設けるなどする必要がある。
・ボイラー室には、必要以外に**引火**しやすいものを持ち込まない。
・**ボイラー検査証**、ボイラー取扱作業主任者の資格ならびに氏名を、ボイラー室（またはその他のボイラーの設置場所）の見やすい場所に掲示する。

問32

［解答(4)　正解：空気予熱器の点検事項は、損傷の有無である］

［解説］
　定期自主検査は、「その使用を開始した後、**1ヶ月以内ごとに1回**、定期的に自主検査を行わなければならない」と規定されている（「ボイラー及び圧力容器安全規則」）。事業

者は、自主検査を行ったときは、結果を記録し、**3年間保持**しなければならない。
定期自主検査項目と点検事項を次表に示す。

定期自主検査項目と点検事項

項　目		点　検　事　項
ボイラー本体		損傷の有無
燃焼装置	油加熱器及び燃料送給装置	損傷の有無
	バーナ	汚れ又は損傷の有無
	ストレーナ	つまり又は損傷の有無
	バーナタイル及び炉壁	汚れ又は損傷の有無
	ストーカ及び火格子	損傷の有無
	煙道	漏れその他の損傷の有無及び通風圧の異常の有無
自動制御装置	起動及び停止の装置、火災検出装置、燃料しゃ断装置、水位調節装置並びに圧力調節装置	機能の異常の有無
	電気配線	端子の異常の有無
附属装置及び附属品	給水装置	損傷の有無及び作動の状態
	蒸気管及びこれに附属する弁	損傷の有無及び保温の状態
	空気予熱器	損傷の有無
	水処理装置	機能の異常の有無

ここで、「自動制御装置」の**電気配線**では、**端子の異常の有無**について点検しなければならない。

問33

[解答(5)　正解：(蒸気、水) ドラム (胴)、節炭器 (エコノマイザ)、過熱器、空気予熱器は伝熱面積に算入しない]

[解説]
ボイラーの**燃焼ガス**の熱をボイラー水に伝える壁面の広さが**伝熱面積**である。
・**水管ボイラー**については、水管ボイラーの**水管**または**管寄せ**で、全部または一部が**燃焼ガス**に触れる面（外径側）の面積である。**(蒸気、水) ドラム (胴)、節炭器 (エコノマイザ)、過熱器、空気予熱器**は伝熱面積に**算入しない**。
・貫流ボイラーの場合、伝熱面積は**燃焼室入口**から**過熱器入口**までの水管の燃焼ガスに触

れる面（**外径側**）の面積である。
・水管ボイラー、電気ボイラー以外の**丸ボイラー**、**鋳鉄製ボイラー**などは、**燃焼ガス**に触れる面（裏面が水又は熱媒に触れる）の面積を伝熱面積とする。したがって、丸ボイラーでは、煙管は**内径側**で、水管では**外径側**で計算する。
表にまとめると、次のようである。

ボイラーの伝熱面積の算定方法

ボイラーの種類	算定方法
丸ボイラー、鋳鉄製ボイラー	①火気、燃焼ガス、その他の高温ガスに触れる本体の面で、その裏側が水または熱媒に触れるものの面積 ②伝熱面にひれ、スタッド等のあるものは、別に算定した面積を加える
貫流ボイラー以外の 一般の水管ボイラー	水管及び管寄せの次の面積を合計した面積 ①水管または管寄せで、その全部または一部が燃焼ガス等に触れるものは、燃焼ガス等に触れる面積 ②耐火れんがによっておおわれた水管にあっては、管の外周の壁面に対する投影面積 ③ひれ付き水管のひれの部分は、その面積に一定の数値を乗じたもの
貫流ボイラー	燃焼室入口から過熱器入口までの水管の、燃焼ガス等に触れる面の面積
電気ボイラー	電力設備容量20 kW当たり1 m^{2}とみなして、最大電力設備容量を換算した面積

問34

[解答(5) **過熱器の安全弁**は、ボイラー本体の安全弁より先に作動するように調整しなければならない]

[解説]
　鋼製ボイラー（貫流ボイラー及び小型ボイラーを除く）の安全弁について、次のようである。
(1)　**安全弁**は、ボイラー本体の容易に検査できる位置に直接取り付け、かつ、弁軸を**鉛直**にしなければならない。
(2)　伝熱面積が**50 m^2**を超える蒸気ボイラーには、ボイラー内部の圧力を**最高使用圧力以下**に保持することができる安全弁を**2個以上**備えなければならない。ただし、伝熱面積**50 m^{2}以下**の蒸気ボイラーでは、安全弁を**1個**にすることができる。
(3)　水の温度が**120℃**を超える**温水ボイラー**では、内部の圧力を最高使用圧力以下に保持

できる安全弁を備えなければならない。しかし、**120℃以下**の**温水ボイラー**では、圧力が最高使用圧力に達すると、直ちに作動する**逃がし弁**の設置が必要である。ただし、容易に検査できる位置に、**逃がし管**を備えていれば、逃がし弁は不要である。
(4) 過熱器には、過熱器の出口付近に過熱器の温度を設計温度以下に保持することができる安全弁を備えなければならない。
(5) **過熱器**の安全弁は、過熱器出口付近に、過熱器の温度を設定温度以下に保持できる安全弁を備えなければならず、ボイラー本体の安全弁より**先に作動**するように調整しなければならない。
　ほか、**貫流ボイラー**の場合には、**最大蒸発量以上の吹出し量の安全弁**を過熱器の出口付近に取り付けることができる。

問35

[解答(3)　正解：温度計]

[解説]
　鋳鉄製**温水ボイラー**には、ボイラーの出口付近における温水の温度を表示する**温度計**を取り付けねばならない（「ボイラー構造規格」）。問題の他の附属品は、温水ボイラでは取り付ける義務はない。ただし、**蒸気ボイラー**では、(1)**験水コック**、(2)**ガラス水面計**、(3)温度計、(4)**吹出し弁**、を取り付けなければならない。

問36

[解答(2)　正解]

[解説]
　「**所轄労働基準監督署長**は、ボイラーが**落成検査**に合格した場合、そのボイラーについて**ボイラー検査証**を交付する。」と規定されている（「ボイラー及び圧力容器安全規則」）。ボイラー検査証を交付されていないボイラーを使用することはできない。
　なお、ボイラー検査証の有効期間の**更新**を受けようとする場合、**性能検査**を受けなければならない。
　次図中の使用検査や構造検査を受けなければならないのは、次の場合である。
・ボイラーの**使用検査**は、設置に先立って構造要件の具備状況を確認するために、①ボイラーを**輸入**した場合、ボイラー輸入者が受ける、②構造検査又は使用検査を受けた後、１年以上設置されなかったボイラーを使用する者、③使用を**廃止**したボイラーを再び設置、又は使用しようとする者である。
・ボイラーの**構造検査**は、ボイラー製造者がボイラーを**製造**したときに製造されたボイラーがボイラー構造規格に適合し、**安全の確保**の確認のために受けるものである。
・使用を休止したボイラーを再び使用しようとする者は、所轄労働基準監督署長の**使用再開検査**を受けなければならない。
・設置届は、ボイラーを設置しようとする事業者が、設置工事開始の**30日前**までに所轄労

働基準監督署長に提出しなければならない。

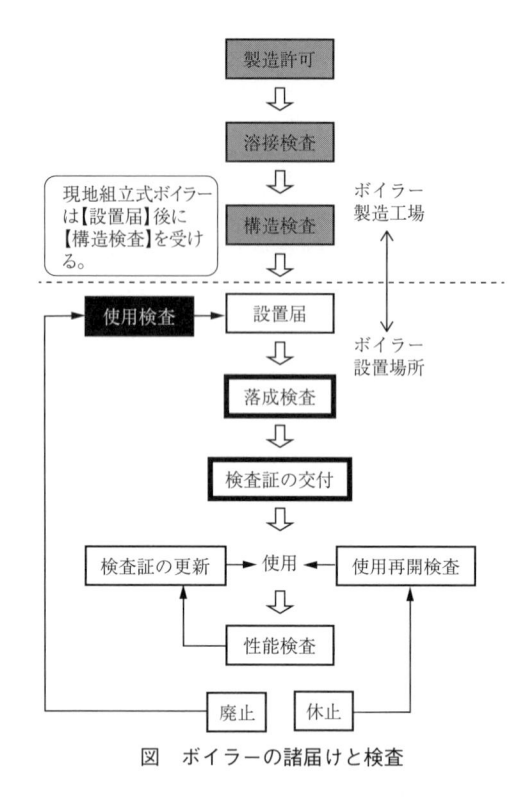

図 ボイラーの諸届けと検査

問37

[解答(1) 正解]

[解説]

ボイラー取扱作業主任者を選任する場合は、次表のようにボイラーの伝熱面積の合計によって必要な免許が決められている。ただし、小規模ボイラーの場合は、**ボイラー取扱技能講習を修了**した者であれば、取扱いだけでなくボイラー取扱作業主任者にもなることができる。

2級ボイラー技士免許を受けた者を**ボイラー取扱作業主任者**に**選任**できる場合の基準は、次のように規定されている（「ボイラー及び圧力容器安全規則」）。

(1) 伝熱面積の合計が、**25 m² 未満**のボイラーの取り扱い作業、ただし、**貫流ボイラー**においては実際の伝熱面積の$\frac{1}{10}$をその貫流ボイラーの伝熱面積と規定されるので、例えば貫流ボイラー200 m² の場合には、20 m² となり、25 m² 未満となり、**選任可能**である、**電気ボイラーでは電力設備容量20 kWを1 m²** とみなすので、例えば400 kW は、伝熱面

積20 m²に相当し、25 m²未満となり**選任可能**、**廃熱ボイラー**は実際の伝熱面積に$\frac{1}{2}$を乗じる（次頁の伝熱面積の算定方法を参照）。

ボイラー取扱作業主任者の資格

取り扱うボイラーの伝熱面積の合計		貫流ボイラーのみ	ボイラーの取扱作業主任者の資格
貫流ボイラー以外のボイラー*			
500 m²以上		—	特級ボイラー技士
25 m²以上500 m²未満		250 m²以上	特級ボイラー技士 1級ボイラー技士
25 m²未満		250 m²未満	特級ボイラー技士 1級ボイラー技士 **2級ボイラー技士**
小規模ボイラーのみ	蒸気ボイラー（3 m²以下） 温水ボイラー（14 m²以下） 蒸気ボイラー（胴の内径750 mm以下かつ胴の長さ1300 mm以下）	30 m²以下（気水分離器を有するものでは、その内径が400 mm以下でかつその内容積が0.4 m³以下のものに限る）	特級ボイラー技士 1級ボイラー技士 **2級ボイラー技士** ボイラー取扱技能講習修了者

＊貫流ボイラーまたは廃熱ボイラーを共に利用する場合を含む。

(2) いわゆる**小規模ボイラー**の取り扱い作業、小規模ボイラーの規格は次のようである（「労働安全衛生法施工令」、上表参照）。ただし、小規模ボイラーは伝熱面積には算入しない。
  ①胴の内径が**750 mm以下**、その長さが**1300 mm以下**の**蒸気ボイラー**
  ②伝熱面積が**3 m²以下**の**蒸気ボイラー**
  ③伝熱面積が**14 m²以下**の**温水ボイラー**
  ④伝熱面積が**30 m²以下**の**貫流ボイラー**（気水分離器を有する場合は、気水分離器の内径が400 mm以下、その内容積が0.4 m³以下）
  すなわち、

(1) 選任できる。貫流ボイラーは、実際の伝熱面積の$\frac{1}{10}$をその貫流ボイラーの伝熱面積とするので、100 m²は、伝熱面積10 m²<25 m²である。
(2) 選任できない。伝熱面積>25 m²である。
(3) 選任できない。伝熱面積>25 m²である。
(4) 選任できない。伝熱面積>25 m²である。
(5) 選任できない。伝熱面積に$\frac{1}{2}$を乗じ、伝熱面積30 m²>25 m²である。

伝熱面積の算定方法

貫流ボイラー	伝熱面積に$\frac{1}{10}$を乗じた値 （例）伝熱面積が200 m^{2}の貫流ボイラー → $200 \times \frac{1}{10} = 20$ m^2
廃熱ボイラー	伝熱面積に$\frac{1}{2}$を乗じた値
小規模ボイラー	伝熱面積に算入しない
電気ボイラー	電力設備容量20 kWを1 m^{2}として換算した値 （例）最大電力設備容量が500 kWの電気ボイラー → $500 \text{ kW} \times \frac{1}{20} = 25$ m^2

問38

[解答(2)　正解：水管]

[解説]
　ボイラーの安全上重要な部分を変更（修繕）しょうとする場合は、**ボイラー変更届け**を**所轄労働基準監督署長**に提出しなければならない（「ボイラー及び圧力容器安全規則」）。

・ボイラー変更届提出義務のある設備
　胴、ドーム、炉筒、火室、鏡板、天井板、管板、管寄せ、ステー
　節炭器（エコノマイザ）、過熱器
　燃焼装置
　据付基礎

　煙管、**水管**、安全弁、給水装置、**空気予熱器**は、上記の変更届出義務に該当しないことに注意が必要である。

問39

[解答(4)　ボイラー又は煙道の内部で使用する移動電線は、キャブタイヤケーブル又はこれと同等以上の絶縁効力及び強度を有するものを使用する]

[解説]
　ボイラー又は煙道の内部に入るときの措置について、次のようである。
(1)　ボイラー及び煙道を**冷却**すること。
(2)　ボイラー及び煙道の内部の**換気**を行うこと。

(3) ボイラー又は煙道の内部で使用する**移動電灯**は、ガードを有するものを使用する。
(4) ボイラー又は煙道の内部で使用する**移動電線**は、キャブタイヤケーブル又はこれと同等以上の**絶縁効力**及び**強度**を有するものを使用する。
(5) 使用中の他のボイラーとの管連絡は確実に遮断しておく。

問40

［解答(4)　正解］

［解説］
　鋳鉄製温水ボイラーにおける**温水自動制御装置**の設置に関して、「温水ボイラーで圧力が0.3 MPaを超えるものには、温水温度が120℃を超えないように温水温度自動制御装置を設けなければならないと規定されている「ボイラー構造規格」）。」

模擬問題No.2

問31

[解答(2)　正解]

[解説]
　使用を廃止したボイラーを再び設置し、または使用しようとする者は、使用検査を受けなければならない（「ボイラー及び圧力容器安全規則」）。落成検査は、構造検査又は使用検査に合格した後でなければ、受けることができず、設置届は落成検査の前に提出する必要がある。

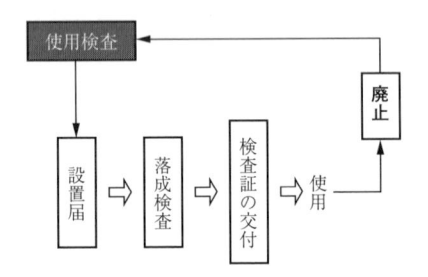

```
                  ┌─────────┐
                  │ 使用検査 │◀──────────┐
                  └─────────┘           │
                       │              ┌────┐
                       ▼              │廃止│
┌────┐  ┌──────┐  ┌──────┐  ┌────┐  └────┘
│設置│⇨│落成  │⇨│検査証│⇨│使用│─────┘
│届  │  │検査  │  │の交付│  │    │
└────┘  └──────┘  └──────┘  └────┘
```

問32

[解答(1)　正解]

[解説]
　伝熱面積が 3 m² を超えるボイラー（移動式ボイラー及び屋外式ボイラーを除く）は、ボイラー室に設置しなければならない。ここで、ボイラー室とは、ボイラーを設置するための専用の建物、または建物の中の障壁で区画された場所のことをいう。伝熱面積が 3 m² 以下のボイラー及び移動式ボイラー、屋外式ボイラーは、ボイラー室に設置の必要はない。

問33

[解答(1)　圧力、水位及び燃焼状態を監視すること]

[解説]
　ボイラー取扱作業主任者の職務に関し、事業者は、ボイラー取扱作業主任者に次のことを行わさなければならない（「ボイラー及び圧力容器安全規則」）。
(1) 圧力、水位及び燃焼状態を監視すること。

(2) 低水位燃焼しゃ断装置、火炎検出装置その他の**自動制御装置**を点検し、及び調整すること。
(3) 1日に1回以上**水面測定装置**の機能を点検すること。
(4) 排出される**ばい煙**の測定濃度及びボイラー取扱い中における**異常**の有無を**記録**すること。
(5) ボイラーについて異常を認めたときは、直ちに必要な**措置**を講ずること。
ほか、
・急激な負荷の**変動**を与えないようにする。
・**最高使用圧力**を超えて圧力を上昇させない。
・安全弁の**機能**の保持に努める。
・適宜、吹出しを行い、ボイラー水の**濃縮**を防ぐ。
・**給水装置**の機能の保持に努める。

問34

[解答(3) 休止ボイラーの再開には、性能検査でなく、使用再開検査を受けなければならない]

[解説]
(1) **性能検査**とは、ボイラー使用中に生じる腐食や亀裂などの損傷の有無を点検し、さらに使用して良いかどうかを決める検査で、**ボイラー検査証**の**有効期間**（原則1年間）の**更新**を受けるためである。受ける者は検査に立ち会わなければならない。
(2) 性能検査は、ボイラー検査証の有効期間が満了するまでに受検しなければならない。状態が良好な場合には**最長2年**まで延長できる。
(3) 休止ボイラーの再開には、性能検査でなく、**使用再開検査**を受けなければならない。
(4) 性能検査を受ける者は、原則としてボイラー（燃焼室を含む）及び煙道を**冷却**し、**掃除**し、その他性能検査に必要な準備をしなければならない。
(5) ボイラー検査証の有効期間の**更新**を受けようとする者は、**性能検査**を受けなければならない。

問35

[解答(4) 第1種圧力容器とは、蒸気その他の熱媒を受け入れ、又は蒸気を発生させて固体又は液体を加熱する容器で、容器内圧力が大気圧を超えるものである]

[解説]
第1種圧力容器は、次のように定められている（労働安全衛生法施工令第1条第5号）。
①蒸気その他の熱媒を受け入れ、又は蒸気を発生させて固体又は液体を加熱する容器で、容器内の圧力が**大気圧**を**超える**もの
②容器内における化学反応、原子核反応その他の反応によって蒸気が発生する容器で、容器内の圧力が**大気圧**を**超える**もの

③容器内の液体の成分を分離するため、当該液体を加熱し、その蒸気を発生させる容器で、容器内の圧力が**大気圧**を**超える**もの
④大気圧における沸点を超える温度の**液体**をその内部に保有する容器

ただし、ゲージ圧力0.1 MPa以下で使用する容器で、内容積が0.04 m³以下、または胴内径が200 mm以下で、かつ、その長さが1,000 mm以下のもの及び使用最高ゲージ圧力をMPaで表した数値と内容積をm³で表した数値との積が0.004以下の容器は除く。

一方、**第2種圧力容器**は、次のようである（労働安全衛生法施工令第1条第7号）。
ゲージ圧力**0.2 MPa以上**の**気体**をその内部に保有する容器のうち、次に掲げる容器をいう。
①内容積が0.04 m³以上の容器
②胴の内径が200 mm以上で、かつ、その長さが1,000 mm以上の容器

問36

［解答(2)　水高計の目盛りには、ボイラーの最高使用圧力を示す位置に見やすい表示をする。常用水位でなく最高使用圧力を示す位置である］

［解説］
　ボイラーの附属品の管理に関して、次のように規定されている（「ボイラー及び圧力容器安全規則」）。ここで、**水高計**とは、蒸気ボイラーの圧力計に相当するもので、水高計から膨張タンクの水面までの高さが約10 mの場合、目盛0.1 MPaを示す。すなわち、水高計は開放膨張タンクの液面を指し、その液面によってボイラーにかかる圧力を示す。ボイラー前面の中央最上部の見やすい所に取り付ける。
(1)　**圧力計**の目盛りには、ボイラーの**最高使用圧力**を示す位置に見やすい表示をする。
(2)　**水高計**の目盛りには、ボイラーの**最高使用圧力**を示す位置に見やすい表示をする。
(3)　**圧力計、水高計**は、使用中その機能を害するような**振動**を受けることがないようするとともに、計器の内部が**凍結**しないように、また**80℃以上の高温**にならないように適当な措置を講ずる必要がある。
(4)　燃焼ガスに触れる給水管、吹出管及び水面測定装置の連絡管は、**耐熱材料**で**防護**すること。
(5)　温水ボイラーの**返り管**は、凍結しないように保温などの措置を講ずる。

問37

［解答(1)　過熱器にはドレン抜きを備えなければならない］

［解説］
　蒸気止め弁の規格について、次のように規定されている（ボイラー構造規格第77条）。
①**蒸気止め弁**は、当該蒸気止め弁を取り付ける蒸気ボイラーの**最高使用圧力**及び**最高蒸気温度**に耐えるものでなければならない。
②ドレンが溜まる位置に蒸気止め弁を設ける場合には、**ドレン抜き**を備えなければならな

い。
③**過熱器**には、ドレン抜きを備えなければならない。

問38

[解答(4)　ボイラー水が、不足している場合に、燃料の供給を遮断する装置などの安全装置を備えなければならないボイラーは、貫流ボイラーである]

[解説]
ボイラー構造規格84条、3項に「**貫流ボイラー**には、当該ボイラー毎に、起動時にボイラー**水**が**不足**している場合及び運転時にボイラー水が不足した場合に、自動的に**燃料の供給**を**遮断**する装置又はこれに代わる**安全装置**を備えなければ**ならない**」と規定されている。

問39

[解答(4)　使用を廃止したボイラーを再び設置し、または使用しようとする者は、使用検査を受けなければならない。使用再開検査が必要なのは、使用を休止したボイラーを再び使用しようとする場合である]

[解説]
(1) **所轄労働基準監督署長**は、ボイラーの設置工事が終了したときに受ける**落成検査**に合格したボイラー又は落成検査の必要がないと認めたボイラーについて、**ボイラー検査証**を交付する。
(2) ボイラー検査証の**有効期間の更新**を受けようとする場合は、ボイラーの状況を調査する**性能検査**を受けなければならない。
(3) **性能検査**を受ける者は、ボイラー（燃焼室を含む）及び煙道を冷却し、掃除し、その他性能検査に必要な準備をしていなければならない。ただし、所轄労働基準監督署長が認めたボイラーについては冷却及び掃除をしなくてもよい。
(4) 使用を**廃止**したボイラーを再び設置し、または使用しようとする者は、**使用検査**を受けなければならない。使用再開検査が必要なのは、使用を休止したボイラーを再び使用しようとする者である。
(5) ボイラーを**輸入**した者は、原則として、**使用検査**を受けなければならない。

問40

[解答(3)　正解：水管]

[解説]
ボイラーの安全上重要な下記の部分を変更（修繕）しようとする場合は、**ボイラー変更届け**をボイラーの変更工事開始の日の**30日前**までに**所轄労働基準監督署長**に提出しなければならない（「ボイラー及び圧力容器安全規則」）。

変更届提出義務のある設備は、次のようである。
①胴、ドーム、**炉筒**、火室、**鏡板**、天井板、**管板**、**管寄せ**、**ステー**
②附属設備の**エコノマイザ**、**過熱器**
③燃焼装置のバーナ
④**据付基礎**

　すなわち、**胴、鏡板、管板、管寄せ**は該当するが、**水管**及び**空気予熱器**は、変更届出義務に該当しないことに注意が必要である。

模擬問題No.3

問31

　　［解答⑸　正解：水管ボイラーについては、ドラム（胴）、節炭器（エコノマイザ）、過熱器、空気予熱器は伝熱面積に算入しない］

［解説］
　ボイラーの燃焼ガスの熱をボイラー水に伝える壁面の広さが**伝熱面積**である。
・**水管ボイラー**については、水管ボイラーの**水管**または**管寄せ**で、全部または一部が**燃焼ガス**に触れる面（外径側）の面積である。ドラム（胴）、節炭器（エコノマイザ）、**過熱器、空気予熱器**は伝熱面積に**算入**しない。
・貫流ボイラーの場合、伝熱面積は**燃焼室入口**から**過熱器入口**までの水管の燃焼ガスに触れる面（**外径側**）の面積である。
・水管ボイラー、電気ボイラー以外の**丸ボイラー**、**鋳鉄製ボイラー**などは、**燃焼ガス**に触れる面（裏面が水又は熱媒に触れる）の面積を伝熱面積とする。したがって、丸ボイラーでは、煙管は**内径側**で、水管では**外径側**で計算する。

問32

　　［解答⑶　正解］

［解説］
　ボイラー設置者が、ボイラー検査証の**再交付**を受けなければならないのは、次である（「ボイラー及び圧力容器安全規則」）。ボイラー設置者が、**ボイラー検査証**を**滅失**するか、又は**損傷**したときは、ボイラー検査証再交付申請書に関係書面、もしくは損傷した検査証を添えて**所轄労働基準監督署長**に提出して、再交付を受けなければならない。これ以外の問題の各項の場合は、再交付には関係しない。

問33

　　［解答⑵　正解］

［解説］
　「**鋳鉄製ボイラー**において、給水が水道その他圧力を有する水源から供給される場合には、当該水源に係る管をボイラーに直接でなく、**返り管**に取り付けなばならない。」（「ボイラー構造規格」）と規定されている。

問34

[解答(1)　正解]

[解説]

　ボイラー検査証の有効期間（**原則、1年**）の**更新**を受けようとする場合は、**性能検査**を受けなければならない。ボイラーは各部に腐食、割れなどの損傷を生じる恐れがあるので、定期的に**性能検査**を行い、ボイラーの状況を調査して使用できるかどうかを決定する。

　その性能検査の対象は、①**ボイラー室**、②**ボイラー及び配管の配置状況**、③**ボイラーの据付基礎**、④**燃焼室及び煙道の構造**である。

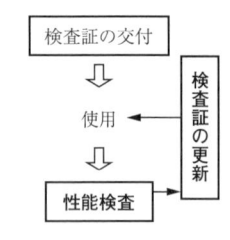

問35

[解答(3)　正解]

[解説]

　休止報告を提出して**休止**したボイラーを再び**使用**する者は、当該ボイラーの使用開始前に、所轄労働基準監督署長の行う**使用再開検査**を受けなければならない。検査内容は、性能検査に準じ、使用再開検査に合格すると、ボイラー検査証に裏書きされ、使用することができる。

　問題の正解の(3)の他はすべて**使用検査**を必要とするものである。すなわち、使用検査が必要なのは、次のようである。

①ボイラーを**輸入**した者
②構造検査又は使用検査を受けてから**1年以上**設置されなかったボイラーを設置しようとする者、ただし、保管状況が良好であると認められた場合は**2年以上**でよい。
③使用を廃止したボイラーを**再び**設置、又は使用しようとする者
④**外国**でボイラーを製造した者

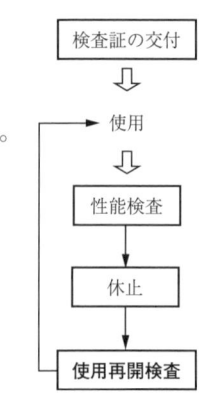

問36

[解答(4)　煙道の点検事項は、漏れその他の損傷の有無及び通風圧の異常の有無である]

[解説]

　定期自主検査は、「その使用を開始した後、**1ヶ月以内ごとに1回**、定期的に自主検査を行わなければならない」と規定されている（「ボイラー及び圧力容器安全規則」）。事業者は、自主検査を行ったときは、結果を記録し、**3年間保持**しなければならない。

　定期自主検査項目と点検事項を次表に示す。

模擬問題No.3

定期自主検査項目と点検事項

項 目		点 検 事 項
ボイラー本体		損傷の有無
燃焼装置	油加熱器及び燃料送給装置	損傷の有無
	バーナ	汚れ又は損傷の有無
	ストレーナ	つまり又は損傷の有無
	バーナタイル及び炉壁	汚れ又は損傷の有無
	ストーカ及び火格子	損傷の有無
	煙道	漏れその他の損傷の有無及び通風圧の異常の有無
自動制御装置	起動及び停止の装置、火災検出装置、燃料しゃ断装置、水位調節装置並びに圧力調節装置	機能の異常の有無
	電気配線	端子の異常の有無
附属装置及び附属品	給水装置	損傷の有無及び作動の状態
	蒸気管及びこれに附属する弁	損傷の有無及び保温の状態
	空気予熱器	損傷の有無
	水処理装置	機能の異常の有無

ここで、「自動制御装置」の電気配線では、**端子の異常の有無**について点検しなければならない。

問37

[解答(3)　正解]

[解説]
　爆発戸に関して、「ボイラーに設けられた**爆発戸**の位置がボイラー技士の作業場所から **2 m以内**にあるときは、当該ボイラーに爆発ガスを安全な方向へ**分散させる装置**を設けなければならない（「ボイラー構造規格」）と規定されている。

問38

[解答(4)　正解]

[解説]
　2級ボイラー技士免許を受けた者を**ボイラー取扱作業主任者**に**選任**できる場合の基準は、次の(1)、(2)のように規定されている（「ボイラー及び圧力容器安全規則」）。
(1) 伝熱面積の合計が、**25 m²未満**のボイラーの取り扱い作業、ただし、**貫流ボイラー**においては実際の伝熱面積の$\frac{1}{10}$をその貫流ボイラーの伝熱面積と規定されるので、例えば貫流ボイラー100 m²の場合には、10 m²となり、25 m²未満となり、選任可能である、**電気ボイラー**では電力設備容量20 kWを1 m²とみなすので、例えば400 kWは、伝熱面積20 m²に相当し、25 m²未満となり選任可能、**廃熱ボイラー**は実際の伝熱面積に$\frac{1}{2}$を乗じる。
(2) いわゆる**小規模ボイラー**の取り扱い作業、小規模ボイラーの規格は次のようである（「労働安全衛生法施工令」）。
①胴の内径が**750 mm以下**、その長さが**1300 mm以下**の**蒸気ボイラー**
②伝熱面積が**3 m²以下**の**蒸気ボイラー**
③伝熱面積が**14 m²以下**の**温水ボイラー**
④伝熱面積が**30 m²以下**の**貫流ボイラー**（気水分離器を有する場合は、気水分離器の内径が400 mm以下、その内容積が0.4 m³以下）
　すなわち、
(1) 選任できない。伝熱面積の合計が、25 m²以上である。
(2) 選任できない。伝熱面積の合計が、25 m²以上である。
(3) 選任できない。伝熱面積の合計が、25 m²以上である。
(4) 選任できる。貫流ボイラーは、実際の伝熱面の$\frac{1}{10}$がその貫流ボイラーの伝熱面積と規

伝熱面積の算定方法

貫流ボイラー	伝熱面積に$\frac{1}{10}$を乗じた値 （例）伝熱面積が200 m²の貫流ボイラー→$200 \times \frac{1}{10} = 20$ m²
廃熱ボイラー	伝熱面積に$\frac{1}{2}$を乗じた値
小規模ボイラー	伝熱面積に算入しない
電気ボイラー	電力設備容量20 kWを1 m²として換算した値 （例）最大電力設備容量が500 kWの電気ボイラー 　　→$500 \text{ kW} \times \frac{1}{20} = 25$ m²

定されているので、$\frac{200}{10} = 20$ m² < 25 m²に相当する。
(5) 選任できない。電気ボイラーは、電力設備容量20 kWを1 m²とみなすので、$\frac{600}{20} = 30$ m²となり、25 m²以上となる。

問39

[解答(1)　ボイラーの定期自主検査を行った場合は、その結果を記録し、3年間保持しなければならない]

[解説]
(1) 事業者は、ボイラーの**定期自主検査**を行った場合は、その結果を記録し、**3年間保存**しなければならない。
(2) 事業者は、ボイラーの使用開始後、**1ヶ月以内**ごとに1回、**定期**に自主検査を行わなければならない。1ヶ月を超える期間使用しない場合は、未使用期間は自主検査を行わなくて良いが、再び使用するときには自主検査を行う必要がある。
(3) **定期自主検査**は、「ボイラー**本体**」、「**燃焼装置**」、「**自動制御装置**」、「**附属装置及び附属品**」の各項目について行わなければならない。
(4) 定期自主検査項目の「**附属装置及び附属品**」の**水処理装置**については、**機能の異常の有無**を点検しなければならない。
(5) 定期自主検査項目の「**自動制御装置**」の**電気配線**については、**端子の異常の有無**を点検しなければならない。

問40

[解答(4)　正解]

[解説]
貫流ボイラーには、当該ボイラーごとに、起動時にボイラー水が不足している場合及び運転時にボイラー水が不足した場合に、自動的に**燃料の供給**を**遮断**する装置又はこれに代わる**安全装置**を設けなければならないと規定されている（「ボイラー構造規格」）。問題の他のボイラーには、その規定はない。

模擬問題No.4

問31

[解答(1)　正解]

[解説]

　伝熱面積が3 m^{2}を超えるボイラー（**移動式**ボイラー及び**屋外式**ボイラーを除く）は、**ボイラー室**に設置しなければならない。ここで、ボイラー室とは、ボイラーを設置するための**専用の建物**、または建物の中の**障壁**で区画された場所のことをいう。しかし、伝熱面積が3 m^{2}以下のボイラー及び**移動式**ボイラー、**屋外式**ボイラーは、ボイラー室に設置する必要はない。

問32

[解答(1)　正解]

[解説]

　水面計の取り付けに関して、**蒸気側**連絡管は、管の途中にドレンのたまる部分がない構造とし、かつ、これを水柱管及びボイラーに取り付ける口は、水面計で見ることができる**最高水位**より下であってはならない。

　一方、**水側連絡管**は、管の途中に中高、中低のない構造とし、かつこれを水柱管又はボイラーに取り付ける場合は、水面計で見ることができる**最低水位**より上であってはならない（「ボイラー構造規格」）。

ドレンがたまる構造にしてはいけない。

（a）蒸気側連絡管

中高…ガスがたまる。

中低…中央付近で、低くなっている場所があると、スラッジ（かまどろ）がたまる。

（b）水側連絡管

問33

[解答(1)　正解]

[解説]

　ボイラーの安全上重要な下記の部分を変更（修繕）しようとする場合は、**ボイラー変更届**をボイラーの変更工事開始の日の**30日前**までに**所轄労働基準監督署長**に提出しなければならない（「ボイラー及び圧力容器安全規則」）。

　変更届提出義務のある設備は、次のようである。

①胴、ドーム、炉筒、火室、鏡板、天井板、管板、管寄せ、ステー
②附属設備のエコノマイザ、過熱器
③燃焼装置のバーナ
④据付基礎

　すなわち、胴、鏡板、管板、管寄せは該当するが、水管及び空気予熱器、給水装置は、変更届出義務に該当しない。

問34

［解答(3)　正解］

［解説］
　温水ボイラーには、ボイラーの出口付近における温水の温度を表示する温度計を取り付けねばならない（「ボイラー構造規格」）。問題の他の附属品は、温水ボイラでは取り付ける義務はない。ただし、蒸気ボイラーでは、(1)験水コック、(2)ガラス水面計、(3)温度計、(4)吹出し弁、の取り付け義務がある。

問35

［正解(2)　正解］

［解説］
　蒸気ボイラーの常用水位に関して、次のように規定されている（「ボイラー及び圧力容器安全規則」）。蒸気ボイラーの常用水位は、ガラス水面計又はこれに接近した位置に、現在水位と比較することができるように表示する。常用水位は、通常は水面計のほぼ中央の位置とする。

問36

［解答(3)　正解］

［解説］
　「水の温度が120℃を超える温水ボイラーには、内部の圧力を最高使用圧力以下に保持することができる安全弁を備えなければならない（「ボイラー構造規格」）。したがって、答えはAが120℃、Bが安全弁である。また、鋳鉄製温水ボイラーで圧力が0.3 MPaを超えるものには、温水温度が120℃を超えないように温水温度自動制御装置を設けなければならない。

関係法令〈解答・解説〉（問31〜問40）模擬問題No.4

問37

[解答(5)　正解]

[解説]

　圧力計の目盛盤に関して、「圧力計の目盛盤の**最大指度**は、**最高使用圧力**の**1.5倍以上、3倍以下**の圧力を示す指度としなければならないと規定されている（「ボイラー構造規格」）」。例えば、**最高使用圧力**が1.3 MPaである炉筒煙管ボイラーの**圧力計**の**最大指度**としては、1.3 MPa×(**1.5〜3**)倍＝1.95〜3.9 MPaの間になければならない。

問38

[解答(1)　正解]

[解説]

　ボイラー検査証の有効期間（**原則、1年**）の**更新**を受けようとする場合は、**性能検査**を受けなければならない。ボイラーは各部に腐食、割れなどの損傷を生じる恐れがあるので、定期的に**性能検査**を行い、ボイラーの状況を調査して使用できるかどうかを決定する。その性能検査の対象は、①**ボイラー室**、②**ボイラー及び配管の配置状況**、③**ボイラーの据付基礎**、④**燃焼室及び煙道の構造**　である。

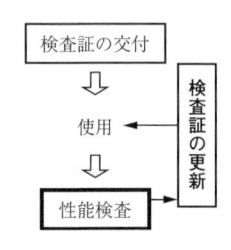

問39

[解答(1)　貫流ボイラーではボイラー本体に2個以上の水面測定装置を設けなくてよい]

[解説]
　貫流ボイラーの附属品について、次のようである。
(1)　貫流ボイラーを除く蒸気ボイラーには、ガラス水面計を**2個以上**取り付けねばならないが、貫流ボイラーではボイラー本体に2個以上の**水面測定装置**を設けなくてよい。
(2)　貫流ボイラーは、ボイラーの**最大蒸発量以上**の吹出し量の**安全弁**を、ボイラー本体ではなく**過熱器の出口付近**に取り付けることができる。
(3)　給水装置の給水管には、蒸気ボイラーに近接した位置に、**給水弁及び逆止め弁**を取り付けなければならない。ただし、**貫流ボイラー及び最高使用圧力0.1 MPa未満の蒸気ボイラー**にあっては、**給水弁のみ**とすることができ、逆止め弁は設けなくてもよい。
(4)　**貫流ボイラー**には、起動時にボイラー水が**不足**している場合及び運転時にボイラー水が**不足**した場合に、自動的に**燃料の供給**を遮断する装置又はこれに代わる**安全装置**を設けなければならない。
(5)　**貫流ボイラー**の場合沈殿物を排出する吹出し管を設けなくてもよい。
　貫流ボイラーを除く**蒸気ボイラー**では、**スケール**その他の**沈殿物**を排出することができ

る**吹出し弁**又は**吹出しコック**を取り付けた**吹出し管**を備えなければならない。

問40

[解答(3)　正解]

[解説]
　安全弁が**2個以上**ある場合において、1個の安全弁を**最高使用圧力以下**で作動するように調整したときは、他の安全弁を最高使用圧力の**3％増以下**で作動するように調整することができる。

模擬問題No.5

問31

［解答(3)　ボイラー及びボイラー煙突、煙道の外側から0.15 m以内にある可燃物は、金属以外の不燃性の材料で被覆しなければならない］

［解説］
ボイラー（移動式ボイラー及び屋外式ボイラーを除く）を設置するボイラー室について、法令上、次のようである。
(1)　**伝熱面積**が3 m^2**を超える**ボイラーは、**ボイラー室**に設置しなければならない。しかし、伝熱面積が3 m^{2}以下のボイラー及び**移動式**ボイラー、**屋外式**ボイラーは、ボイラー室に設置する必要はない。ここで、ボイラー室とは、ボイラーを設置するための**専用の建物**、または建物の中の**障壁**で区画された場所のことをいう。
(2)　ボイラーの最上部から、天井、配管、その他のボイラーの**上部にある構造物**までの距離は、原則として**1.2 m以上**にしなければならない。
(3)　ボイラー及びボイラー煙突、煙道の外側から**0.15 m以内**にある**可燃物**は、金属以外の**不燃性の材料**で被覆しなければならない。ただし、ボイラーや煙突、煙道が、厚さ**100 mm以上**の**不燃性材料**で被覆されている場合は、前記制限を受けない。
(4)　立てボイラーの据え付けは、ボイラー外壁から壁、配管その他のボイラー側部にある構造物までの距離を原則**0.45 m以上**とする。
(5)　ボイラー室に**重油タンク**を設置する場合は、原則としてボイラーの外側から**2 m以上**（固体燃料の場合は1.2 m以上でよい）離す必要がある。ただし、ボイラーと燃料又は燃料タンクとの間に**障壁**を設けるなど、**防火のための措置**が取られている場合は、距離の制限はない。

ほか、
・ボイラー室には、**2以上の出入口**を設けなければならない。
・ボイラー室には、煙突からの**排ガスの排出状況**を観測できるように、**窓**を設けるなどする必要がある。
・ボイラー室には、必要のある場合を除いて、**引火しやすいもの**を持ちこませない。
・**ボイラー検査証**、ボイラー取扱作業主任者の資格ならびに氏名を、ボイラー室（またはその他のボイラーの設置場所）の見やすい場所に掲示する。

問32

[解答⑴　蒸気及び水ドラム（胴）、節炭器（エコノマイザ）、過熱器、空気予熱器は、ボイラーの伝熱面積に算入しない］

［解説］

伝熱面積に算入しない部分	・気水分離器 ・エコノマイザ ・空気予熱器	・過熱器 ・水管ボイラーのドラム

問33

［解答⑴　正解］

［解説］
　各ボイラー技士免許に応じて次表のように**ボイラー取扱作業主任者**の選任基準は定められている。2級ボイラー技士免許を受けた者の選任基準は、次のように規定されている（「ボイラー及び圧力容器安全規則」）。
(1) 伝熱面積の合計が、**25 m^{2}未満**のボイラーの取り扱い作業、ただし、**貫流ボイラー**においては実際の伝熱面積の$\frac{1}{10}$をその貫流ボイラーの伝熱面積と規定されるので、例えば貫流ボイラー100 m^{2}の場合には、10 m^{2}となり、25 m^{2}未満となり、選任可能である、**電気ボイラー**では電力設備容量**20 kWを1 m^2**とみなすので、例えば400 kWは、伝熱面積20 m^{2}に相当し、25 m^{2}未満となり選任可能、**廃熱ボイラー**は実際の伝熱面積に$\frac{1}{2}$を乗じる。
(2) ボイラー技士免許を受けていない者が取扱うことのできるボイラーは、いわゆる**小規模ボイラー**の取り扱い作業である、小規模ボイラーの規格は次のようで（「労働安全衛生法施行令」）、**ボイラー取扱技能講習修了者**が取り扱うことができる。
　①胴の内径が**750 mm以下**、その長さが**1300 mm以下**の**蒸気ボイラー**
　②伝熱面積が**3 m^{2}以下**の**蒸気ボイラー**
　③伝熱面積が**14 m^{2}以下**の**温水ボイラー**
　④伝熱面積が**30 m^{2}以下**の**貫流ボイラー**（気水分離器を有する場合は、気水分離器の内径が400 mm以下、その内容積が0.4 m^{3}以下）
　すなわち、
(1) ボイラー技士でなければならない。伝熱面積の合計が、**14 m^{2}以上**である。
(2) ボイラー技士以外でも取り扱える。内径750 mm、長さが1300 mmで、小規模ボイラーである。
(3) ボイラー技士以外でも取り扱える。小規模ボイラーの範囲である。
(4) ボイラー技士以外でも取り扱える。小規模ボイラーの範囲である。

(5) ボイラー技士以外でも取り扱える。電気ボイラーは、電力設備容量20 kWを1 m²とみなすので、$\frac{60}{20}$ = 3 m²となり、小規模ボイラーの範囲である。

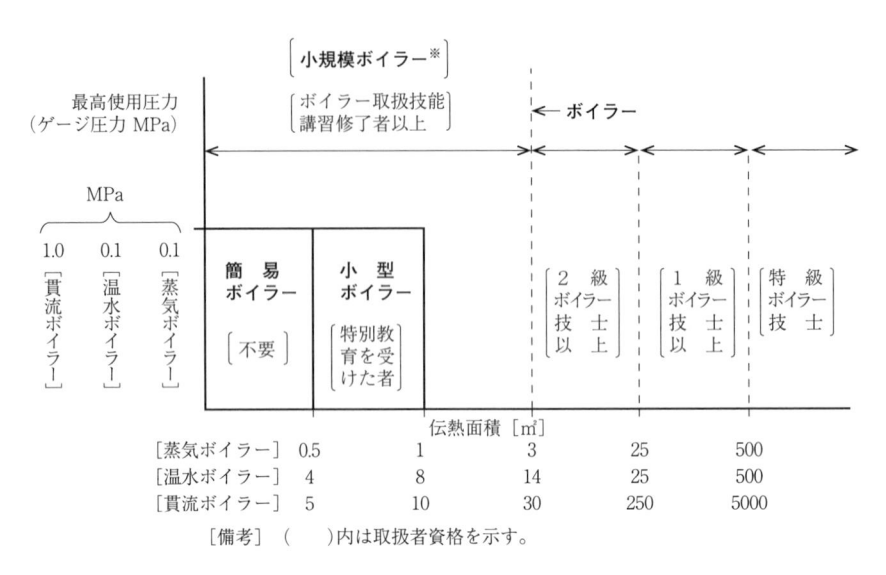

図　ボイラーの法的区分の概要

	蒸気ボイラー	温水ボイラー	貫流ボイラー
簡易ボイラー	0.5	4	5
小型ボイラー	1	8	10
小規模ボイラー	3	14	30
2級ボイラー技士以上	25	25	250
1級ボイラー技士以上	500	500	5000

［備考］（　）内は取扱者資格を示す。

※法規上は「ボイラー」になっているが、取扱う資格者などの関係から、「小規模ボイラー」と区分されている。

問34

［解答(2)　正解：空気予熱器は提出の必要はない］

［解説］
　ボイラーの安全上重要な下記の部分を変更（修繕）しようとする場合は、**ボイラー変更届**をボイラーの変更工事開始の日の**30日前**までに**所轄労働基準監督署長**に提出しなければならない（「ボイラー及び圧力容器安全規則」）。
　変更届提出義務のある設備は、次の通りである。
①胴、ドーム、**炉筒**、火室、**鏡板**、天井板、**管板**、**管寄せ**、ステー
②附属設備の**エコノマイザ**、**過熱器**
③燃焼装置の**バーナ**
④**据付基礎**
　すなわち、胴、鏡板、管板、管寄せは該当するが、**水管及び空気予熱器**、**給水装置**は、変更届出義務に該当しないことに注意が必要である。

模擬問題No.5

問35

［解答(4)　正解］

［解説］
　ボイラー設置者が、ボイラー検査証の**再交付**を受けなければならないのは、次の場合である（「ボイラー及び圧力容器安全規則」）。ボイラー設置者が、**ボイラー検査証**を**滅失**するか、又は**損傷**したときは、ボイラー検査証再交付申請書に関係書面、もしくは損傷した検査証を添えて**所轄労働基準監督署長**に提出して、再交付を受けなければならない。これ以外の問題の各項の場合は、再交付の手続きには関係しない。

問36

［解答(4)　正解：「凍結しないよう保温その他の措置を講ずる」と規定されているのは、温水ボイラーの返り管と逃がし管の2つである］

［解説］
　ボイラーの附属品の管理に関して、次のように規定されている（「ボイラー及び圧力容器安全規則」）。
①**逃がし管**は、凍結しないように**保温**その他の措置を講ずること。
②**温水ボイラーの返り管**は、凍結しないように**保温**その他の措置を講ずること。

問37

［解答(3)　ボイラー本体の点検項目は、損傷の有無である］

［解説］
　定期自主検査は、「その使用を開始した後、1ヶ月以内ごとに1回、定期的に自主検査を行わなければならない」と規定されている（「ボイラー及び圧力容器安全規則」）。事業者は、自主検査を行ったときは、結果を記録し、**3年間保持**しなければならない。
　定期自主検査項目と点検事項を次表に示す。
　ここで、「自動制御装置」の電気配線では、**端子の異常の有無**について点検しなければならない。

定期自主検査項目と点検事項

項　目		点　検　事　項
ボイラー本体		損傷の有無
燃焼装置	油加熱器及び燃料送給装置	損傷の有無
	バーナ	汚れ又は損傷の有無
	ストレーナ	つまり又は損傷の有無
	バーナタイル及び炉壁	汚れ又は損傷の有無
	ストーカ及び火格子	損傷の有無
	煙道	漏れその他の損傷の有無及び通風圧の異常の有無
自動制御装置	起動及び停止の装置、火災検出装置、燃料しゃ断装置、水位調節装置並びに圧力調節装置	機能の異常の有無
	電気配線	端子の異常の有無
附属装置及び附属品	給水装置	損傷の有無及び作動の状態
	蒸気管及びこれに附属する弁	損傷の有無及び保温の状態
	空気予熱器	損傷の有無
	水処理装置	機能の異常の有無

問38

［解答］(5) 圧力計の目盛盤の最大指度は、最高使用圧力の1.5倍以上、3倍以下の圧力を示す指度としなければならない［ボイラー構造規格］

［解説］
　圧力計の目盛盤に関して、「圧力計の**目盛盤**の**最大指度**は、最高使用圧力の**1.5倍以上**、**3倍以下**の圧力を示す指度としなければならない」（ボイラー構造規格）。題意の最高使用圧力1.0 MPaの場合は、1.5 MPa以上、3.0 MPa以下の圧力を示す指度にしなければならない。さらに、圧力計及び圧力計を取り付ける際に注意が必要である。
(1)　**蒸気**が直接圧力計に入らないようにする。
(2)　圧力計への**連絡管**は、容易に**閉そく**しない構造であること。
(3)　**コック**又は**弁の開閉状況**を知ることができること。
(4)　目盛盤の**径**は、**目盛**を確実に確認できるものであること。
(5)　最高使用圧力1.0 MPaの場合は、**1.5 MPa以上**、**3.0 MPa以下**の圧力を示す指度にしなければならない。

問39

[解答(4)　水処理装置の機能の点検は、規定されていない。1日に1回以上水面測定装置の機能を点検することになっている]

[解説]
　ボイラー取扱作業主任者の職務に関し、事業者は、ボイラー取扱作業主任者に次のことを行わさなければならない（「ボイラー及び圧力容器安全規則」）。
(1)　圧力、水位及び**燃焼状態**を監視すること。
(2)　低水位燃焼しゃ断装置、火炎検出装置その他の**自動制御装置**を点検し、及び調整すること。
(3)　適宜、吹出しを行い、ボイラー水の**濃縮**を防ぐ。
(4)　1日に1回以上**水面測定装置**の機能を点検すること。水処理装置の機能の点検は規定されていない。
(5)　排出される**ばい煙**の測定濃度及びボイラー取扱い中における**異常**の有無を**記録**すること。
ほか、
・急激な負荷の**変動**を与えないようにする。
・**最高使用圧力**を超えて圧力を上昇させない。
・安全弁の**機能**の保持に努める。
・**給水装置**の機能の保持に努める。
・ボイラーについて異常を認めたときは、直ちに必要な**措置**を講ずること。

問40

[解答(3)　自動給水調整装置は、蒸気ボイラーごとに設けなければならない]

[解説]
　ボイラーの**給水装置**について、法令上次のように定められている。
①蒸気ボイラーには、**最大蒸発量以上**を給水できる給水装置を備えなければならない。
②近接して2以上の蒸気ボイラーを結合して使用する場合には、結合して使用する蒸気ボイラーを**一つの蒸気ボイラー**とみなして、給水装置を設置することができる。
③**自動給水調整装置**は、蒸気ボイラーごとに設けなければならない。
④**給水内管**は、取外しができる構造のものでなければならない。
⑤給水装置の給水管には、蒸気ボイラーに近接した位置に、**給水弁**及び**逆止め弁**を取り付けなければならない。ただし、**貫流ボイラー**及び最高使用圧力**0.1 MPa未満**の蒸気ボイラーにあっては、**給水弁**のみとすることができる。

模擬問題No.6

問31

[解答(1)　横管式立てボイラーの横管は**外側が燃焼ガスなので、管の外径側で算定する**]

[解説]
　ボイラーの燃焼ガスの熱をボイラー水に伝える壁面の広さが**伝熱面積**である。
- **水管ボイラー**については、水管ボイラーの**水管**または**管寄せ**で、全部または一部が**燃焼ガスに触れる面**（外径側）の面積である。（蒸気、水）ドラム（胴）、**節炭器**（エコノマイザ）、**過熱器**、**空気予熱器**は伝熱面積に算入しない。
- **貫流ボイラー**の場合、伝熱面積は**燃焼室入口**から**過熱器入口**までの水管の燃焼ガスに触れる面（**外径側**）の面積である。
- 水管ボイラー、電気ボイラー以外の**丸ボイラー**、**鋳鉄製ボイラー**などは、**燃焼ガスに触れる面**（裏面が水又は熱媒に触れる）の面積を伝熱面積とする。従って、丸ボイラーでは、煙管は**内径側**で、水管では**外径側**で計算する。
　表にすると、次のようである。

ボイラーの種類	算定方法
丸ボイラー、鋳鉄製ボイラー	①火気、燃焼ガス、その他の高温ガスに触れる本体の面で、その裏側が水または熱媒に触れるものの面積 ②伝熱面にひれ、スタッド等のあるものは、別に算定した面積を加える
貫流ボイラー以外の一般の水管ボイラー	水管及び管寄せの次の面積を合計した面積 ①水管または管寄せで、その全部または一部が燃焼ガス等に触れるものは、燃焼ガス等に触れる面積 ②耐火れんがによっておおわれた水管にあっては、管の外周の壁面に対する投影面積 ③ひれ付き水管のひれの部分は、その面積に一定の数値を乗じたもの
貫流ボイラー	燃焼室入口から過熱器入口までの水管の、燃焼ガス等に触れる面の面積
電気ボイラー	電力設備容量20 kW当たり1 m^{2}とみなして、最大電力設備容量を換算した面積

　すなわち、伝熱面積は、伝熱が行われる面のうち、**燃焼ガスに触れる側**の面積で算定する。

(1) **横管式立てボイラー**（次図(a)参照）の横管は外側が燃焼ガスなので、管の外径側で算定する。
(2) **多管式立てボイラー**（次図(b)参照）の煙管は内側が、燃焼ガスに触れているので、管の内径側で算定する。
(3) **横煙管ボイラー**の煙管は、内側を燃焼ガスが流れているので、管の内径側で算定する。
(4) **水管ボイラー**の水管は、外側が燃焼ガスに触れるので、管の外径側で算定する。
(5) 水管ボイラーの耐火れんがによっておおわれた水管の**伝熱面積**は、管の**外側**の壁面に対する**投影面積**で算定する。

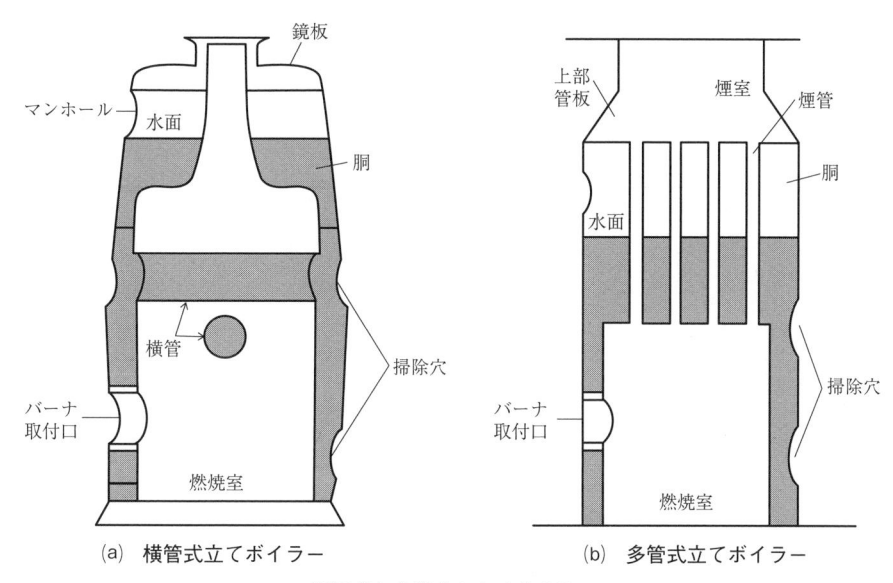

(a) 横管式立てボイラー　　(b) 多管式立てボイラー

横管式と多管式の立てボイラー

問32

［解答(2)　正解：伝熱面積50 m²以下の蒸気ボイラーは、安全弁を1個にすることができる］

［解説］
　蒸気ボイラーに取り付ける**安全弁の数**に関して、「蒸気ボイラーでは、内部の圧力を**最高使用圧力以下**に保持することができる**安全弁**を2個以上備えなければならない。ただし、伝熱面積50 m²以下の蒸気ボイラーにあっては、**安全弁を1個にすることができる**」（「ボイラー構造規格」）。

問33

[解答(2)　正解]

[解説]
　蒸気ボイラーの常用水位に関して、**蒸気ボイラーの常用水位**は、ガラス水面計又はこれに接近した位置に、**現在水位**と比較することができるように表示しなければならない（「ボイラー及び圧力容器安全規則」）。常用水位は、通常は水面計のほぼ中央の位置とする。

問34

[解答(1)　正解]

[解説]
　ボイラー検査証の有効期間（**原則、1年**）の**更新**を受けようとする場合は、**性能検査**を受けなければならない。ボイラーは各部に腐食、割れなどの損傷を生じる恐れがあるので、定期的に**性能検査**を行い、ボイラーの状況を調査して使用できるかどうかを決定する。
　その性能検査の対象は、①**ボイラー室**、②**ボイラー及び配管の配置状況**、③**ボイラーの据付基礎**、④**燃焼室及び煙道の構造**　である。

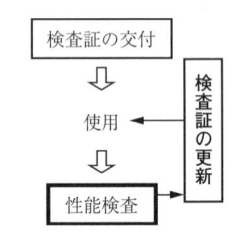

```
検査証の交付
     ↓
    使用       ← 検査証の更新
     ↓
  性能検査
```

問35

[解答(5)　自主検査の結果を記録し、3年間保持しなければならない]

[解説]
　ボイラーの定期自主検査について、次のようである。
(1)　**定期自主検査**は、「その使用を開始した後、**1ヶ月以内ごとに1回**、定期的に自主検査を行わなければならない」と規定されている（「ボイラー及び圧力容器安全規則」）。
(2)　自主検査は、「**ボイラー本体**」、「**燃焼装置**」、「**自動制御装置**」及び「**附属装置及び附属品**」の4項目について行われる。
(3)　「**燃焼装置**」のバーナは、**汚れ又は損傷**の有無について点検しなければならない。
(4)　「**自動制御装置**」の電気配線は、**端子の異常**の有無について点検しなければならない。
(5)　自主検査の結果を記録し、**3年間保持**しなければならない。
　ここで、「**自動制御装置**」の電気配線では、**端子の異常の有無**について点検しなければならない。

問36

[解答(4)　1日に1回以上水面測定装置の機能を点検すること]

[解説]
　ボイラー取扱作業主任者の職務に関し、事業者は、ボイラー取扱作業主任者に次のことを行わさなければならない(「ボイラー及び圧力容器安全規則」)。
(1)　圧力、水位及び**燃焼状態**を監視すること。
(2)　低水位燃焼しゃ断装置、火炎検出装置その他の**自動制御装置**を点検し、及び調整すること。
(3)　適宜、吹出しを行い、ボイラー水の**濃縮**を防ぐ。
(4)　1日に1回以上**水面測定装置**の機能を点検すること。
(5)　排出される**ばい煙**の測定濃度及びボイラー取扱い中における**異常**の有無を**記録**すること。

ほか、
・急激な負荷の**変動**を与えないようにする。
・**最高使用圧力**を超えて圧力を上昇させない。
・安全弁の**機能**の保持に努める。
・**給水装置**の機能の保持に努める。
・ボイラーについて異常を認めたときは、直ちに必要な**措置**を講ずること。

問37

[解答(3)　正解：ボイラー設置者が、ボイラー検査証を滅失するか、又は損傷したとき]

[解説]
　ボイラー設置者が、ボイラー検査証の**再交付**を受けなければならないのは、次のようである(「ボイラー及び圧力容器安全規則」)。ボイラー設置者が、**ボイラー検査証**を**滅失**するか、又は**損傷**したときは、ボイラー検査証再交付申請書に関係書面、もしくは損傷した検査証を添えて**所轄労働基準監督署長**に提出して、再交付を受けなければならない。これ以外の問題の各項の場合は、再交付には関係しない。

問38

[解答(2)　圧力計はその内部の温度が80℃以上にならないようにする。対策としてサイホン管をつける]

[解説]
(1)　水面測定装置の連絡管は熱いので、火傷防止のため**耐熱材料**で防護する。
(2)　圧力計はその内部の温度が**80℃以上**にならないようにする。対策として**サイホン管**をつける。

(3) 逃がし管は、冬期に凍結しないように**保温**などの措置を講ずる
(4) 水高計や圧力計も、当該ボイラーの**最高使用圧力**を示す位置に見やすい**表示**をする。具体的には目盛線に赤のペンキなどで記しをつける。水高計と圧力計の違いは、水高計の単位は［m］、圧力計の単位は［MPa］である。温水ボイラーにはボイラー本体または出口付近に水高計または圧力計を取り付けねばならない。
(5) 水位についても、常用水位と現在水位が比較できるように**常用水位**の位置を表示する。

問39

［解答(3)　水の温度が120℃を超える温水ボイラーでは、内部の圧力を最高使用圧力以下に保持できる安全弁を備えなければならない］

［解説］
(1) **安全弁**は、ボイラー本体の容易に検査できる位置に直接取り付け、かつ、弁軸を**鉛直**にしなければならない。
(2) 伝熱面積が**50 m²**を**超える**蒸気ボイラーには、安全弁を**2個以上**備えなければならない。ただし、伝熱面積50 m²以下の蒸気ボイラーでは、安全弁を**1個**にすることができる。
(3) 水の温度が**120℃**を超える**温水ボイラー**では、内部の圧力を最高使用圧力以下に保持できる安全弁を備えなければならない。一方、**120℃以下**の**温水ボイラー**では、圧力が最高使用圧力に達すると、直ちに作動する**逃がし弁**を設置する。ただし、容易に検査できる位置に、**逃がし管**を備えていれば、逃がし弁は不要である。
(4) 過熱器には、過熱器の出口付近に過熱器の**温度**を設計温度以下に保持することができる安全弁を備えなければならない。
(5) **貫流ボイラー**の場合、ボイラーの**最大蒸発量以上**の**吹出し量**の**安全弁**を**過熱器の出口**付近に取り付けることができる。
ほか、**過熱器**の安全弁は、ボイラー本体の安全弁より**先**に**作動**するように調整する。

問40

［解答(1)　正解：給水装置は変更届けを提出する必要はない］

［解説］
ボイラーの安全上重要な下記の部分を変更（修繕）しようとする場合は、**ボイラー変更届**をボイラーの変更工事開始の日の**30日前**までに**所轄労働基準監督署長**に提出しなければならない（「ボイラー及び圧力容器安全規則」）。
変更届提出義務のある設備は、次のとおりである。
①胴、ドーム、炉筒、火室、鏡板、天井板、**管板**、**管寄せ**、ステー
②附属設備の**エコノマイザ**、**過熱器**
③燃焼装置のバーナ
④**据付基礎**

すなわち、**胴、鏡板、管板、管寄せ**は該当するが、**水管**及び**空気予熱器、給水装置**は、変更届出義務に該当しないことに注意が必要である。

◆参考文献
・中野裕史、『よくわかる2級ボイラー技士重要事項と問題』、電気書院、2011年6月.
・日本ボイラ協会編、『最短合格 2級ボイラー技士試験 技術科目』、一般社団法人日本ボイラ協会、2014年6月.
・コンデックス情報研究所、『詳解 2級ボイラー技士 過去6回問題集'14年版』、成美堂出版、2014年3月.

◆著者略歴

藤井 照重（ふじい てるしげ） 工学博士

1967年　神戸大学大学院工学研究科修士課程　修了
1980年　工学博士（大阪大学）
1988年　神戸大学工学部機械工学科　教授
2005年　神戸大学名誉教授
2005年　(有)エフ・EN　代表取締役、現在に至る

(著書)

『蒸気動力』（共著、コロナ社）、『熱設計ハンドブック』（共著、朝倉書店）、『気液二相流の動的配管計画』（共著、日刊工業新聞社）、『コージェネレーションの基礎と応用』（編著、コロナ社）、『トラッピング・エンジニアリング』（監修、(財)省エネルギーセンター）、『エネルギー管理士　熱分野　予想問題集』（共著、電気書院）、『環境にやさしい新エネルギーの基礎』（編著、森北出版株式会社）、他数編

© Terushige Fujii 2015

2級ボイラー技士模擬問題集

2015年4月13日 第1版第1刷発行

著 者 藤 井 照 重
発行者 田 中 久米四郎
発 行 所
株式会社 電 気 書 院
www.denkishoin.co.jp
振替口座 00190-5-18837
〒101-0051
東京都千代田区神田神保町1-3 ミヤタビル2F
電 話 (03)5259-9160
FAX (03)5259-9162

ISBN 978-4-485-21306-3 C3053 亜細亜印刷株式会社
Printed in Japan

- 万一,落丁・乱丁の際は,送料弊社負担にてお取り替えいたします。直接,弊社まで着払いにてお送りください。
- 正誤のお問い合わせにつきましては,書名を明記の上,編集部宛に郵送・FAX (03-5259-9162) いただくか,弊社ホームページの「お問い合わせ」をご利用ください。電話での質問はお受けできません。正誤以外の詳細な解説・受験指導は行っておりません。

JCOPY 〈(社)出版者著作権管理機構 委託出版物〉

本書の無断複写(電子化含む)は著作権法上での例外を除き禁じられています。複写される場合は,そのつど事前に,(社)出版者著作権管理機構(電話:03-3513-6969, FAX:03-3513-6979, e-mail:info@jcopy.or.jp)の許諾を得てください。
また本書を代行業者等の第三者に依頼してスキャンやデジタル化することは,たとえ個人や家庭内での利用であっても一切認められません。